L'EUROPE DES LUMIÈRES
sous la direction de Michel Delon, Jacques Berchtold
et Christophe Martin
58

Jean-Antoine Nollet, artisan expérimentateur

Yann Piot

Jean-Antoine Nollet,

artisan expérimentateur

Un discours technique au XVIIIe siècle

PARIS
CLASSIQUES GARNIER
2019

Yann Piot, agrégé de lettres modernes et titulaire d'un doctorat de littérature française, est enseignant du secondaire au lycée Valentine Labbé de La Madeleine (Nord).

ISBN 978-2-406-07930-9 (livre broché)
ISBN 978-2-406-07931-6 (livre relié)
ISSN 2104-6395

ABRÉVIATIONS

AE *L'Art des expériences*
EEC *Essai sur l'électricité des corps*
HARS *Histoire de l'Académie royale des sciences*
LPE *Leçons de physique expérimentale.*
MARS *Mémoires de l'Académie des sciences de Paris*
PIGCP *Programme ou Idée Générale d'un cours de physique expérimentale avec un Catalogue raisonné des instruments qui servent aux expériences.*

INTRODUCTION

Après que l'activité rurale a cessé d'imprégner la société française, c'est à présent l'activité industrielle qui cesse à son tour de l'imprégner. La voie de la tertiarisation, qui s'ouvre depuis ce que certains historiens ont pu nommer les « Trente Piteuses », nous pousse à réévaluer notre patrimoine productif. Une nostalgie s'est déjà exprimée au travers de l'émergence du style décoratif industriel, hommage diffus rendu à une grande édification naufragée dont nous recueillons les débris. Plus profondément, la désindustrialisation amorcée voilà plus de trente ans laisse craindre la disparition de l'ensemble du savoir-faire, après que le machinisme industriel a déjà mis un terme à la fragile transmission de la plupart des savoirs d'atelier lentement formés par des générations d'artisans. Les sommes historiographiques[1] léguées par les historiens des techniques à la fin des années 1970 nous apparaissent ainsi comme l'amère rétrospective d'une civilisation à l'aube de son déclin technique. Les causes profondes sont sans doute beaucoup moins conjoncturelles qu'elles n'y paraissent. Avons-nous su réellement entretenir la mentalité technique française ? La formation de l'individu dans notre modèle éducatif ne privilégie-t-elle pas l'acquisition des savoirs au détriment de celle des savoir-faire ? Cet état de fait n'est pas nouveau : en 1873, l'auteur d'une description des industries françaises commençait par déplorer « de voir nos enfants, arrivés au terme de leur éducation, ignorer encore, et souvent même de la manière la plus absolue, les moyens si variés, si intéressants, par lesquels l'homme transforme la matière pour l'asservir à ses besoins[2] ». En pleine révolution industrielle, le fait technique échappait déjà à la conscience commune. A priori, une réflexion sur la mentalité technique française rassemblerait plutôt ses matériaux dans le contexte culturel de la première industrialisation, dans

---

1   Bertrand Gille (dir.), *Histoire des techniques*, Paris, Pléiade, Gallimard, 1978 ; Maurice Daumas (dir.), *Histoire Générale des Techniques*, 5 vol., Paris, P.U.F., 1962-1979.
2   Paul Poiré, *La France industrielle* [1873], Paris, Hachette, 1875, p. v.

la seconde moitié du XIXe siècle. Le schéma historique français incite néanmoins à chercher une origine plus précoce, dès le contexte révolutionnaire qui a libéré les forces sociales grâce auxquelles a ensuite pu naître cet essor productif. Ce serait encore adhérer au mythe auquel les révolutionnaires ont cru eux-mêmes, et que François Furet a démonté : 1789 n'est pas l'année zéro de la France, et la Révolution n'est pas le seuil de notre modernité. L'historien s'est attaché à mettre en évidence le puissant mouvement de réforme né sous l'Ancien Régime et que la Révolution a prolongé, ou détourné[3]. Plus récemment, Alain Becchia a mis en lumière les « modernités de l'Ancien Régime[4] », en situant l'éveil de cette modernité autour de 1750. Sous l'angle de la mentalité technique qui nous intéresse, le choix de ce moment inaugural prévaut également : c'est l'époque où Diderot intègre les arts mécaniques dans le vaste projet encyclopédique, et où Rousseau, dans son *Discours sur les sciences et les arts*, remet en question les fondements techniques de la civilisation.

Jacques Proust, dont tout l'effort a porté dès les années 1960 sur la valorisation de la participation de Diderot à l'*Encyclopédie*, a retracé la démarche qui a guidé la production des articles de la *Description des arts* et montré que Diderot garantit aussi bien l'intégration des arts dans le projet philosophique de l'*Encyclopédie*, que la mise en forme littéraire qui répond au défi de l'expression à la fois claire et précise des procédés décrits aux initiés comme aux amateurs, en bref de la qualité du discours technologique. Anne Deneys-Tunney[5] a pour sa part mis en lumière, plus récemment, la complexité des rapports de Rousseau avec la technique, complexité formulée sous la forme d'un paradoxe entre sa critique généralement entendue de l'aliénation mutuelle et un autre versant, moins visité, de sa réflexion sur le possible accomplissement de l'homme par la technique. Avec Diderot et Rousseau, nous sommes face à la conjonction d'une *mise en discours de la technique* – intégrant chez le premier son propre questionnement philosophique – et d'un *discours sur la technique* – facilitant chez le second son insertion dans le cadre plus large de l'histoire des idées.

---

3   Voir François Furet, *Penser la Révolution française*, Paris, Gallimard, 1978.
4   Alain Becchia, *Modernités de l'Ancien Régime. 1750-1789*, Rennes, P.U. Rennes, 2012.
5   Anne Deneys-Tunney, *Un autre Jean-Jacques Rousseau. Le paradoxe de la technique*, Paris, P.U.F., 2010.

Des voies ont donc été déjà explorées dans l'examen du discours technique tel qu'il s'énonce chez les grands auteurs du XVIIIe siècle. Notre ambition est de décaler le point de vue pour le situer à hauteur d'un authentique praticien, et à poser les enjeux fondamentaux du savoir-faire au travers de l'étude de son discours, en d'autres termes à questionner *le discours technique d'un technicien*. Quelle personnalité est-elle la plus susceptible d'offrir à la fois les meilleures garanties d'expertise technique et le discours le plus riche ? Nous ne prétendons pas avoir la réponse à cette question, mais nous avons trouvé chez Jean-Antoine Nollet (1700-1770) de quoi satisfaire très largement ces deux attentes. Physicien expérimental, il a participé – notamment au travers de la controverse scientifique qui l'a opposé à Benjamin Franklin – au défrichage du domaine alors neuf de l'électricité. Les dispositifs qu'il met en place pour provoquer les phénomènes naturels sont souvent originaux et l'inventivité technique est l'aliment d'une construction théorique. L'*Essai sur l'électricité des corps*, en 1747, et les *Recherches sur les causes particulières des phénomènes électriques...*, en 1749, exposent ainsi une théorie enchâssée dans le discours technique, et les *Lettres sur l'électricité*, en 3 volumes de 1753 à 1767, relatent des échanges et controverses scientifiques qui portent toujours sur les modalités du protocole expérimental. Vulgarisateur de la physique et pédagogue, il a posé la mise en œuvre expérimentale comme principe même de la transmission de la connaissance, dans une démarche qui synthétise éducation technique et éducation scientifique : dès 1724, il est précepteur du greffier de l'hôtel de ville de Paris, et établit un laboratoire à l'hôtel de ville ; entre 1744 et 1748, il donne des leçons aux enfants du roi, avant de devenir en 1758 maître de physique et d'histoire naturelle à la cour. Il inaugure la chaire de physique expérimentale créée au collège de Navarre en 1753, puis sera nommé professeur aux écoles d'artillerie de la Fère et de Bapaume, et à l'école du génie de Mézières. En 1739, il passe six mois à Turin pour enseigner la physique à Charles-Emmanuel III, en 1741 il dirige la construction d'un cabinet de physique complet pour l'Académie royale de Bordeaux. Il répand également la science par ses écrits : ses *Leçons de physique expérimentale*, prolongement des cours qu'il dispense à partir de 1734, s'adressent à tous les « commençants », et son *Art des expériences*, en 1770, a pour vocation de faciliter la multiplication des cabinets de physique dans les écoles et universités de province.

Académicien des sciences[6], il appartient à un cadre institutionnel qui a valeur d'interface entre la communauté du savoir et celle de l'action politique, œuvrant pour ce qui est un organe de validation scientifique au sein d'un état technicien[7]. Rappelons d'ailleurs qu'il a été l'élève et l'assistant de Réaumur, qui avait en charge le Dictionnaire des arts mécaniques, impressionnant ouvrage académique de compilation et de recensement exécuté sur des décennies à la demande de l'État, et qui formera la base du travail de Diderot. Entrepreneur enfin d'appareils scientifiques, il maîtrise lui-même les techniques d'atelier, tour à tour forgeron, ébéniste ou verrier, et sollicite à la demande les meilleurs ouvriers de l'époque pour produire des instruments dont il est lui-même le concepteur. Nollet s'initie en effet à la technique du verre dès 1724, pour former les récipients dont il équipe son laboratoire à l'hôtel de ville de Paris. En 1728, il adhère à la Société des Arts du comte de Clermont, qui tente de promouvoir les arts mécaniques en favorisant les liens entre artisans et savants. Nollet commence à réaliser de nombreux instruments, dont il fera par la suite commerce pour amortir le coût des équipements nécessaires à son propre cours de physique. En 1738, c'est lui qui équipe le cabinet de physique de Voltaire, et en 1750 il fabriquera la collection d'instruments du collège de Berne. Enfin, s'il fallait défendre le choix d'étudier l'œuvre de Nollet en arguant de son influence sur son époque, les *Mémoires* de Bachaumont nous éclairent sur l'écho rencontré par les *Leçons* jusque dans les années 1780 : « Au talent du mécanisme des expériences, M. l'abbé Nollet réunissoit celui de les rendre avec beaucoup d'ordre & de netteté ; ce qui a donné une grande vogue à son livre en ce genre, qui est entre les mains de tout le monde, & dont commence à se pourvoir tout amateur qui veut se livrer à la physique[8] ».

Une autre priorité nous a mené à lui. Notre approche, prioritairement littéraire, se nourrit d'un discours, et celui de Nollet présente un intérêt manifeste. Son œuvre – sans réédition depuis le XVIIIᵉ siècle – étonne par sa forte cohérence interne et la netteté de ses contours. Écartons

---

6   Assistant-mécanicien de Réaumur en 1733, il sera élu directeur de l'Académie en 1762.

7   Voir l'article d'A. Guéry, « L'œuvre royale. Du roi magicien au roi technicien », dans *Le Débat*, n° 74, mars-avril 1993, p123-142 : l'auteur y relate la technicisation du pouvoir royal au fil des XVIIᵉ et XVIIIᵉ siècles.

8   Louis Petit de Bachaumont, *Mémoires secrets pour servir à l'histoire de la République des Lettres en France…*, Tome 5, Londres, 1780, p. 189.

pour l'instant les contributions académiques. Le premier ouvrage publié est le *Programme ou Idée Générale d'un cours de physique expérimentale avec un Catalogue raisonné des instruments qui servent aux expériences*[9] (PIGCP). À 38 ans, Nollet livre avec ce programme ce qui apparaît comme le condensé d'un enseignement déjà largement éprouvé et d'une pratique expérimentale solide : dix ans plus tôt il intégrait la Société des Arts, fondée sur le principe de la mise en synergie des savants et des artisans, en 1730 il était associé aux recherches de Dufay sur l'électricité, en 1733 il prenait la direction du laboratoire de Réaumur, et en 1735 il initiait les cours de physique qui devaient le rendre célèbre. Ajoutons ses voyages en Angleterre (1734) et en Hollande (1736), qui l'avaient mis en relation avec certains des plus grands de la physique expérimentale en Europe : Desaguliers, les frères Musschenbroeck et 's Gravesande. Ce programme qui est donc déjà en lui-même une synthèse annonce l'œuvre majeure de Nollet, les *Leçons de physique expérimentale*[10] (LPE), dont le premier volume paraît en 1743 et le sixième et dernier en 1764. Ces *Leçons* connaissent un immense succès et sont maintes fois rééditées du vivant de l'auteur et après sa mort[11]. On peut adjoindre à cet ensemble l'ouvrage-testament qui paraît l'année même de la mort de Nollet, *L'Art des expériences ou avis aux amateurs de la physique sur le choix, la construction et l'usage des instruments*[12]... (AE), dans la mesure où il complète le *Catalogue* de 1738 et livre la « notice technique » des expérimentations proposées dans les *Leçons*. On notera les liens inter-textuels explicites qui unissent ces trois ouvrages :

> Il y a environ cinq ans, que publiant le Programme de mon Cours de Physique expérimentale, je rendis compte de la maniere dont j'avois formé cet établissement & des progrès qu'il avoit faits depuis sa naissance. J'offris alors ce petit volume au Public, comme une Table des matières que je me proposois de rassembler dans un ouvrage plus considérable[13],

chose faite avec les *Leçons*, dont la préface annonce encore *L'Art des expériences* qui sera publié près de trente ans plus tard : « j'ai résolu de rassembler dans un Ouvrage séparé ce qu'un long usage aura pû

---

9   Paris, P. G. Le Mercier, imprimeur-libraire, 1738.
10 Paris, 6 vol. in-12, 1743-1764.
11 Entre sept et neuf éditions de chaque tome, de 1743 à 1780.
12 Paris, P. E. G. Durand neveu, 3 vol., 1770.
13 Préface *LPE*, 1743, p. XI-XII.

m'apprendre [sur la réalisation des instruments de physique][14] ». Deux autres ouvrages font corps, exposant une théorie de l'électricité : l'*Essai sur l'électricité des corps*[15] (*EEC*) et ce qui peut apparaître comme son complément, les *Recherches sur les causes particulières des phénomènes électriques et sur les effets nuisibles ou avantageux qu'on peut en attendre*[16]. Là encore, cet ensemble se rattache étroitement au corpus principal : Nollet signale dans la préface de l'*Essai* que celui-ci sera développé dans les *Leçons* : « j'en ferai le sixieme volume de mes Leçons de Physique[17] » (ce seront les 20ᵉ et 21ᵉ leçons), annonçant un ouvrage qui sera publié près de vingt ans plus tard… Enfin, toujours sur l'électricité, trois volumes de *Lettres sur l'électricité*[18] rendent compte par la correspondance scientifique de Nollet de l'actualité dans ce domaine et de sa controverse avec Benjamin Franklin. Restent encore quelques opuscules (des *Lettres sur les phénomènes de l'électricité*[19], à relier au second corpus, *L'Art de faire les chapeaux*[20]…), les trente mémoires adressés à l'Académie des Sciences (dont une bonne part est en rapport direct avec les ouvrages publiés) et la correspondance[21], qui viennent élargir cet ensemble structurellement homogène.

LE CONTEXTE TECHNIQUE
ET TECHNOLOGIQUE DU XVIIIᵉ SIÈCLE

Pour approcher le discours de Nollet sous l'angle qui nous intéresse, il nous faut en priorité le situer dans son environnement technique concret. Bertrand Gille a explicité l'apport du XVIIIᵉ siècle à la révolution industrielle, en insistant sur la réalisation d'un *progrès global* du

---

14   *Idem* p. XXXII.
15   Paris, Chez les frères Guérin, 1746.
16   Paris, Chez les frères Guérin, 1749.
17   Préface *EEC*, 1746, p. XV.
18   Paris, 3 vol., 1753-1760-1767.
19   *Mémoires de Trévoux*, juin 1746, p. 1309-1338.
20   Paris, Saillant & Nyon, 1765.
21   On trouvera une bibliographie précise et commentée d'Anthony Turner et Jean-François Gauvin en dernière partie de *L'Art d'enseigner la physique, Les appareils de démonstration de Jean-Antoine Nollet, 1700-1770*, Sillery (Québec), Septentrion, 2002, p. 203-216.

machinisme impliquant trois dimensions fondamentales : matériaux, combustible, énergie. L'apparition de l'acier au creuset, l'emploi de la houille de préférence au bois, et la substitution aux énergies naturelles aléatoires et contraignantes d'une énergie maîtrisée déterminent un contexte mécanique : « Ainsi se trouvait réunie la trilogie essentielle du nouveau système technique dont les interactions étaient nombreuses : métal, charbon, machine à vapeur[22] ». Si les évolutions techniques, de part et d'autre de la Manche, sont loin d'être homogènes et régulières[23], l'historien les voit concourir à la création d'un seuil technique atteint autour de 1780 :

> … on s'aperçoit que les principales fabrications, et non tel procédé ou telle machine isolés, achèvent la mise au point de leurs nouvelles techniques autour des années 1780. En outre, comme il est naturel de l'imaginer, c'est également autour de cette date que se trouve réalisé un équilibre entre techniques qui sont nécessairement liées. C'est donc seulement à cette époque, d'après 1780, que les techniques nouvelles prennent leur véritable valeur[24].

La sidérurgie et l'industrie textile illustrent cet aboutissement technique, mais l'agriculture elle-même bénéficie de ce *progrès global* avec la mise en œuvre d'un nouvel assolement triennal dès le milieu du siècle et une amélioration régulière des sols et des instruments agricoles. La mutation est d'abord peu visible et la société n'en constate pas encore les effets : « Il y a, à cette époque, un changement radical dont on ne prendra vraiment conscience que quelques années après. Comme il se doit, cette mutation est à ses débuts sans doute plus indicative que réelle[25] ». À la veille de la Révolution, la transformation est néanmoins achevée : « Si nous nous plaçons aux environs de 1785-1790, nous comprenons véritablement le terme de révolution industrielle[26] ». Nollet se situerait donc dans une phase immédiatement préalable – préparatoire ? – à cette révolution industrielle *in nuce*. Paul Mantoux avançait d'ailleurs un contexte historique encore plus précoce : « vers le milieu du XVIIIe siècle, la révolution

---

22 B. Gille, « La révolution industrielle » *Histoire des techniques. Technique et civilisations. Technique et sciences*, Paris, Gallimard, Encyclopédie de la Pléiade, 1978, p. 697.
23 Voir David S. Landes, *L'Europe technicienne. Révolution technique et libre essor industriel en Europe occidentale de 1750 à nos jours* (1969), Paris, Gallimard, 1975.
24 B. Gille, « La révolution industrielle », *op. cit.*, p. 677.
25 *Idem* p. 724.
26 *Idem* p. 722.

industrielle fondamentale, celle qui transforme nos modes de pensée, nos moyens de production, notre genre de vie, [est] accomplie[27] ». La sphère technique de Nollet, celle des instruments scientifiques, est directement concernée. Maurice Daumas a ainsi souligné la « répercussion certaine » des progrès de la métallurgie sur leur fabrication[28]. Nous retrouverons par ailleurs chez Nollet des références aux travaux de Réaumur sur la préparation de l'acier, autre rencontre de l'industrie et de la science. M. Daumas signale en outre les effets des progrès de la mécanique appliquée dans les industries textiles : les constructeurs anglais d'instruments scientifiques ont bénéficié des métaux de qualité supérieure exigés par la mise en œuvre des mécanismes industriels. Nollet, qui accompagne Dufay en Angleterre en 1734, a ainsi pu parfaire sa formation aux côtés de Désaguliers et s'aligner sur les « standards » techniques des expérimentateurs anglais.

Outre les historiens des techniques, les synthèses des grands historiens du XVIIIe siècle permettent de mesurer la place qu'occupe la technique dans une approche plus globale. Pierre Chaunu, dans l'exposé « Pour comprendre les Lumières » qui ouvre son étude sur *La Civilisation de l'Europe des Lumières*[29], résume le XVIIIe siècle technique comme un âge d'or du progrès, d'un progrès authentiquement éprouvé :

> Entre de longs siècles immobiles aux structures matérielles bloquées et l'explosion de la folle croissance où les équipements sont périmés avant d'avoir donné plus d'une fraction de leurs possibilités, où la mutation fait partie de la structure, le XVIIIe siècle aura été, dans une certaine mesure, le siècle du mouvement, du mouvement ressenti, vécu, conscient. Le siècle du mouvement, donc du progrès[30].

Il souligne ainsi le caractère d'exclusivité technique du XVIIIe siècle qui « se situe au point ultime d'évolution d'un outillage traditionnel ». Nollet, en prise directe avec les meilleurs artisans et lui-même initié aux arts mécaniques, est une fois encore un témoin privilégié d'un stade technique particulièrement précieux. Car c'est précisément l'excellence de l'outil qui rendra possible le déploiement mécanique :

---

27   Paul Mantoux, *La Révolution industrielle au XVIIIe siècle*, Paris, 1959, p. 2.
28   Voir le chapitre « Les facteurs industriels et techniques », Maurice Daumas, *Les Instruments scientifiques aux XVIIe et XVIIIe siècles*, Paris, P.U.F., 1953, p. 144-160.
29   Pierre Chaunu, *La Civilisation de l'Europe des Lumières*, Paris, Arthaud, 1971.
30   *Idem* p. 29.

Une des conditions, et non des moindres, de la révolution industrielle réside dans l'habileté d'artisans aptes à dominer la matière de leurs mains, à travailler le fer, à réaliser des roues dentées, des pignons, des axes, à résoudre une infinité de petits problèmes pratiques qui s'appellent courroies de transmission, joints hermétiques et qui supposent des trésors diffusés d'habileté et de savoir-faire[31].

La transition de l'outillage le plus abouti à la machine se réalise au fil du siècle dans certains procédés techniques comme le tour, dont M. Daumas rappelle l'importance pour l'instrumentation scientifique. « L'évolution d'une autre branche de la construction mécanique, l'horlogerie, joua aussi une rôle de première importance sur celle de la construction des instruments scientifiques[32]. » C'est à nouveau dans les deux sens, de la technique vers la science, et de la science vers la technique, que l'horlogerie opère une synthèse qui place le physicien expérimentateur au cœur des progrès les plus déterminants :

L'horlogerie qui fut constamment en avance sur les activités apparentées à ses techniques, commanda le développement général de la mécanique appliquée. Mais elle fut aussi la première industrie à appliquer les connaissances théoriques de la physique et de la mécanique[33].

L'histoire quantitative, mesurant les progrès de l'alphabétisation, est ici particulièrement attentive aux conditions qui ont favorisé la constitution de ces trésors techniques :

Ce qui compte sans doute le plus dans la vie du XVIIIᵉ siècle, ce ne sont pas les machines anglaises – elles sont l'avenir –, c'est l'outil. L'outil parvenu au terme d'une longue évolution, parce que le matériau utilisé est meilleur, la main qui le façonne et l'utilise plus habile, en un mot parce que l'apprentissage a eu plus grande prise sur une génération d'artisans qui lisent. [...] Parce qu'on est plus attentif à bien recevoir l'héritage. Voir-faire et ouï-dire, certes, dominent toujours le plan essentiel de la transmission des techniques. À la base, du moins, car le XVIIIᵉ siècle est le siècle des gros traités, des livres, puis des écoles où s'enseigne l'art de l'ingénieur. Les planches de l'*Encyclopédie* marquent le point de départ timide d'une dignité toute neuve. Des artisans lisent, qui pensent plus hardiment avec leurs mains, des artisans qui entrent en communication avec les techniciens de la pensée[34].

---

31 *Idem* p. 31.
32 M. Daumas, *Les Instruments scientifiques aux XVIIᵉ et XVIIIᵉ siècles, op. cit.*, p. 155.
33 *Idem* p. 156.
34 P. Chaunu, *La Civilisation de l'Europe des Lumières, op. cit.*, p. 29-30.

Le XVIIIe siècle n'est donc pas uniquement le théâtre d'un *événement* technique particulier, il serait aussi le moment d'un transfert capital entre la connaissance et la production. Les historiens mettent certes en garde : David S. Landes, dans son *Europe technicienne*, rappelle que révolution scientifique et révolution technique ne sont pas liées par des rapports fluides de cause à effet, pas plus qu'elles ne sont liées chronologiquement, et Bertrand Gille, quand il cherche à définir les fondements de la connaissance technique, insiste sur l'existence d'une « technique a-scientifique » uniquement fondée sur l'expérience[35]. L'historien des techniques admet néanmoins qu'il faille circonscrire dans le temps l'étendue de cette connaissance « sans théorie, certainement, et cela est vrai de la technique, ou à peu près, jusqu'au XVIIIe siècle[36] ». Car François Russo signale le pas franchi entre les traités techniques des XVIe et XVIIe siècles, « tels que le *De re metallica* d'Agricola (1556), le *Théâtre des instruments mathématiques et mécaniques* de Besson (1578), le *Théâtre de l'art du charpentier* de Jousse (1627), l'*Ars vitraria experimentalis* de Kunckel (1679)[37] », et les ouvrages du XVIIIe siècle qui révèlent, grâce à la diffusion de la culture scientifique dans le milieu technique, une authentique technologie :

> Il faut entendre par ce terme un savoir qui, prolongeant dans un sens nettement plus systématique et plus scientifique la tendance qui a donné lieu dès le XVIe siècle à la publication des traités techniques tels que ceux qui viennent d'être mentionnés, se distingue de la science par son objet, la réalité technique, mais est science par son esprit, par la manière méthodique dont elle pose les problèmes, par le souci d'exprimer dans un « discours » le « faire » de la technique, la rigueur de ses démarches, la généralité des concepts qu'elle dégage, l'usage qu'elle fait des mathématiques, par la précision de ses observations et de ses mesures[38].

François Russo désigne ainsi comme *technologiques* « des ouvrages tels que l'*Architecture hydraulique* de Bélidor (1737-1739) maintes fois rééditée pendant plus d'un siècle, les *Éléments d'architecture navale* de Duhamel du Monceau (1752), le *Traité des horloges marines* de Berthoud (1771),

---

35   B. Gille, « Histoire des techniques », dans *École pratique des hautes études. 4e section. Sciences historiques et philologiques*. Annuaire 1976-1977. 1977, p. 729-732.

36   *Idem* p. 732.

37   *Histoire des techniques*, « science et technique », *op. cit.* p. 1115.

38   *Ibid.*

les deux traités de Bouguer sur la construction et la manœuvre des navires (1746 et 1757)[39] ». Qualitativement, le discours technique accède ainsi à un nouveau champ de connaissances par lequel il communique avec tout autre discours scientifique. Quantitativement, il atteint par ailleurs une expansion nouvelle qui indique que la pensée technique devient une pensée courante, sans cesse portée au contact des disciplines scientifiques. Bertrand Gille note ainsi que, par rapport à la faible théorisation technique qu'on observe en Angleterre au XVIIIe siècle, « la France nage au contraire dans la littérature technique[40] ». Nous nous arrêterons sur un néologisme qui montre assez quel degré la technique, dans la première moitié du siècle, peut prétendre atteindre dans l'ordre des préoccupations : « La *Technologie* est donc la science des arts et des œuvres de l'art, ou, si l'on préfère, science des choses que les hommes produisent par le travail des organes du corps, principalement par les mains[41] ». Telle est la discipline que fonde le philosophe allemand Wolff en 1728. L'œuvre de Nollet, fondée sur la pratique expérimentale, est une fois encore un biais original pour interroger cette imprégnation de la technique par la science ; elle permet surtout d'envisager cette imprégnation dans les deux sens dans la mesure où la mise en œuvre des dispositifs expérimentaux favorise en retour l'investissement de la science par la technique.

LES ŒUVRES DE NOLLET

Lorsque paraît en 1743 le premier tome des *Leçons*, Nollet dispense depuis près de dix ans un cours dont la renommée l'amènera, l'année suivante, à enseigner la physique aux enfants du Roi. Il dispensera ce cours, ouvert à partir de sept ou huit souscripteurs prêts à consacrer six semaines à l'étude de la physique, de 1735 à 1760. Étalée sur une vingtaine d'années, la publication des six volumes des *Leçons* donne

---

39 *Idem* p. 1116.
40 *Histoire des techniques*, « La révolution industrielle », *op. cit.*, p. 685.
41 Christian von Wolff, *Logica*, 1728, chp III, § 71, cité par J. Guillerme et J. Sebestik, « Les commencements de la technologie », dans *Thalès*, 1966, édition numérique sur dht.revues. org. p. 31.

donc naissance autant à une somme scientifique qu'à une somme pédagogique. L'expérience y apparaît comme l'assise de toute connaissance,
le cabinet de physique comme le portique qui assure le passage à cette
connaissance, et l'instrumentation (le catalogue des instruments que
dresse Nollet dans son *Programme* de 1738 en recense près de 350) comme
sa matérialisation.

Dans son entreprise de vulgarisation scientifique, tant par le cours
public fondé sur les expériences que par la suite donnée sous la forme
d'un ouvrage, Nollet a des prédécesseurs. Le plus illustre au XVIIᵉ siècle est
Jacques Rohault (1618-1672), qui organisait chez lui des séances publiques
hebdomadaires de physique expérimentale (« les mercredis de Rohault ») et
publia un *Traité de physique* (1671). Particulièrement inventif et initié aux
arts mécaniques, il préfigure à bien des égards la démarche de Nollet. Il
s'en distingue principalement par sa défense des principes de Descartes,
quand Nollet refusera toujours de s'attacher à un quelconque système
scientifique. Pierre Polinière[42] (1671-1734) donnera par la suite des cours
publics à partir d'expériences qui seront, comme ce sera le cas pour Nollet,
reproduites à la Cour, et il publiera en 1709 ses *Expériences de physique*. Avec
un volume de près de 400 pages pour Rohault et un autre de 500 pages
détaillant une centaine d'expériences pour Polinière, l'ampleur du discours
que propose Nollet est cependant loin d'être atteinte par ses précurseurs et
ses *Leçons* restent à bien des égards révolutionnaires dans l'enseignement de
la physique expérimentale, tant par la variété et la quantité des dispositifs
expérimentaux proposés que par l'exposition structurée et progressive
des connaissances. Hors de France, on signalera encore les sources qui
ont inspiré Nollet par ses échanges directs avec les figures majeures de la
physique anglaise et hollandaise : Désaguliers (1683-1744), dont le *Cours de
physique expérimentale* (2 vol. 1734 et 1744) est traduit en français en 1751,
et Musschenbroeck (1692-1761), dont Sigaud de Lafond traduira en *Cours
de Physique Expérimentale et Mathématique*, en 1769, les *Éléments de physique*
(1726) remaniés de la main même de l'auteur dans un but pédagogique.
Sigaud de Lafond (1730-1810) est lui-même l'héritier direct de Nollet, dont
il a suivi les cours et prolongé l'enseignement ; il a comme lui fabriqué
des instruments et équipé des cabinets de physique ; il publie surtout, en
1767, ses propres *Leçons de physique expérimentale* (2 volumes), et en 1775,

---

42   Voir Rousselle de La Perrière H., *Le Physicien Pierre Polinière, 1671-1734, un Normand
initiateur de la physique expérimentale*, Cholet, Ed. Pays & Terroirs, 2002.

Description et Usage d'un cabinet de physique expérimentale, qui peut apparaître comme un complément à *L'Art des expériences* de Nollet.

Rassemblées en six tomes d'une même collection, comme elles sont aujourd'hui accessibles pour nous, les *Leçons* cachent le caractère proprement dynamique qui les anime : le premier tome capitalise une dizaine d'années de cours public, le dernier, paru vingt-deux ans plus tard, une trentaine d'années du même cours, mais aussi l'enseignement donné aux enfants de la famille royale, aux écoles militaires et au collège de Navarre, et s'enrichit surtout, s'agissant des leçons sur l'électricité, des ouvrages théoriques et des mémoires académiques publiés entre-temps ainsi que de plus de quinze années de controverses scientifiques particulièrement nourries. Entre les deux, toutes les nuances que laissent supposer la maturité progressive du savant, l'expérience continûment accrue du pédagogue, les influences du contexte scientifique, voire celles du contexte social, Nollet voyant son public s'accroître sans cesse et s'ouvrir aux plus hautes sphères de la société. Le discours, renforcé par sa forte cohérence structurelle et la continuité qui le parcourt, présente donc une homogénéité qui traduit mal son rapport aux transformations du cheminement pédagogique dont il est issu. On doit également considérer les écarts de rythme entre les évolutions scientifiques dont sont susceptibles les différents domaines du monde physique qui sont abordés dans les *Leçons*. La révolution newtonienne a posé le cadre d'une physique classique dont les règles sont fixées jusqu'au XXe siècle ; les propriétés des corps alimentent des conceptions qui subissent la pression d'une chimie dont Lavoisier imposera bientôt la modernité ; l'électricité est le nouveau chantier du XVIIIe siècle... Dès lors, on peut supposer qu'entre le cours public de 1735 et celui de 1760, le premier et le dernier, certaines leçons pouvaient comporter des phases parfaitement identiques, d'autres qui, tout en apportant le même bagage théorique, différaient par l'évolution des dispositifs expérimentaux et le renouvellement des exigences pédagogiques, d'autres enfin qui différaient par les conceptions théoriques sous-jacentes. S'il existait un cours complet paru en 1743 et un autre de 1765, nous aurions alors sous les yeux le détail de ces transformations si variables dans leur étendue. Tel n'est pas le cas, et si cela pose d'évidentes difficultés d'analyse du discours, c'est également là que réside toute la richesse des *Leçons* de Nollet : un ouvrage qui intègre les évolutions de son auteur, de son public et de son environnement scientifique. Si ces évolutions sont difficilement mesurables dans le discours même des *Leçons*, elles peuvent néanmoins ressortir de la confrontation avec *L'Art des expériences*, dont la troisième partie commente tous les dispositifs techniques du cours mais actualise également ce dernier par l'ajout de dispositifs nouveaux.

Esquissons brièvement la structure du Cours de Nollet. Les vingt et une leçons abordent successivement les dix aspects suivants : les propriétés physiques de la matière (leçons 1 et 2), la dynamique et la statique (leçons 3 à 8), la mécanique (leçon 9), les propriétés de l'air (leçons 10 et 11), celles de l'eau (leçon 12) et du feu (leçons 13 et 14), l'optique (leçons 15, 16 et 17), la mécanique céleste (leçon 18), les propriétés de l'aimant (leçon 19), l'électricité (leçons 20 et 21).

Des leçons 1 à 9 comprise, la matière et le mouvement (la mécanique) sont envisagés au travers des propriétés et des lois qui régissent la totalité du monde physique ; à partir de la leçon 10 commence l'étude de corps spécifiques dont le comportement physique complexe nécessite une approche distincte (l'air, l'eau, le feu, la lumière, les corps célestes, l'aimant, l'électricité). La cohérence que présente immédiatement cette démarche est en fait beaucoup plus forte que le laisse penser cet enchaînement logique en deux phases, et tient au dévoilement progressif de ce qui fait précisément l'objet des leçons 1 et 2, à savoir l'étude des propriétés des corps, qui se divise en cinq sections : l'étendue et la divisibilité, la figure, la solidité, la porosité, la compressibilité et l'élasticité. On comprend dès lors qu'il n'y a pas une physique générale suivie d'une physique particulière, mais que la matière ne se comprend que comme une *intégration* des corps les uns aux autres et qu'il faudra attendre la dernière leçon pour que soit entièrement dévoilées sa nature et ses propriétés.

Après les propriétés des corps – que l'expérimentateur explore à l'aide de références systématiques, explicites ou implicites, aux pratiques des arts mécaniques –, Nollet examine leur mobilité et leur équilibre, dans les leçons 3 à 8. La dynamique et la statique appartiennent, au XVIIIᵉ siècle, au domaine de la *mécanique*. Mais Nollet réserve ce dernier mot à l'intitulé de la neuvième leçon : « lorsque nous traiterons des machines qui servent à employer le mouvement[43] ». Si d'Alembert définit la *méchanique* comme « partie des mathématiques mixtes, qui

---

43   *LPE, op. cit.* tome 2 p. 188.

considere le mouvement & les forces motrices, leur nature, leurs loix & leurs effets dans les machines[44] », il signale ensuite « qu'un des objets de la *méchanique* est de considérer les forces des machines, & que l'on appelle même plus particulièrement *méchanique* la science qui en traite ». Nollet se conforme à ce dernier usage qui permet une clarification conceptuelle et qui respecte surtout la séparation établie par Newton entre la « mécanique pratique » et la « mécanique rationnelle[45] ». La nature même de la technique dans cette seconde partie sera en partie renouvelée. L'exposé des propriétés du mouvement mobilise beaucoup moins les arts mécaniques que celui des propriétés des corps. La lime refait son apparition quand il s'agit de montrer que « les arts ont su tourner à leur avantage les frottements[46] », le tourneur, le menuisier ou le forgeron sont parfois mentionnés ; mais le geste artisanal traverse les leçons III à VIII « en mode mineur ». Seule l'horlogerie tient ici une place importante. De manière significative, l'imaginaire du jeu occupe d'ailleurs la place laissée vacante par l'imaginaire du travail : le jeu de paume illustre le mouvement réfléchi, le jeu du mail le choc des corps non élastiques, au même titre que la chasse ; mais c'est sans doute le billard qui emporte la faveur de Nollet, toujours à propos du mouvement réfléchi, mais aussi pour le choc des corps à ressort et le mouvement composé. Un autre imaginaire participe à l'éviction du travail, celui de la guerre, au travers des fréquentes considérations d'ordre balistique : dispositif intégrant un canon de fusil (1e section, leçon IV), applications recherchées dans le boulet de canon (même leçon 2e section), le recul de l'arme à feu (même leçon, 3e section) ou encore la trajectoire d'un projectile (2) section, leçon VI).

Propriétés de l'air dans les leçons 10 et 11, plus tard de l'eau (leçon 12) et du feu (leçons 13 et 14), nous entrons ensuite dans une physique organisée selon la tradition héritée de l'Antiquité dans laquelle les quatre éléments ouvrent des champs de connaissance distincts et homogènes. *A priori*, ce n'est pas dans la leçon 12 sur l'eau que la technique occupe la plus grande part, tant en ce qui concerne les dispositifs expérimentaux, relativement peu complexes et mobilisant assez peu d'instrumentation, que la technique – que nous nommerons désormais *référentielle* pour la

---

44 *Encyclopédie*, page 10 : 222, source ARTFL.
45 Distinction rappelée par D'Alembert dans sa définition.
46 *LPE*, tome 1, leçon 3, p. 245.

distinguer de la technique expérimentale – des rubriques *Applications* : celles-ci invitent surtout à l'observation de phénomènes naturels. On doit néanmoins noter la présence constante d'un instrument qui, s'il n'est pas des plus spectaculaires, fait partie des conquêtes techniques du XVIIIᵉ siècle : le thermomètre[47]. On ne peut pas non plus manquer de relever la présentation sous une forme éclatée de machines qui sont appelées à devenir les icônes du passage à la modernité industrielle : les pompes à feu, premières applications de la machine à vapeur. L'organisation de la leçon, fondée sur les trois états de l'eau, semble, après l'hétérogénéité des leçons sur l'air, marquée par une certaine simplicité qui masque des difficultés théoriques se dressant au fil de la lecture. Car les changements d'état de l'eau signalent en fait des modifications dans l'organisation de la matière qui obligent à approfondir le modèle de représentation de la structure de tous les corps naturels. Paradoxalement, c'est le feu, objet des deux leçons suivantes, qui va entrer dans l'explication des changements d'état de l'eau.

En abordant les 13ᵉ et 14ᵉ leçons, nous avons donc le sentiment d'entrer au cœur de la physique de Nollet : avec la 9ᵉ leçon sur la mécanique, qui synthétise les enjeux les plus techniques de la physique expérimentale, les leçons sur le feu sont un deuxième « nœud stratégique » des *Leçons*. La centralité du feu paraît en tout cas manifeste : en amont, si les premières leçons sur les propriétés des corps impliquent d'emblée la présence universelle du feu par la porosité de la matière[48] ; en aval, l'optique est annoncée dès le début de la 13ᵉ leçon comme un développement de la connaissance du feu, puisque « le feu & la lumière considérés dans leur principe, sont une seule & même substance différemment modifiée[49] ». La physique de Nollet est à ce point *une physique du feu* que toute sa théorie électrique en est également imprégnée. Remarquons d'ailleurs que les leçons sur le feu font entorse à la méthodologie du cours : les deux leçons s'articulent en quatre sections,

---

47   L'invention du thermomètre est à situer dans les dernières années du XVIᵉ siècle, mais « Il faudra attendre l'invention empirique de Fahrenheit vers 1714, puis les travaux de Réaumur vers 1731, pour voir se fixer leurs règles de construction. Ainsi, l'élaboration du thermomètre aura été une des plus laborieuses puisqu'elle aura demandé plus d'un siècle. » Maurice Daumas, *Les Instruments scientifiques aux XVIIᵉ et XVIIIᵉ siècles*, Paris, PUF, 1953, p. 79.

48   La leçon 13 renvoie ainsi à la leçon 2 (voir *LPE*, tome 4, p. 196).

49   *LPE*, tome 4, p. 156.

dont une première qui contient un *Examen préliminaire de la nature du feu & de sa propagation.* La définition d'un cadre conceptuel précède ici le corpus expérimental.

Réparti sur trois leçons (15, 16 et 17), le cours sur l'optique se divise en quatre sections : « De la nature & de la propagation de la Lumière » ; « Des directions que suit la lumière dans ses mouvements », dans laquelle la distinction optique (lumière directe) – catoptrique (lumière réfléchie) – dioptrique (lumière réfractée) fournit trois *Articles* ; « De la lumiére décomposée, ou, de la nature des Couleurs », dans laquelle la couleur est d'abord considérée dans la lumière elle-même (Article I) puis « dans les objets & dans le sens de la vûe » (Article II) ; « Sur la vision, & sur les instrumens d'Optique » où sont distinguées la vision naturelle (Article I) et la vision « aidée par les instruments d'Optique » (Article II). Rassemblées dans l'avant-dernier tome du Cours, publié en 1755, les leçons sur l'optique forment un bloc isolé, entre les quatre premiers tomes, parus entre 1743 et 1748, et le dernier qui ne paraîtra qu'en 1764. Ce ralentissement dans le rythme de publication n'entame pas la cohérence du parcours dans le monde physique proposé par Nollet, et l'on constate au contraire que des liens explicites rattachent l'optique aux jalons posés ou à venir. L'approche de la lumière est ainsi posée dans un diptyque avec celle du feu[50]. Beaucoup plus loin, Nollet rappellera par ailleurs une expérience dans laquelle un jeu de miroirs permet d'enflammer un corps[51], expérience déjà réalisée dans la leçon 13 sur le feu. Inversement, la leçon ultérieure sur le mouvement des astres est annoncée, d'abord dans une note[52], puis à diverses occasions, comme lors de l'expérience sur les rayons divergents réfléchis par un miroir convexe : « Comme les planètes

---

50 « Dans les deux dernières Leçons nous avons vu comment tout subsiste & se conserve au milieu d'un élément capable de tout détruire, de tout consumer : nous avons vu le feu intimement mêlé avec toutes les autres substances matérielles sans que rien périsse par son action spontanée […]. Présentement, il s'agit d'un fluide, qui nous faisant passer dans un clin d'œil des plus épaisses ténèbres à cet état inexprimable qu'on nomme clarté, nous donne presque une autre existence, nous fait sortir, pour ainsi dire, hors de nous-mêmes, pour aller au-devant des objets les plus éloignés, & pour entrer en commerce avec eux. » *Idem* p. 1-2.

51 Voir p. 217-219, ainsi que le rappel de la même expérience p. 314.

52 « Il y a bien des choses curieuses à dire au sujet de l'ombre : l'abondance des matières que j'ai à traiter dans ce volume m'oblige à remettre celle-ci à une autre occasion : j'en parlerai dans la XVIII. Leçon, où il s'agira du mouvement des astres & des effets qui en résultent », *idem* p. 79.

qui nous renvoyent les rayons du soleil, sont sphériques [...] il n'y en a qu'une partie de réfléchie vers nous[53] », etc.

Dans la leçon 18 sur la mécanique céleste, nous abandonnons la physique « sub-lunaire ». Dans l'organisation générale du cours, nous sommes donc face à une partie « détachée » qui aurait pu être la dernière et qui permet de situer les leçons suivantes sur le magnétisme et l'électricité. Si le magnétisme entretient un lien logique avec le mouvement des astres et peut par là expliquer sa position dans le Cours, il apparaît en outre que le magnétisme et l'électricité sont (sans doute plus encore pour la seconde) des domaines « en chantier[54] », isolés du reste des leçons par la dimension prospective des connaissances exposées.

La rupture entre la 18e leçon et les leçons précédentes se manifeste concrètement par de profondes modifications du discours scientifique et technique. La leçon, scindée en deux Sections (Section I « Dans laquelle on donne une idée générale des Phénomènes célestes, selon le système de Copernic », Section II « Où l'on fait connoître plus particulièrement les mouvements du Soleil, de la Terre & de la Lune, avec les phénomenes qui en résultent »), ne relate plus des *Expériences*, mais des « opérations du planétaire » (neuf en tout) directement suivies par les *Applications* (plus de rubriques *Effets* et *Explications*). Une seule machine fournit donc le support du cours, et sa mise en scène induit une nouvelle structuration du discours. Bien que son usage ne soit pas transversal comme celui de la machine pneumatique, le planétaire suffit à fonder une leçon entière et s'inscrit par là dans la lignée des appareils expérimentaux majeurs. Il fait à ce titre l'objet d'une procédure descriptive précise, dont la caractéristique principale est son étalement au fil de la leçon. Les changements de configuration de l'appareil rythment en effet la progression de la connaissance du mouvement des astres, et ce dévoilement progressif de l'objet technique lui confère une dynamique par laquelle il anime le discours scientifique.

Le *discours technique* des *Leçons* se construit donc à partir de deux ensembles : la technique *expérimentale* proprement dite et celle que l'auteur désigne – le plus souvent dans ses rubriques *Applications* – dans

---

53   *Idem* voir p. 202-203.
54   G. Vassails fait d'ailleurs remarquer qu'à cette époque, à part la boussole, « électricité et magnétisme n'ont pas d'applications pratiques », « L'*Encyclopédie* et la physique », dans *Revue d'histoire des sciences et de leurs applications*, tome 4, n° 3-4, 1951, p. 298.

l'environnement du lecteur, et que nous avons appelée technique *référentielle*. Nous verrons qu'elles sont en fait intimement liées et que l'originalité de la pédagogie de Nollet est d'impliquer la technique référentielle dans la réalisation du dispositif expérimental et, par delà, dans la construction de la connaissance théorique.

L'étude de l'électricité achève le Cours de physique expérimentale et couronne le parcours scientifique dont Nollet soulignait, dès la préface des *Leçons*, la cohérence. Il est néanmoins légitime de présenter isolément les écrits sur l'électricité, dans la mesure où celle-ci revêt un caractère incontestablement particulier dans la physique de Nollet. C'est en premier lieu le champ scientifique auquel le nom du savant est le plus communément attaché. Dès 1731, en devenant l'assistant de Dufay, Nollet entame des recherches sur l'électricité auxquelles il se consacrera pendant plusieurs décennies, et qui donneront naissance à un système qui, jusqu'en 1752, « jouit en Europe d'un consensus comme jamais n'en reçut une théorie électrique[55] », avant la confrontation avec celle de Benjamin Franklin. On peut donc s'attendre à ce qu'en ce domaine l'ingéniosité de Nollet dans la mise en œuvre des dispositifs expérimentaux trouve son plus vaste terrain d'expression. Cet intérêt, central dans sa carrière scientifique, porte en outre sur un champ d'investigation presque neuf au XVIIIᵉ siècle. Le savant anglais Guillaume Gilbert avait posé le premier pas de la science de l'électricité dans son ouvrage *De l'aimant et des corps aimantés*, paru en 1600, et son compatriote Robert Boyle (1627-1691) introduisit dans la science le mot nouveau *électricité*, jusqu'alors très peu employé ; mais ce sont les noms de Dufay, Jallabert, Franklin, Nollet, etc. qui sont attachés au siècle suivant à l'émergence des premières théories sur l'électricité. Diderot en fait le constat dans l'article « Encyclopédie » : « Qu'on ouvre les dictionnaires du siècle passé […] ; à peine y aura-t-il sur l'*électricité*, ce phénomène si fécond, quelques lignes qui ne seront encore que des notions fausses et de vieux préjugés[56] ». Sous l'angle technique, cela implique la sollicitation d'appareils *de recherche*, quand le reste de la physique, déjà inscrit dans une certaine tradition scientifique, sollicite plutôt des appareils *de démonstration*, dans une démarche de consolidation d'une *science normale*. Enfin, d'un point de vue discursif, l'électricité donne lieu à l'exposé d'une théorie et à la

---

55   L. Pyenson et J.-F. Gauvin, *L'Art d'enseigner la physique, op. cit.* p. xv.
56   Diderot, dans *Œuvres*, tome I Philosophie, Paris, Robert Laffont, 1994, p. 371.

publication d'échanges scientifiques qui s'animent d'une forte tension critique et argumentative. Dès lors, la preuve expérimentale devient un enjeu fondamental : il s'agira de débattre de la justesse des protocoles expérimentaux, d'opposer expérience à expérience. La procédure technique sera décortiquée : de la forme d'un récipient, de la qualité d'un raccord étanche, de la précision d'un instrument de mesure, de la matière employée dans tel ou tel élément du dispositif... dépendra la validité d'une expérience. Discours et technique tissent alors un lien différent de celui qu'on a pu mettre en évidence dans les *Leçons* : il s'agissait d'expliquer, et la technique comme le discours participaient à l'effort de clarification du phénomène physique ; il s'agit toujours d'expliquer, car la transmission de la connaissance est encore au cœur du discours, mais il faut également convaincre, défendre, attaquer, ce qui mobilise dans le texte comme dans la technique expérimentale des ressources nouvelles. Si les *Leçons* offrent un ensemble fortement charpenté que nous sommes invités à découvrir selon une progression linéaire, l'électricité nous amène à détacher les dernières leçons de cet ensemble, à les confronter à deux ouvrages théoriques, à en suivre les prolongements dans la publication d'une correspondance scientifique, enfin à visiter les ramifications des mémoires académiques... On peut évidemment distinguer deux volets chronologiques, qui s'articulent autour de l'année 1752. Le premier volet est celui des œuvres de consolidation confiante d'un modèle théorique.

> Jusqu'à l'approche de la cinquantaine, le sémillant abbé fut un empiriste qui ne chercha pas à repousser les frontières de la théorie. Les principes généraux, croyait-il, pouvaient être découverts en opérant de minutieuses expériences sur les effets physiques étudiés. En 1745, ayant alors gravi de plusieurs échelons l'échelle sociale, Nollet se permit de théoriser[57].

Les « Conjectures sur les causes de l'électricité des corps » (*Mémoires de l'Académie des sciences de Paris* (*MARS*), 1745) et l'*Essai sur l'électricité des corps* (1746), exposent des conditions expérimentales permettant de vérifier une théorie qui s'est formée comme une avancée régulière. Un réseau cohérent d'hypothèses s'est constitué en même temps que le corpus expérimental, et le discours de Nollet en affirme la conjointe validité. Avec les « Observations sur quelques nouveaux phénomènes d'électricité »

---

57   Lewis Pyenson, « Le rôle de l'idéologie et de l'éthique dans la science de Nollet et Franklin », *L'Art d'enseigner la physique, op. cit.* p. 85.

(*MARS*, 1746) s'ouvre une série de mémoires académiques dont, pour la plupart, le titre commence significativement par « Eclaircissemens sur... » (en tout, six mémoires académiques de 1746 à 1749) : il s'agit de réaliser l'intégration de données nouvelles en garantissant la préservation du modèle théorique. Mais en 1752, Nollet prend connaissance de la théorie électrique de Franklin, que l'on considère comme son rival victorieux... Selon L. Pyenson, l'ère du doute s'ouvrirait cependant dès 1746, avec la découverte de l'expérience de Leyde et les difficultés de Nollet à expliciter les propriétés électriques du verre. De fait, le second ouvrage théorique, les *Recherches sur les causes particulières des phénomènes électriques et sur les effets nuisibles ou avantageux qu'on peut en attendre* contient, dès 1749, un premier discours dans lequel Nollet s'attache à réfuter ses détracteurs. La visée polémique est donc présente bien avant les *Lettres sur l'électricité* (trois volumes, 1753, 1760, 1767) dans lesquelles il doit lutter pied à pied avec la doctrine nouvelle ; par ailleurs, à l'inverse, les dernières *Leçons* (1764) intègrent l'électricité dans le corpus des acquis de la physique, dans un discours confiant qui rappelle les plus belles heures de la théorie électrique de Nollet.

Œuvre ultime, projetée de longue date, *L'Art des expériences* trouve enfin sa préfiguration dès la première partie de l'*Essai sur l'électricité*, dans laquelle Nollet éclaire le dispositif expérimental sous l'angle de sa mise en œuvre pratique. Mais il poursuit surtout dans l'enseignement de la physique expérimentale un travail de représentation discursive des arts mécaniques qui a fait l'objet d'un ouvrage précédent, dont le titre détonne dans la production scientifique de Nollet : *L'Art de faire les chapeaux*, en 1765. L'ouvrage est à l'origine un article du volume 7 de la *Description des arts et métiers* de l'Académie des sciences : « Art du chapelier[58] ». On doit ici se souvenir qu'en 1758 l'Académie des Sciences a entrepris de rassembler en vue de les publier tous les manuscrits de Réaumur sur le projet de *Description des Arts et Métiers*. De 1709 à la mort du Régent (1723), Réaumur s'est consacré à ce projet, abandonné avant même la rencontre avec Nollet. Si l'on ne peut donc affirmer un attrait précoce de ce dernier pour le travail de description des arts entrepris plus tôt par Réaumur, il n'est sans doute pas exagéré de supposer que

---

58 Nollet, « Art du chapelier », *Description des arts et métiers*, volume VII, nouvelle édition par J. E. Bertrand, 1777, p. 221-346. L'article porte mention d'une validation académique du 28 février 1764 (voir p. 343).

Nollet, intéressé dès ses début de pédagogue par la pratique des arts, ait tiré quelque enseignement de celui qui avait autrefois amassé « une importante documentation et fait dessiner et graver de nombreuses planches par plusieurs dessinateurs[59] », en tirant notamment bénéfice de l'enquête sur les richesses de la France ordonnée par le Régent aux intendants (1716-1717). Toujours est-il que Nollet se trouvera impliqué, dans la dernière partie de sa carrière, dans la réhabilitation de la description académique des arts et métiers qui se fait en quelque sorte par réaction à la description encyclopédique des arts[60]. D'une part parce que Nollet fait partie de la commission chargée, en 1760, de vérifier si les Libraires Associés de l'*Encyclopédie* n'ont pas plagié les planches rassemblées par Réaumur ; d'autre part parce qu'il devait se charger de terminer la rédaction de l'article sur l'Art du Verre, que Duhamel du Monceau, directeur de la publication, exclura finalement de sa liste des arts[61]. *L'Art de faire les chapeaux* appartient donc à une phase du discours technique de Nollet qui correspond aux ambitions des grands ouvrages descriptifs de l'époque.

On n'en mesure que mieux à la fois les sources et l'originalité de *L'Art des expériences* dans sa synthèse de deux discours techniques, celui de la description des arts mécaniques et celui de la description de la pratique expérimentale. S'il paraît en comparaison moins neuf, il faut éclairer *L'Art de faire les chapeaux* pour apprécier la genèse de *L'Art des expériences*. L'ouvrage « marginal » sur l'art du chapelier peut en effet apparaître comme une première expérience de description d'une technique d'atelier en vue de produire par la suite la synthèse qui permettra de suivre le cheminement du geste artisanal dans toutes les phases de réalisation du dispositif instrumental et expérimental. Il est d'ailleurs significatif que Nollet ait choisi de « faire ses armes » sur une pratique aussi étrangère à celles qui sont depuis le début de sa carrière scientifique nécessaires à l'exécution de ses appareils, que sont les travaux du bois, du métal et du verre. Ce serait donc une forme de *neutralité objective* qui aurait motivé

---

59   Madeleine Pinault-Sorensen, « La *Description des arts et métiers* et le rôle de Duhamel du Monceau », dans *Duhamel du Monceau, 1700-2000, un européen du siècle des Lumières*, Académie d'Orléans, 2000, p. 134.

60   « … battus en brèche sur leur propre terrain, les sciences et les techniques, les Académiciens, dans une réaction corporatiste, refusent que la diffusion du savoir revienne à une compagnie privée de libraires et de philosophes », *idem* p. 136-137.

61   *Idem* voir p. 139.

le choix de Nollet dans sa description de l'art de faire les chapeaux. Un échange entre M. Thierry, fabricant de chapeaux, et Nollet, dans le *Mercure de France* en 1765, suite à la parution de l'article sur l'« Art du chapelier », éclaire en ce sens le travail de l'académicien (cette brève controverse est rapportée dans l'édition de 1777 de la *Description des arts et métiers*). Le fabricant, peu satisfait par ailleurs de l'article encyclopédique sur l'art du chapelier, reproche à Nollet de n'avoir exposé que la « routine » du métier, sans avoir éclairé les artisans sur sa « partie physique », de ne pas avoir permis par son travail un perfectionnement de l'art « par toutes les expériences & les recherches nécessaires, sur-tout dans les parties qui sont relatives aux connaissances profondes qu'il a de la physique[62] ». Cette démarche, si peu conforme à la curiosité naturelle de Nollet et à son goût de l'expérience, nous confirme dans l'idée que son ambition se situait plutôt au niveau de la méthode d'exposition d'un art mécanique que dans l'investigation technoscientifique. Inscrit dans la lignée de ce travail préparatoire, *L'Art des expériences* émerge donc sur un fonds de représentation académique et encyclopédique des arts mécaniques.

Pour prendre la mesure des objectifs que vise *L'Art des expériences*, sans doute faut-il commencer par constater l'originalité de cet écrit. Nollet, nous l'avons déjà dit, n'est pas sans prédécesseurs illustres. Qu'on juge par cette présentation de Jacques Rohault par le préfacier de ses *Œuvres posthumes*, si Nollet n'entre pas dans une généalogie solidement établie d'*artistes des expériences* :

> … ce n'est pas sans peine & sans travail que Monsieur Rohault s'estoit acquis cette grande réputation. Il est vray que la Nature par un avantage tout singulier luy avoit donné un esprit tout à fait méchanique, fort propre à inventer & à imaginer toutes sortes d'Arts & de Machines ; & avec cela des Mains artistes & adroites, pour executer tout ce que son imagination luy pouvoit representer. Aussi se faisoit-il un plaisir d'aller dans les boutiques de toutes sortes d'ouvriers, pour les voir travailler chacun de leur mestier, & pour y considerer avec attention les divers outils dont ils se servoient pour l'exécution de leurs ouvrages ; Et c'estoit une des choses qu'il admiroit le plus, & enquoy l'industrie de l'esprit humain luy paroissoit plus merveilleuse, d'avoir pû inventer tant de sortes d'instrumens, qui rendent le travail aisé, & sans quoy il seroit impossible de venir à bout d'aucun ouvrage[63].

---

62 Nollet, « Art du chapelier », *Description des arts et métiers*, volume VII, nouvelle édition par J. E. Bertrand, 1777, p. 323.

63 Claude Clerselier, Préface *des Œuvres posthumes de Mr Rohault* (non paginée), 1682.

Rohault, pas plus que les expérimentateurs qui après lui influenceront Nollet, qu'ils soient anglais ou hollandais, ne transmettra pourtant aucun témoignage de la démarche qui conduit de l'atelier au cabinet de physique. Nollet serait donc l'initiateur d'un discours technique portant sur une réalité scientifique peu ou pas représentée. Mais pourquoi était-il, plus qu'un autre, en mesure de produire ce discours novateur ? Il nous semble que sa parole n'a pu se libérer que parce que sa pratique d'expérimentateur est marquée par un engagement personnel bien particulier. Que nous dit Clerselier du génie technique de Rohault, qui s'est selon lui prioritairement exprimé dans la verrerie expérimentale pour démontrer la pesanteur de l'air ? « … il avoit fait faire tout exprès quantité de Tuyaux de verre, de toutes sortes de façons[64] ». Là est bien la différence : Rohault est un mécanicien créatif, qui s'appuie sur sa connaissance des savoir-faire d'ateliers pour faire réaliser les objets spécifiques qui intégreront ses ingénieux assemblages expérimentaux, alors que Nollet, dès ses débuts de pédagogue-expérimentateur, s'initie au travail du verre à la lampe d'émailleur et sera par la suite en mesure de fabriquer lui-même ses ustensiles de verre. Nollet était donc en mesure, plus que tout autre, de produire le discours qui inscrirait sur une même trajectoire le geste artisanal et la mise en œuvre du dispositif expérimental. Il peut alors prétendre à atteindre par *L'Art des expériences* un double objectif : poursuivre sa diffusion de la démarche expérimentale, en exposant les méthodes de fabrication artisanales qui sont la source de tous les objets techniques qu'elle mobilise. Mais un troisième objectif, plus lointain et plus essentiel, est visé par delà ces deux premiers : stimuler la connaissance du monde physique *dès* la phase de préparation des conditions expérimentales.

NOLLET PAR LUI-MÊME : SES PRÉFACES

Préfaces et autres avertissements livrent généralement les principes fondamentaux qui guident un écrivain et, dans le cas des ouvrages scientifiques – d'autant moins susceptibles de recueillir des réflexions personnelles

---

64 *Idem.*

générales qu'ils sont prioritairement investis par les descriptifs expérimentaux –, ces textes introductifs sont un guide précieux pour cerner les
intentions et préoccupations majeures de l'auteur. C'est par ce biais que
nous allons tenter de donner un aperçu synthétique de l'œuvre de Nollet[65].
Quatre textes peuvent retenir notre attention : les préfaces du *Programme*,
des *Leçons*, de l'*Essai sur l'électricité* et de *L'Art des expériences*. On peut leur
ajouter le Discours que prononça Nollet en 1753 lors de l'inauguration de
la chaire de physique expérimentale au Collège de Navarre, dans lequel
il énonce les principes de l'apprentissage de la physique[66].

Le premier aspect qui ressort à la lecture de ces textes est l'affirmation
d'une volonté de rupture méthodologique. « Pendant près de vingt
siècles, cette science [la physique] n'a été presque autre chose, qu'un vain
assemblage de systêmes appuyés les uns sur les autres, & assez souvent
opposés entre eux[67] ». Nollet, au seuil des *Leçons*, désigne le poids de
la tradition dont la physique doit se libérer pour tracer sa nouvelle
voie. Les *systêmes* sont un héritage d'autant plus encombrant qu'ils ont
été enrichis par des apports récents et solides parmi lesquels l'abbé
se refuse à choisir : « ce n'est ni la Physique de Descartes, ni celle de
Newton, ni celle de Leibnitz, que je me suis prescrit de suivre particu-
liérement[68] ». Le *Programme* refuse les « raisonnements non fondés », les
« systêmes chimériques[69] », les *Leçons* écartent la science qui n'embrasse
que des questions « qui paroissent être de quelque importance que par
des probabilités, & s'appuyant sur des hypothèses[70] », dans un rejet de
l'imagination comme source interprétative. En rupture avec une tradition pluriséculaire, Nollet se voit néanmoins comme l'introducteur en
France[71] d'une démarche scientifique dont la transformation radicale

---

65 L'ensemble des œuvres de Nollet sur lequel nous fondons notre travail est circonscrit par
    notre bibliographie primaire, qui s'appuie sur le recensement précis d'Anthony Turner et
    Jean-François Gauvin mené dans *L'Art d'enseigner la physique, Les appareils de démonstration
    de Jean-Antoine Nollet, 1700-1770*, Sillery (Québec), Septentrion, 2002.
66 *Discours sur les dispositions et sur les qualités qu'il faut avoir pour faire du progrès dans l'étude
    de la physique expérimentale*, Paris, chez Thiboust, 1753.
67 Préface *LPE* vol. 1, 1743, p. III. Dans toutes nos citations de Nollet, nous respecterons
    la graphie et l'orthographe du texte original.
68 *Idem* p. XX.
69 Préface *PIGCP*, 1738, p. IV
70 Préface *LPE* vol. 1, 1743, p. III.
71 Nollet mentionne néanmoins son prédécesseur M. Polinière dans la préface du *Programme*
    (voir p. XXXIII).

est achevée : « La Physique est devenüe *expérimentale*[72] ». Le Discours de 1753 situe son origine dans l'introduction dans l'enseignement de la méthode de Descartes, « depuis cent ans ou environ[73] ». Dans les *Leçons*, il explicite la transformation :

> Cette réforme porta principalement sur la manière d'étudier la nature. Au lieu de la deviner, comme on prétendoit l'avoir fait jusqu'alors, en lui prêtant autant d'intentions & de vertus particulieres, qu'il se présentoit de phénoménes à expliquer ; on prit le parti de l'interroger par l'expérience, d'étudier son secret par des observations assidues & bien méditées[74].

Nollet insiste sur l'importance attachée à l'expérimentation par soi-même dans la « nouvelle méthode » : « il n'en est aucun que je n'aye vû & répété moi-même plusieurs fois, & que je n'aye manié de toutes les façons que j'ai pû imaginer, avant que de le mettre au rang des faits que je regarde comme constans[75] » (à propos des phénomènes électriques).

L'implication personnelle apporte ainsi la garantie de la soustraction à toute autorité que pourrait véhiculer une tradition même récente. Nollet a pourtant des inquiétudes sur la fragilité de la science expérimentale encore en formation. En 1770, il doit reconnaître que « malgré le goût qu'on a pris pour elle dans ces derniers temps, il faut convenir que l'appareil qu'elle exige, la fait marcher plus lentement, & que des deux sources qui concourent à ses accroissements, j'entends l'observation & l'expérience, la première est toujours celle qui a le plus de cours[76] ». En 1746, dans son *Essai sur l'électricité des corps*, Nollet admettait qu'il restait « des obscurités[77] », parlait de « semi-preuves », voire de simples « indices[78] ».

Sur cette base encore fragile doivent se développer l'interprétation et l'exploitation des résultats expérimentaux en vue de la constitution d'une connaissance globale et structurée. Comme l'affirme le Discours de 1753, les « connaissances doivent être liées entr'elles comme les parties d'un Édifice[79] ». Dès 1743, la préface des premières *Leçons* signale ainsi

---

72   Préface *PIGCP*, *op. cit.* p. VI.
73   Discours de 1753, p. 12.
74   Préface *LPE*, *op. cit.* p. IX.
75   Préface *EEC*, *op. cit.* p. XIX.
76   Préface *AE*, 1770, p. VII.
77   Préface *EEC*, *op. cit.* p. X.
78   *Idem* p. XI.
79   Discours de 1753, p. 14.

l'écueil à éviter : « je n'ai point voulu que le Lecteur, ébloui d'un nombre superflu d'opérations, pût perdre de vûe la doctrine qu'il s'agit d'établir ; en lui rapportant des faits dignes d'attention, j'ai compté mettre sous ses yeux des preuves qui affermissent ses connaissances[80] ». C'est cette aspiration à la consolidation d'un savoir qui fait précisément des *Leçons* « un cours de Physique expérimentale, & non pas un cours d'expériences[81] ». Contre l'éparpillement empirique, l'unité d'un savoir constitué. Mais le mot *doctrine* est assez suspect dans un contexte scientifique pour arrêter notre attention et jeter une lueur sur la complexité de l'intention qui guide l'expérimentation : cette intention se déplace de manière incertaine de la libre réception du phénomène naturel provoqué – ce qui fait de l'expérience le théâtre de bien des surprises – à la vérification très guidée d'un attendu, d'une représentation mentale déjà formée. Nollet ne s'arrête pas sur cette difficulté, à un moment où il s'agit de transmettre une base de connaissance, et non de faire naître des questionnements embarrassants. L'*Essai sur l'électricité des corps* expose plus en détail la complexité du rapport entre expérience et théorie. L'appréhension toute récente de l'électricité incite à la prudence, et Nollet a envisagé un temps de s'en tenir « à la simple exposition des phénomenes rangés sous un certain ordre[82] ». Mais le physicien est en quête d'une réalité plus profonde : « Attentif sur les faits, travaillant à les multiplier, & méditant avec soin sur toutes leurs circonstances, j'attends depuis plus de dix ans qu'ils me conduisent eux-mêmes au principe d'où ils partent[83] ». En 1746, il est en mesure de dévoiler « la cause générale de l'Électricité, dans *l'effluence & l'affluence simultanées d'une matiere très-subtile, présente partout, & capable de s'enflammer par le choc de ses propres rayons*[84] », tout en rappelant que son ouvrage « n'est qu'un *Essai*[85] », « *une ébauche*[86] » qui sera développée dans le sixième volume des *Leçons*, laissant ainsi « le temps d'amasser de nouvelles preuves, de méditer sur les difficultés qui restent à éclaircir ou qui naîtront[87] ». Nollet n'en considère pas moins qu'il est de sa

---

80 Préface *LPE*, *op. cit.* p. XXX.
81 *Idem* p. XXX-XXXI.
82 Préface *EEC*, *op. cit.* p. VIII.
83 *Idem* p. IX.
84 *Idem* p. XIV.
85 *Ibid.*
86 *Idem* p. XV.
87 *Ibid.*

responsabilité de dégager une théorie, répondant ainsi à une obligation morale : « c'est manquer de courage, que de désespérer de tout, aussi-tôt qu'on rencontre un fait que l'on a peine à ramener au même principe, auquel les autres se rapportent visiblement : & cette façon d'agir est préjudiciable aux progrès de la Physique[88] ». Aussi Nollet propose-t-il résolument un *système*, employant par trois fois le mot dans sa préface : « C'est un système, je l'avoue[89] ». *Cause* ou *principe*, mais encore *doctrine* ou *système*, le lexique de la théorisation ouvre des champs sémantiques qui traduisent des perspectives de découvertes des lois naturelles autant que de possibles nouvelles « chimères ». En dehors de l'erreur interprétative lors du passage du phénomène observé à l'idéation, celle-ci peut en effet se former en aval de l'expérience et guider implicitement un protocole expérimental alors réduit à l'étape de validation d'une *doctrine*.

La physique expérimentale est néanmoins dans son ère de conquêtes et les prudences de Nollet dans sa proposition théorique n'entament pas le principe fondamental selon lequel « la raison ne prononce que sur le rapport & le témoignage de l'expérience ». Tel est le fondement d'un idéal pédagogique qui répond à une aspiration profonde : « l'Homme naît avec le désir de connoître la nature[90] ». Nollet insiste sur la nécessité d'intéresser les enfants aux expériences, estimant qu'« on n'est point encore assez persuadé que le livre de la nature puisse être lû par les enfants mêmes ; que cet âge est du moins aussi propre que tout autre pour l'entendre[91] », et que c'est une erreur « de laisser les jeunes gens dans l'ignorance des premiers élémens de la Physique pendant les quinze ou seize premieres années de leur âge[92] ». Aussi destine-t-il prioritaire-ment ses *Leçons* « aux jeunes gens de l'un et l'autre sexe, qui passent les premiéres années de leur vie dans des Collèges ou des Pensions, pour qui tout est nouveau dans la Nature, dont l'esprit est naturellement avide de ces sortes de connoissances, & qu'il convient d'accoutumer, par des exemples faciles & familiers, à des idées claires & distinctes, & à des inductions judicieuses[93] ». Nollet clôt sa préface des *Leçons* avec Bossuet, qui a fait découvrir au jeune prince dont il avait la charge de

---

88   *Idem* p. XII.
89   *Idem* p. IX.
90   Préface *PIGCP, op. cit.* p. XXXIII.
91   *Idem* p. XXIX.
92   *Idem* p. XXXV.
93   Préface *LPE, op. cit.* p. XXXIV.

l'éducation « l'art de la Nature même » au travers de « l'expérience des choses naturelles[94] ». Le Discours de 1753 se présente, en complément, comme un guide permettant de « tracer la route que doivent suivre ceux qui veulent s'initier en Physique[95]. » Nollet ne néglige pas non plus l'initiation des adultes, ouvrant son cours à toutes les « personnes qui n'ont des Sciences qu'une teinture très-légère[96] ». À tous, il propose « une nouvelle méthode d'enseigner » consistant à « joindre l'agréable à l'utile », dans la recherche d'un équilibre pour « ménager également la bienséance qui convient aux sciences, & la délicatesse des Auditeurs[97] ». À la fois stratégie de légitimation dans la conscience de l'auditeur et stratégie de légitimation sociale, cet équilibre traduit les précautions dont s'entoure l'abbé pour faire progresser une diffusion qui doit encore négocier avec les usages mondains. Les *Leçons* utilisent l'expérience à cette même fin : « Il m'a semblé que des principes abstraits, & que l'on ne pourroit apprendre de suite sans une application laborieuse, s'insinuoient plus aisément dans l'esprit, lorsqu'ils étoient ainsi entre-coupés par des expériences intéressantes, qui obligent d'en reconnoître & la vérité & l'utilité[98] », ce à quoi participent les dispositifs techniques : « je me suis pourvû de certaines machines, que j'ai imaginées pour faire entendre mes pensées[99] ». Pour Nollet, la démarche expérimen-tale est la voie royale de l'enseignement de la physique : « lorsque [la physique] prononce par la voix de l'expérience, elle peut être entendue à tout âge et en tous lieux[100] ». Dans la préface du *Programme*, il fait remarquer que le cheminement de l'apprentissage y est d'autant plus cohérent qu'il reproduit celui de la découverte scientifique elle-même : « que pourroit-on faire de mieux que de transmettre aux Amateurs les connoissances Physiques par la même voye que les Sçavants ont employée pour les acquerir[101] ? » Les textes introductifs de Nollet nous donnent par ailleurs un premier aperçu du déroulement concret d'un enseignement par la méthode expérimentale. Son efficacité se mesure

---

94 *Idem* p. XLIII.
95 Discours de 1753, p. 10.
96 Préface *LPE*, *op. cit.* p. XXVII-XXVIII.
97 Préface *PIGCP*, *op. cit.* p. X-XI.
98 Préface *LPE*, *op. cit.* p. XXV.
99 *Idem* p. XXVII.
100 *Idem* p. XXXVII-XXXVIII.
101 Préface *PIGCP*, *op. cit.* p. VII.

d'abord par la rapidité de sa mise en œuvre. L'expérimentateur a bâti sa renommée sur une initiation ne dépassant pas quelques semaines : « Mon premier plan étoit de distribuer le Cours entier en trente Leçons ; mais j'ai bientôt reconnu que le plus grand nombre des personnes à qui je les destinois ne pouvoit pas se prêter à un engagement de deux mois. Je me suis fixé depuis à la moitié du tems », soit vingt-et-une leçons sur un mois, l'enseignement restant modulable selon le public[102]. S'il faut évidemment se reporter au *Leçons* elles-mêmes pour espérer cerner les circonstances dans lesquelles se déroulait un cours, la préface du *Programme* indique certaines dominantes ; à l'idée d'un cahier remis aux auditeurs à la première leçon, Nollet a préféré un cours libérant la spontanéité de la parole, celle-ci tendant encore à s'effacer devant l'évidence des faits :

> … il a paru plus convenable de se rendre les expressions familières, de se former une habitude d'opérer en parlant, & même d'employer moins les paroles que l'exposition des faits pour se faire entendre ; de façon que chacun, quand il voudroit faire des objections, & demander des éclaircissements, n'eût point à craindre d'interrompre un discours étudié[103].

C'est que l'expérience n'est pas un détour en attente de sa formulation pour alimenter ensuite un raisonnement ; elle est le moment privilégié où par l'usage des sens la nature parle en nous sans intermédiaire, c'est-à-dire « par des faits qui éclairent l'esprit en parlant aux yeux[104] ». C'est le sens de cette *évidence* à laquelle Nollet en appelle fréquemment, ne cherchant que la manifestation « des vérités évidentes[105] », qu'à ne faire admettre « au rang des connaissances, que ce qui paroîtroit évidemment vrai[106] ». Une « Physique sensible[107] » est sans doute la meilleure désignation par Nollet de sa propre démarche, lui qui veut avant tout « parler aux yeux par des opérations sensibles[108] ». Ces yeux qui ont

---

102 « Il est des personnes à qui l'âge, la condition & les vües accordent plus de tems pour l'étude de la physique ; pour celles-ci on entre dans un plus grand détail ; on les mène par degrés aux mêmes connoissances que l'on offre à d'autres avec moins de préparations », Préface PIGCP, *op. cit.* p. XXVI.
103 Préface PIGCP, *op. cit.* p. XXIII.
104 *Idem* p. XXXI.
105 Préface LPE, *op. cit.* p. VIII.
106 *Idem* p. IX.
107 *Idem* p. XXII.
108 *Idem* p. XXVII.

acquis la primauté sur l'autorité du discours à une époque où « on ne croit plus que ce que l'on voit[109] »...

Cette *physique sensible* trouve dans le dispositif technique à la fois un prolongement de la main et un organe de lecture du phénomène naturel. Une « grande provision d'instruments[110] » est nécessaire, et le Catalogue qu'en donne Nollet à la fin du *Programme* n'est « point aussi complet[111] » qu'il le voudrait. Le cabinet de physique bien pourvu est en effet la clé de la réussite de l'apprentissage pour le novice : « Quelle facilité ne trouverez-vous pas encore à vous initier si l'École où vous serez admis à l'avantage de posséder une Collection suffisante d'Instruments (...)[112] ? ». Mais, si la préface de *L'Art des expériences* s'ouvre sur l'évident constat que « La Physique Expérimentale ne peut se passer d'Instruments[113] », c'est pour mettre aussitôt en évidence les difficultés de mise en œuvre, de perfectionnement et d'entretien qu'ils posent à l'expérimentateur. Toute la complexité du protocole expérimental trouve en même temps son expression et sa résolution dans la production de son appareillage technique. Aussi la curiosité devant le phénomène naturel se double-t-elle de la curiosité devant l'instrumentation qui lui est dévolue : « Est-il possible de voir ces effets admirables des télescopes, des lunettes, des microscopes, dont l'usage est aujourd'hui si commun, sans désirer d'en connoître la méchanique & les propriétés, sur lesquelles la construction de ces instruments est fondée[114] ? » Cette « construction » semble en effet le fruit d'une dextérité exceptionnelle. Se souvenant de l'époque où naissait son projet de cours de physique, Nollet fait état de la difficulté à trouver une main d'œuvre qualifiée pour la production d'instruments scientifiques : « les Ouvriers, bien loin de s'appliquer à les perfectionner, n'étoient pas même dans l'habitude de les construire[115] ». On se rend mieux compte des exigences de Nollet en matière d'instrumentation à la lecture des cinq règles qu'il édicte à la fin de sa préface de *L'Art des expériences :* l'instrument doit être à la fois simple, ergonomique,

---

109 Préface *PIGCP*, *op. cit.* p. IV.
110 *Idem* p. IX.
111 *Idem* p. XX.
112 Discours de 1753, p. 13.
113 Préface *AE*, *op. cit.* p. VII.
114 Préface *LPE*, *op. cit.* p. XI.
115 Préface *PIGCP*, *op. cit.* p. IX.

solide, polyvalent et « transparent » (c'est-à-dire permettre aux observa-teur une parfaite appréhension du phénomène étudié). C'est pourquoi l'expérimentateur doit être pour une large part le producteur de son instrumentation. Mettant à profit « une certaine dextérité naturelle & cultivée dès l'enfance[116] », Nollet se présente d'ailleurs comme un maître d'œuvre (« J'ai pris moi-même la lime & le ciseau, j'ai formés & conduits des ouvriers[117] »), fier de faire savoir « qu'il y a dans Paris un Laboratoire où l'on construit tout ce qui est nécessaire pour ces sortes d'opérations[118] ». Si la réalisation des appareils est une affaire complexe, leur représentation ne l'est pas moins. Dans les *Leçons*, Nollet juge préférable d'écarter la description détaillée des instru-ments utilisés : « il auroit fallu entrer dans un détail de proportions, de choix de matières, de précautions à prendre, & bien souvent de connoissances un peu étrangéres à mon objet[119] ». La complexité de la plupart des instruments est telle qu'elle défie la représentation, défi similaire à celui que Diderot tente à peu près à la même époque de relever dans sa *Description des arts* : en Angleterre et en Hollande, Nollet affirme avoir « vû & démonté des Machines que la plus éxacte description ne peut rendre qu'imparfaitement à ceux qui ont dessein de les imiter[120] ». Il envisage même l'échec d'une description secondée par l'illustration pour restituer la réalité de ces instruments : « les pièces qui les composent n'expriment rien, si elles ne sont en jeu ; il eût été inutile d'en donner la figure ou la description[121] ». Dans *L'Art des expériences*, Nollet se montrera néanmoins beaucoup plus confiant sur la transmission écrite du savoir-faire :

> … j'ose assurer, que quiconque aura fait ou vu pratiquer, tout ce que j'ai compris dans mes Avis, sera en état après cet apprentissage, de construire lui-même ou de faire exécuter par des ouvriers un peu intelligents & passablement adroits, presque toutes les machines qui se trouvent représentées ou décrites, dans les Mémoires Académiques, dans la Physique de s'Gravesande, dans celle de Desaguilliers, &c. & qu'il n'y aura guere d'Expériences qu'il ne puisse tenter avec succès[122].

---

116 Préface *PIGCP*, *op. cit.* p. XVIII.
117 *Ibid.*
118 *Idem* p. XXI.
119 *Idem* p. XXXI.
120 Préface *PIGCP*, *op. cit.* p. XVII.
121 Préface *LPE*, *op. cit.* p. XXVIII.
122 Préface *AE*, *op. cit.* p. X.

Ce double jeu de réticence et de confiance dans la description des instruments pose plus largement le problème de la mise en discours de la science expérimentale. On remarque d'abord que cette mise en discours est une opération sélective : « Je choisis dans chaque matière ce qu'il y a de plus intéressant, de plus nouveau, & qui me paroît le plus propre à être prouvé par des expériences[123] ». Plus tendu encore par sa visée argumentative, *l'Essai sur l'électricité* s'appuie sur un choix précis « des phénomenes les plus considérables, les plus certains, & qui ont paru les plus propres à jetter du jour sur les questions proposées[124] ». Avec les matériaux choisis, reste à dégager un ordre d'exposition et à assurer la cohérence de sa progression. Nollet explicite ainsi l'organisation de ses *Leçons* :

> Dans la distribution des Matières qu'on doit regarder comme le fond de cet Ouvrage, je me suis attaché à rassembler sous un même titre, celles qui sont nécessairement liées ensemble, & j'ai eu soin de faire précéder les propositions qui peuvent s'entendre plus facilement, & qui doivent servir comme de principes pour l'intelligence des autres ; ainsi quoiqu'on puisse à la rigueur prendre chaque Leçon séparément, & que la plûpart ayent entr'elles une espéce d'indépendance, je conseillerai toujours au Lecteur, qui voudra les suivre avec plus de facilité & de profit, de les voir dans l'ordre où elles sont, parce qu'il trouvera dans les premiéres des notions qui pourront l'aider pour la suite[125].

On le voit, l'ensemble fait système et la mise en discours est en elle-même la réaffirmation d'une recherche de la connaissance globale et ordonnée contre l'éparpillement empirique. Quant au détail de chaque leçon, le *Programme* en donnait déjà le principe : « J'expose en peu de mots l'état de la question ; je prouve mes propositions par des opérations relatives ; j'indique les applications qu'on en peut faire aux Phoenomènes les plus ordinaires, & les lectures qui conviennent à ceux qui voudront des explications plus amples[126] ». La démarche pédagogique de Nollet, élaborée d'abord sous forme d'un cours public, nous rappelle cependant que l'œuvre écrite est entièrement conçue comme l'émanation d'un enseignement oral. Le Programme se présente comme un prolongement naturel du cours, un moyen « de satisfaire un nombre d'Auditeurs qui

---

123 Préface *LPE*, *op. cit.* p. XXIII.
124 Préface *EEC*, *op. cit.* p. XVIII.
125 Préface *LEP*, *op. cit.* p. XXV-XXVI.
126 Préface *PIGCP*, *op. cit.* p. XXV.

seroient bien aise de joindre quelques lectures à l'inspection des expériences[127] », et les *Leçons* en respectent la progression initiale : « J'ai suivi, en écrivant mes Leçons, la même méthode que j'ai coutume d'employer quand je les fais de vive voix[128] ». L'oralité est d'ailleurs une dimension perdue dans le Cours publié, dont on ne peut sous-estimer la portée : « … les leçons qui se donnent de vive voix, ont un avantage considérable sur celles qu'on voudroit prendre dans les livres[129] ». L'introduction des planches qui accompagnent le passage des manipulations expérimentales du cours à la version écrite pose le problème des choix de représentation iconographique, là encore similaires à ceux qu'ont pu rencontrer les encyclopédistes dans la *Description des arts*. L'organisation en trois parties de *L'Art des expériences*, qui n'est pas à proprement parler un ouvrage de physique expérimentale, met plutôt en évidence la maîtrise technique préalable à l'expérimentation, puisque la première porte sur les pratiques des arts mécaniques (« j'enseigne les différentes façons de travailler le bois, les métaux & le verre[130] »), la seconde sur les *drogues* utilisées, la dernière sur la construction des *machines*. C'est dans la préface de cet ouvrage que Nollet a exprimé ses préoccupations relatives à la représentation par les planches :

> Je n'ai rien décrit dans cet Ouvrage que je n'y aie joint des figures pour en faciliter l'intelligence ; j'aurois désiré que les planches pussent être *in*-4ᵉ afin de donner les développements des machines avec de plus grandes proportions ; mais ceci étant comme le supplément ou la suite des Leçons de Physique qui sont *in*-12ᵉ, il m'a paru comme indispensable de m'assujettir à ce dernier format : au reste, ce que je perdois sur l'étendue, j'ai tâché de le regagner par la correction du dessein, & par la netteté de la gravure : & j'ai encore énoncé dans le discours les mesures de chaque pièce, toute les fois que cela m'a paru de quelque importance. Je m'étois proposé de commencer chaque description en mettant sous les yeux du Lecteur le portrait ou l'ensemble de la machine qui devoit en faire le sujet ; mais au lieu de cinquante-six Planches que j'ai employées, il en auroit fallu plus de quatre-vingt, ce qui auroit excessivement grossi les volumes, & augmenté le prix du Livre ; il m'a semblé que je pouvois épargner cette dépense, en faisant servir ce qui est gravé dans les Leçons de Physique : c'est pourquoi j'ai marqué en marge, au commencement de chaque article, l'endroit de la Leçon auquel il se rapporte, & la figure qui représente

---

127 *Idem* p. XXXVII.
128 Préface *LPE, op. cit.* p. XXIII.
129 Discours de 1753, p. 12-13.
130 Préface *AE, op. cit.* p. XIII.

la machine dont il va être question, afin qu'on la fasse concourir avec celles que je citerai dans les *Avis*[131].

Cette nouvelle intertextualité par l'image renforce donc l'unité systématique de la production écrite de Nollet et agit comme un principe supplémentaire d'organisation. Son travail pédagogique doit répondre à d'autres contraintes en s'assurant l'accessibilité du vocabulaire scientifique à ses lecteurs et auditeurs : « L'obscurité du langage a dû les rebuter[132] », imagine-t-il pour les étudiants autrefois contraints aux apprentissages scientifiques magistraux. Les doctes d'alors

> … affectoient des expressions qui n'offroient que des idées confuses, & dont la plûpart étoient absolument inintelligibles pour quiconque n'étoit pas encore convenu de s'en contenter. On donnoit pour des explications certains mots vuides de sens, qui s'étoient introduits sous les auspices de quelque nom célebre, & qu'une docilité mal entendue avoit fait recevoir, mais dont un esprit raisonnable ne pouvoit tirer aucune lumière[133].

Nollet, uniquement occupé à se mettre à la portée d'un public le plus large possible, ne craint pas de s'exposer au reproche « d'avoir abandonné le langage des Sciences » et d'écarter « ces façons de s'exprimer qui sont certainement plus précises, plus abregées[134] ». La rigueur méthodique l'empêche néanmoins de renoncer à l'emploi du vocabulaire mathématique le plus usuel :

> … je n'ai pourtant point porté ces sortes d'égards jusqu'à m'interdire l'usage des termes consacrés : j'ai conformé ma diction à celle qui est généralement reçue, afin que la lecture de mon Ouvrage puisse servir d'introduction à celle des autres Livres de Physique ; mais j'ai eu soin de distinguer ces mots par le caractère italique, la première fois qu'ils sont employés, de les définir, & de les expliquer le plus nettement qu'il m'a été possible[135].

À ces précautions s'ajoute « un petit Dictionnaire & une Planche où les Commençans trouveront l'explication des termes qui se rencontrent fréquemment dans le corps de l'Ouvrage[136] ».

---

131 *Idem* p. XV-XVI.
132 Préface *LPE*, *op. cit.* p. VII.
133 *Idem* p. VII-VIII. Critique reprise dans le Discours de 1753, de « ce langage inintelligible, qui deshonoroit la raison » avant Descartes (p. 11).
134 Préface *LPE*, *op. cit.* p. VIII.
135 *Idem* p. XIX.
136 *Idem* p. XIX-XX.

La mise en discours de la physique expérimentale ouvre la perspective d'un questionnement sur le lectorat, qui s'élargit dans les textes introductifs que nous étudions à la sociabilité qu'implique la pratique expérimentale. Nous avons vu plus haut que par leur vocation pédagogique, les ouvrages de Nollet s'adressaient à un public désireux de s'initier. L'auteur insiste beaucoup sur la diffusion sociale de la méthode expérimentale qui « n'a pas peu contribué à multiplier en France comme ailleurs le nombre des Physiciens ». Le *Programme* offre le témoignage de la réussite d'une vulgarisation qui a déjà atteint « des personnes de tout âge, de tout sexe & de toutes conditions[137] », Nollet souhaitant qu'elle « étendit ses progrès jusque dans les familles[138] ». Cinq ans plus tard, la préface des *Leçons* revient sur les premiers succès de la méthode expérimentale qui fit « naître des amateurs de tout sexe & de toutes conditions[139] ». Y est en outre confirmé l'intérêt soutenu du public pour des leçons données « à des Compagnies qui s'assemblent pour les prendre en commun[140] » ; *compagnies, assemblent, commun*, Nollet souligne la forte solidarité que la méthode expérimentale instaure entre ses initiés. L'expérimentation implique en effet le travail en communauté et de nombreux indices soulignent cette sociabilité « horizontale » entre les scientifiques eux-mêmes. Quand le cours n'était encore qu'un projet, il a ainsi pu profiter de l'avis de ses pairs : « J'en parlai aux personnes que je crus les plus capables de me bien conseiller[141] ». Ces personnes appartiennent presque toutes à la l'Académie :

> Toutes ces difficultés, sans doute, m'auroient forcé d'abandonner mon entreprise, si l'Académie royale des Sciences ne m'eût fait l'honneur de la protéger dès sa naissance. Plusieurs de ses Membres les plus illustres m'ont aidé de leurs conseils, de leurs lumières, & des secours sans lesquels mon zèle auroit échoüé. Je dois à M. de Cassini l'honneur que j'ai de travailler depuis cinq ans sous la direction de M. de Réaumur[142].

Des hommages sont encore rendus à Dufay, bien plus plus tard à « M. Brisson, mon confrère & mon survivancier, animé du même zele

---

137 Préface *PIGCP, op. cit.* p. XXVIII.
138 *Idem* p. VI.
139 Préface *LPE, op. cit.* p. X.
140 *Idem* p. XVI.
141 Préface *PIGCP, op. cit.* p. VII.
142 *Idem* p. XIII-XIV.

pour la Physique Expérimentale[143] »… Quand il annonce la troisième partie de *l'Essai sur l'Électricité*, qui est « un extrait de deux Mémoires que j'ai lûs à l'Académie, l'un à notre assemblée publique du mois d'Avril 1745, & l'autre à celle d'après Pâques 1746[144] », Nollet nous rappelle la maturation collégiale de la réflexion dont l'ouvrage publié n'est qu'un état tardif. L'étalement horizontal de la sociabilité scientifique dépasse néanmoins largement l'enceinte académique. L'*Essai sur l'Électricité* répond à une demande « des Professeurs de Province[145] » et Nollet s'enthousiasme de voir ses leçons imitées « dans nos provinces par les Collèges, par les Universités, par les Académies[146] », cadre encore dépassé par les échanges internationaux :

> C'est principalement à la bienveillance [de Dufay] que je dois les deux voyages que la Cour m'a fait faire en Angleterre & en Hollande, pour m'y pratiquer des correspondances, & pour prendre une connoissance plus éxacte & plus certaine de la méthode, des procédés, & des Instruments nécessaires à mes vües[147].

Sociabilités verticale et horizontale sont ainsi appelées à se croiser : « Après la fréquentation des Écoles, rien ne convient mieux, rien n'est plus propre à perfectionner les connoissances, que de s'instruire des découvertes qui se sont faites & qui se font tous les jours, dans ces Compagnies que l'amour des Sciences a formées pour travailler en commun[148] ».

Une pratique scientifique fondée sur l'expérience ; une pédagogie axée en toute logique sur la « physique sensible » et liée à l'usage de l'instrumentation ; un discours cherchant prioritairement l'accord avec le sens commun, enfin un exercice de la science et de sa transmission admettant la sociabilité comme ressort essentiel de l'accès à la connaissance ; tels sont les grands principes qui se dégagent des textes introductifs de Nollet.

Comme le note Jean-Pierre Séris, « la technique façonne, selon les cas, très différemment les hommes. » Il nous invite par là à ne pas réduire à l'unité les diverses « figures de l'*homo faber*[149] ». Dégager celle de Jean-

---

143 Préface *AE*, *op. cit.* p. XI.
144 Préface *EE*, *op. cit.* p. XIX.
145 Préface *EEC*, *op. cit.* p. XVI.
146 Préface *LPE*, *op. cit.* p. XIII-XIV.
147 Préface *PIGCP*, *op. cit.* p. XVI.
148 Discours de 1753, p. 15-16.
149 Jean-Pierre Séris, *La Technique* (1994), Paris, P.U.F., 2000, p. 103.

Antoine Nollet, au travers de ce que nous en donne à voir son discours, est l'objectif principal de cet ouvrage. Nous examinerons d'abord de quelle manière Nollet intègre dans sa démarche l'héritage mécaniste qui fonde la philosophie naturelle des XVIIe et XVIIIe siècles. C'est sur ce socle que se développent les orientations majeures d'un discours technique que les préfaces nous ont déjà en partie signalées. La pratique scientifique fondée sur l'expérience nous obligera ainsi à définir prioritairement les conditions de la reproduction artificielle des phénomènes physiques, à partir desquelles l'usage de l'instrumentation expérimentale révèlera ensuite toute sa portée : par la pénétration de la modélisation théorique par les arts mécaniques ; par le rôle qu'occupe la machine dans la construction de la connaissance ; enfin par la médiation qui s'instaure sans cesse entre mathématisation et contrainte physique. La « physique sensible » qui prend alors forme implique le lecteur – toujours projeté dans la situation d'exercer par lui-même le corpus expérimental décrit dans un parcours sensoriel et une expérience à nouveaux frais de sa propre corporéité. La sociabilisation de la physique partout à l'œuvre chez Nollet, qu'elle soit horizontale ou verticale comme nous l'ont dévoilée les préfaces, nous amènera enfin à interroger sa stratégie discursive au regard d'une intention vulgarisatrice qui reste complexe.

Ce livre est le résultat d'une recherche universitaire menée au sein de l'UMR Lire à Saint-Étienne. Je remercie Jean-Marie Roulin, ainsi que Hugues Chabot, Yves Citton, Florence Magnot-Ogilvy et Denis Reynaud pour leurs conseils en vue de la publication de cet ouvrage.

LES FONDEMENTS MÉCANISTES
D'UNE PHYSIQUE EXPÉRIMENTALE

Efforçons-nous d'abord de situer la physique de Nollet dans l'évolution globale d'un rapport technique au monde physique dont les origines de la pensée occidentale nous indiquent la plus haute antiquité : avec Thalès, l'observation astronomique noue le lien entre l'instrumentation et la connaissance des mouvements célestes ; la physique d'Anaxagore suppose une mystérieuse force motrice ayant dissocié et ordonné une matière originellement fusionnelle ; celle de Démocrite participe d'une « philosophie mécaniste qui ramène l'ensemble des phénomènes à un système de déterminations causales liées au mouvement des atomes[1] »... Pour les débuts de l'ère moderne, Paolo Rossi rappelle que « La grande révolution scientifique du XVIIe siècle a pour origine cette interpénétration entre technique et science qui a marqué [...] toute la civilisation occidentale[2] », et que cette époque marque la fin d'une distinction d'essence entre *connaître* et *faire*.

En France, la *philosophie naturelle*, à la fois conception du monde et connaissance scientifique, reçoit une impulsion déterminante surtout à partir du *Discours de la méthode* de Descartes :

> ... sitôt que j'ai eu acquis quelques notions générales touchant la physique, et que, commençant à les éprouver en diverses difficultés particulières, j'ai remarqué jusques où elles peuvent conduire, et combien elles diffèrent des principes dont on s'est servi jusques à présent, j'ai cru que je ne pouvais les tenir cachées sans pécher grandement contre la loi qui nous oblige à procurer, autant qu'il est en nous, le bien général de tous les hommes : car elles m'ont fait voir qu'il est possible de parvenir à des connaissances qui soient fort utiles à la vie, et qu'au lieu de cette philosophie spéculative qu'on enseigne dans les écoles, on en peut trouver une pratique par laquelle, connaissant la force et

---

1 Jean-Paul Dumont, *Les Présocratiques*, Paris, Pléiade, 1988, préface, p. XIX.
2 Paolo Rossi, *La Naissance de la science moderne en Europe* (trad.), Paris, Seuil, 1999, p. 34. Voir plus largement *Le vil mécanicien*, dans le chapitre 1 « Les obstacles », p. 34-37.

les actions du feu, de l'eau, de l'air, des astres, des cieux, et de tous les autres corps qui nous environnent, aussi distinctement que nous connaissons les divers métiers de nos artisans, nous les pourrions employer en même façon à tous les usages auxquels ils sont propres, et ainsi nous rendre comme maîtres et possesseurs de la nature[3].

Un siècle plus tard[4], vers 1750, la pensée française hérite d'un rapport au monde physique complexe, traduction d'un faisceau d'influences parmi lesquelles le modèle cartésien reste le terreau des audaces philosophiques. Dans la première partie « Nature et système du monde » de son étude sur l'idée de nature, Jean Ehrard[5] analyse le contexte philosophique à l'orée du XVIIIᵉ siècle : « Au cosmos fini et structuré de la scolastique aristotélicienne la révolution galiléenne et cartésienne a substitué l'espace infini et homogène de la géométrie ; dès lors les lois qui régissent la nature ne sont plus des impératifs théologiques mais des formules mathématiques[6] ». La vision mécaniste, malgré des résistances notamment dans les collèges et dans l'Université, règne en 1715 :

... après l'enseignement oral ou écrit des « grands professeurs » cartésiens, Rohault ou Régis, après l'œuvre de vulgarisation mondaine d'un Fontenelle, les travaux de Chr. Huygens et la synthèse malebranchiste, la science cartésienne, à défaut de la métaphysique, a conquis ces forteresses de la philosophie nouvelle que vont être durant la première moitié du XVIIIᵉ siècle l'Académie Royale des Sciences et le Journal des Savants[7].

Se forme alors une « nouvelle physique » qui observe les lois mécaniques de la *nature-horloge*, conçue comme un déploiement géométrique. La matière vivante n'échappe pas à ces lois et le biomécanisme guide la science médicale et physiologique. C'est dans ce contexte que la pensée de Newton est accueillie vers 1720, alimentant une « crise » qui ne se dénoue qu'après deux décennies de vives polémiques : « Vers 1740 le

---

3   Descartes, *Discours de la méthode* (1637), Le club français du livre, 1966, p. 452-453.

4   Pour approfondir cette mise en perspective, voir A. Rupert Hall, *The Revolution in Science, 1500-1750*, Longman, 1983, notamment le chapitre 9 « Some technical influences », et Paolo Rossi, *La Naissance de la science moderne en Europe* (trad.), Paris, Seuil, 1999, notamment les chapitres I « Les obstacles » (« Le vil mécanicien »), III « Les ingénieurs » et IX « Philosophie mécanique ».

5   Jean Ehrard, *L'Idée de nature en France dans la première moitié du XVIIIᵉ siècle* (1963), Paris, Albin Michel, 1994.

6   *Idem* p. 63.

7   *Idem* p. 63.

newtonisme a gagné la partie[8] ». Pourtant, au lieu d'une conquête du modèle newtonien et d'un recul correspondant du modèle cartésien, l'ouvrage de Jean Erhard met en lumière une « ère des compromis[9] », expression qui prolonge celle de Paul Vernière qui parlait d'une « ère de confusions[10] ». L'un et l'autre modèles foisonnent d'abord dans des inter-prétations particulières. Malebranche, Fontenelle ou le jeune Montesquieu donnent chacun leur propre inflexion au rationalisme cartésien et, d'une manière générale, les principes du mécanisme universel s'adaptent en fonction des multiples influences qu'ils reçoivent :

> … même lorsqu'elle se réclame hautement de Descartes, la science française n'est donc nullement figée dans une rigidité dogmatique ; le développement quotidien de la recherche expérimentale vient au contraire assouplir et vivifier le cartésianisme. Au niveau de la réflexion méthodologique on voit s'affirmer, parallèlement, des tendances empiristes qui, par delà Pascal, remontent au moins à Gassendi ; l'influence anglaise contribue à les fortifier, et elle sera bientôt relayée par celle des physiciens hollandais[11]…

La pensée de Newton subit elle aussi des déformations. Il convient ainsi de distinguer le « newtonisme », « intention initiale d'un système[12] », et le « newtonianisme » de ceux qui se chargent, en France, de diffuser, parfois de manière imprudente ou incertaine, ce système. Jean Ehrard parle encore de « la multiplicité des visages » du newtonisme et, conséquemment, de « la diversité de la coalition antinewtonienne[13]. » Car il insiste bien sur l'incompatibilité profonde des systèmes cartésien et newtonien :

> … la vision du monde dans laquelle s'insère la théorie de la gravitation universelle n'est rien moins que cartésienne. Newton insiste en effet sur l'insuffisance de toute explication mécaniste de la nature. Pour lui l'attraction ne relève pas de la mécanique, puisque relative non pas à la surface des corps, comme l'aurait voulu un mécanisme géométrique, mais à leur quantité de matière, celle-ci étant abstraitement conçue comme ramassée au centre de chacun d'eux[14].

---

8   *Idem* p. 158.
9   *Idem* p. 787.
10   Paul Vernière, *Spinoza et la pensée française avant la Révolution*, Paris, PUF, 1954, 2 vol., Deuxième partie, Chp. I, *L'ère des confusions (1715-1750)*.
11   Jean Ehrard, *L'Idée de nature en France dans la première moitié du XVIIIe siècle, op. cit.*, p. 68.
12   *Idem* p. 126.
13   *Idem* p. 145.
14   *Idem* p. 128.

Ainsi, la théorie de la gravitation « implique une vision de la nature et une conception de la science radicalement contraires à l'esprit mécaniste[15] ». Pourtant, et c'est l'autre source de confusion, on observe un affaissement des oppositions. Il y a superposition des deux modèles plutôt que remplacement :

> … les newtoniens français ne pouvaient cependant renier l'ensemble de l'idéal mécaniste. Si la Nature, dans ses profondeurs, leur apparaît singulièrement plus complexe et plus riche que ne l'avaient soupçonné les héritiers de Descartes, il reste cependant possible à leurs yeux de traduire ses phénomènes dans le langage des mathématiques. Bien plus, Newton avait lui-même forgé, avec le calcul de l'infini, un instrument singulièrement plus apte à cette traduction que la géométrie de Descartes[16].

Voltaire lui-même, grand introducteur et vulgarisateur de Newton, en rectifie la portée pour l'inscrire dans l'horizon du « mécanisme français[17] ». Dès lors, « le newtonisme apparaît bien comme le parachèvement du cartésianisme[18] ». Si l'influence de la physique leibnizienne ajoute encore à la pluralité des discours scientifiques, il semble donc bien que la pensée française de la nature reste marquée par une extension très lâche de la vision cartésienne. L'œuvre de La Mettrie en est la parfaite illustration. Jean Erhrard met en garde sur une interprétation hâtive de l'*Homme-Machine* : « ne soyons pas dupes d'un titre ». La Mettrie parle encore un langage mécaniste : « le corps humain est une machine… ». Mais c'est « une machine qui monte elle-même ses ressorts ». Son vocabulaire trahit donc partiellement sa pensée réelle[19] ». Pionnier du vitalisme, La Mettrie n'en place d'ailleurs pas moins son ouvrage sous le patronage de Descartes, au moment même où le mécanisme cartésien est scientifiquement dépassé. André Charrak constate pour sa part le besoin qu'aura encore d'Alembert de se positionner par rapport à Descartes dans l'article « Éléments des sciences » : « On ne peut qu'être frappé du fait que l'encyclopédiste éprouve ainsi le besoin de se situer, d'une manière implicite mais très lisible, par rapport aux indications méthodologiques les plus fondamentales de Descartes[20] ».

---

15   *Idem* p. 125.
16   *Idem* p. 143.
17   *Idem* voir p. 137-138.
18   *Idem* p. 127.
19   *Idem* p. 237.
20   André Charrak, *Contingence et nécessité des lois de la nature au XVIIIe siècle*, Paris, Vrin, 2006, p. 16.

Au milieu du siècle, l'extrême confusion des modèles cosmologiques finit par entraîner un rejet de la pensée systématique. François de Dainville le remarque dans l'enseignement des sciences : « après 1750, on se lassa des systèmes[21] ». La profusion crée la lassitude : « Est-ce que les Physiciens de 80 ans n'ont pas vu régner de suite le Péripatétisme, le Cartésianisme, le Malebranchisme, le Moliérisme, le Newtonisme, sans compter les petits systèmes subalternes ? », s'interroge-t-on dans les *Mémoires de Trévoux*[22]. Les encyclopédistes incarnent la nouvelle tendance : « Renonçant à fournir une explication générale de l'univers, on se borne à établir l'inventaire des connaissances acquises et à préparer de nouvelles découvertes fragmentaires ; de plus l'intérêt porté à la science appliquée l'emporte sur l'attrait des vues spéculatives[23] ». André Charrak a exposé les données du « problème de la connaissance au milieu du XVIIIe siècle ». Il en trouve l'expression la plus claire chez d'Alembert, dans l'article « Éléments des sciences », dans le Discours préliminaire de la seconde édition du *Traité de dynamique*, et dans l'*Essai sur les éléments de philosophie*. C'est contre cette règle fondamentale énoncée par Descartes que va se formuler l'orientation nouvelle de la connaissance : « toutes les sciences ne sont rien d'autre que la sagesse humaine, qui demeure toujours une et identique à soi, si différents que puissent être les sujets auxquels elle s'applique[24] ». Postulat qui suppose la chaîne systématique des sciences : « elles sont conjointes entre elles et dépendent les unes des autres[25] ». D'Alembert pose comme point de départ un renversement de la méthode : « Bien loin d'apercevoir la chaîne qui unit toutes les sciences, nous ne voyons pas même dans leur totalité les parties de cette chaîne qui constituent chaque science en particulier[26]. » André Charrak identifie les trois conséquences majeures de ce renversement : l'*application* des sciences, du statut d'illustration ou d'indice, passe au premier plan ; contre l'idée d'un principe scientifique unique, celle de *principes* exclusivement valides dans les domaines respectifs d'application

21   François de Dainville, *Enseignement et diffusion des sciences en France au XVIIIe siècle* (dir. René Taton), Paris, Hermann, 1966, p. 50.

22   *Mémoires de Trévoux*, juillet 1759, p. 1858.

23   J. Ehrard, *L'Idée de nature en France dans la première moitié du XVIIIe siècle, op. cit.* p. 160.

24   René Descartes, *Règles utiles et claires pour la direction de l'esprit dans la recherche de la vérité*, La Haye, Martinus Nijhoff, 1977, Règle I, p. 2.

25   *Idem* p. 3.

26   *Encyclopédie*, Article « Éléments des sciences », tome V, 1755, p. 491 a-b.

des sciences ; l'affirmation enfin de l'*historicité* essentielle des sciences. Jean Erhard désigne sans détour la nouvelle posture scientifique de d'Alembert : « une sorte de positivisme avant la lettre[27] ». La physique se dégage de la tutelle de la métaphysique : « au lieu d'être fondées sur des suppositions que nous avons faites, [les vérités physiques] ne sont appuyées que sur des faits[28] », affirme Buffon en 1749, refusant de voir le monde sous l'angle de l'évidence mathématique et du legs des lois cartésiennes. Quelques années après lui, Diderot explicite les conséquences de ce refus des mathématiques comme mode explicatif, considérant celles-ci comme « une espèce de métaphysique générale où les corps sont dépouillés de leurs qualités individuelles[29] ». Et de dresser ce que Jean Ehrard appelle « l'acte de décès[30] » d'une science à laquelle d'Alembert lui-même appartient encore : « J'oserais presque assurer qu'avant qu'il soit cent ans on ne comptera pas trois grands géomètres en Europe. Cette science s'arrêtera tout court où l'auront laissée les Bernouilli, les d'Alembert et les Lagrange. Ils auront posé les colonnes d'Hercule. On n'ira point au-delà[31] ». André Charrak signale bien une tradition philosophique dans laquelle les enjeux métaphysiques sont reconquis : « cette perte théologique, qui détache la contingence des règles du mouvement des modalités du concours divin, libère du même coup le domaine d'une théologie physique renouvelée qui, de Maupertuis à Kant, prétendra concilier la preuve de l'existence d'un Dieu providentiel et l'affirmation de la nécessité des principes de la mécanique[32] ». *Les* sciences de la nature, au sens où le pluriel distingue, comme chez d'Alembert, des branches éclatées de la connaissance, attachées chacune à l'objet qu'elles étudient – zoologie, botanique, géologie… –, prennent pourtant avec Buffon et Diderot un tournant décisif : « Vers 1750 on semble […] glisser presque nécessairement de l'histoire naturelle au naturalisme athée[33] ».

---

27 J. Ehrard, *L'Idée de nature en France dans la première moitié du* XVIII* *siècle, op. cit.* p. 160.
28 Buffon, *De la manière de traiter et d'étudier l'Histoire Naturelle* (1749), dans *Œuvres complètes*, Paris, éd. J.-L. de Lanessan, 1884-1885, tome I, p. 29.
29 Diderot, *Pensées sur l'interprétation de la Nature*, dans *Œuvres complète*s, Paris, éd. Assézat et Tourneux, Garnier, 1875-1877, tome II, p. 19.
30 J. Erhard, *L'Idée de nature en France dans la première moitié du* XVIII* *siècle, op. cit.* p. 184.
31 Diderot, *Pensées sur l'interprétation…, op. cit.*, tome II, p. 11.
32 André Charrak, *Contingence et nécessité des lois de la nature au* XVIII* *siècle, op. cit.*, p. 26.
33 J. Ehrard, *L'Idée de nature en France dans la première moitié du* XVIII* *siècle, op. cit.* p. 185.

Avec un héritage mécaniste profondément enfoui dans la pensée française et des sciences qui s'affranchissent, se spécialisent et se tournent résolument vers leurs applications, le cadre du rapport technique à la nature se dessine. Un troisième aspect majeur vient en compléter les contours : « La science ne se borne plus à dégager les lois stables qui conservent et gouvernent l'ordre immuable de la nature ; elle substitue à cet ordre statique l'image d'une "évolution créatrice" qui a en elle-même sa raison d'être[34] ». Jean Ehrard résume alors la nouvelle conception qui émerge, et dont l'expression la plus radicale se trouve dans les *Pensées sur l'Interprétation de la Nature* de Diderot :

> On voit bien ici que sa conception de la continuité n'est plus la contiguïté spatiale des différents degrés d'un cosmos hiérarchisé mais l'idée d'un déterminisme universel : déterminisme au demeurant plus biologique que mécanique, semblable à celui qui fait l'unité et la dépendance naturelles des différents organes d'un être vivant ; l'univers est assimilable à un « grand animal[35] ».

Associé au transformisme et à l'évolutionnisme naissants[36], ce déterminisme biologique participe à rendre concevable la transformation de la nature par la technique, en contrepoint du fixisme mécaniste qui favorisait l'inertie technique dans son rapport à une nature ordonnée. C'est ce que suggère Werner Plum quand il envisage la « transformation du concept de *nature*[37] » sur « la voie de la révolution industrielle » en rappelant l'analyse d'Engels dès 1873 :

> Autant la science de la nature de la première moitié du 18ᵉ siècle l'a emporté – et de loin – sur l'antiquité grecque par le volume des connaissances et même par l'analyse de son objet, autant elle lui est restée inférieure – et de loin – par la maîtrise intellectuelle de cet objet, la conception générale de la nature. Pour les philosophes grecs, le monde était essentiellement quelque chose sorti du

---

34 *Idem* p. 178.
35 *Idem* p. 244.
36 Le débat autour du polype fait notamment naître les premiers élans de cette pensée (voir Nathalie Vuillemain, *Les Beautés de la nature à l'épreuve de l'analyse*, Paris, Presses Sorbonne Nouvelle, 2009, Chp III « Le descripteur face à l'inconnu »). Les propriétés de la sensitive stimulent également la réflexion sur les transformations à l'œuvre dans la nature (voir Jean-Marie Roulin, « Les plantes ont-elles une âme ? La sensitive de Descartes à Delille », dans *Études de Lettres*, Univ. De Lausanne, Janv.-Mars 1992).
37 Voir Werner Plum, *Les Sciences de la nature et la technique sur la voie de la « révolution industrielle »*, Cahiers de L'institut de Recherches de La Fondation Friedrich Ebert, 1976, *chap. 10*.

chaos, qui s'était développé, le résultat d'un devenir. Pour les savants de la période qui nous occupe, il était quelque chose de sclérosé, d'immuable ; pour la plupart d'entre eux, quelque chose qui avait été fabriqué d'un seul coup[38].

La seconde moitié du XVIIIe siècle amorce à ce titre une mutation globale dans laquelle le questionnement scientifique n'est plus un outil de l'homme face à la nature mais un processus d'implication de l'homme dans un devenir d'ordre biologique. « Savoir, c'est pouvoir », la technique seconde immédiatement la connaissance dans cette mutation *à l'intérieur* de la nature : « la technique n'apparaît presque plus comme le produit d'efforts conscients humains en vue d'augmenter le pouvoir matériel ; elle apparaît plutôt comme un événement biologique à grande échelle au cours duquel les structures internes de l'organisme humain sont transportées de plus en plus dans le monde environnant l'homme[39] ». Ce que le physicien allemand Werner Heisenberg constatait au milieu du XXe siècle annonçait selon lui des stades ultérieurs révélant la technique comme une nature seconde de l'homme : « Dans l'avenir, les nombreux appareils techniques seront peut-être aussi inséparables de l'homme que la coquille, de l'escargot ou la toile, de l'araignée. Mais même en ce cas ces appareils seraient des parties de l'organisme humain, plutôt que des parties de la nature environnante[40] ». Novalis, à la toute fin du XVIIIe siècle, avait déjà le sentiment d'un accomplissement nécessaire de la connaissance scientifique hors des bornes sensorielle et mentale : « Tout doit sortir de nous et devenir visible. Le système des sciences doit devenir machine perceptible par les sens, non à l'intérieur mais en dehors de nous[41] ». Dans son article « Machine et organisme[42] », Georges Canguilhem a réexaminé « l'anthropomorphisme technologique » cartésien en renversant la perspective traditionnellement attachée à la physiologie mécaniste : celle-ci ne serait pas une rationalisation simplificatrice mais bien un éclairage fondamental sur le lien entre biologie et technologie. Canguilhem situe Descartes dans une évolution scientifique et philosophique qui, jusqu'aux biologistes du milieu du XXe siècle et à Georges Friedmann et André

---

38 Friedrich Engels, *Dialectique de la nature* (1883), Paris, Éditions sociales, 1955, p. 33.
39 Werner Heisenberg, *La nature dans la physique contemporaine*, Paris, Gallimard, 1962, p. 23-24.
40 *Idem* p. 22.
41 Novalis, *Die Enzyklopädie*, section 351, cité par W. Plum, *Les Sciences de la nature et la technique sur la voie de la « révolution industrielle »*, *op. cit.*
42 Georges Canguilhem, *La Connaissance de la vie*, Paris, Vrin, 1965.

Leroi-Gourhan, s'attache à montrer que si l'organisme n'est pas réductible à une machine, c'est plutôt la technique qui est à considérer comme un phénomène biologique universel. Vers la fin de la première moitié du XVIIIᵉ siècle, l'exposition philosophique de l'engagement de l'homme vers sa propre nature technique se dessine sous d'autres contours : la participation à la traduction du *Dictionnaire universel de médecine* de Robert James (1746-1748), premier jalon vers les développements ultérieurs de Diderot sur la physiologie, est contemporaine de la mise en chantier de la *Description des arts*. Dans son œuvre d'apparence si éparpillée, Diderot sera sans doute celui qui exposera le mieux une nouvelle vision du monde physique dans laquelle le corps humain, le devenir technique et l'évolution universelle se fondent dans *l'organisation du vivant*.

Tel est le cadre philosophique dans lequel s'inscrit la physique expérimentale de Nollet, dont nous allons à présent nous employer à identifier les fondements mécanistes.

LA STRUCTURE DE LA MATIÈRE MODELISÉE D'APRÈS UNE « MÉCANIQUE DU FEU »

> Oui, l'eau, comme la graisse, la cire, & toutes les autres matières que nous voyons couler, quand on les chauffe à un certain degré, seroit continuellement glace, si la matiére du feu qui la pénétre, pour l'ordinaire en suffisante quantité dans les climats tempérés, n'entretenoit la mobilité respective de ses parties, pour la rendre fluide[43].

Voilà posé, au seuil de la leçon douzième sur l'eau, le principe igné de la fluidité, énoncé en d'autres termes un peu plus loin : « La fluidité de l'eau, comme celle des autres liquides, vient de la matiére du feu qui la pénétre, & qui met ses parties en état de rouler les unes sur les autres[44] ». Cette présence du feu conditionne les changements d'état de l'eau et ne se trouve donc pas cantonnée à la première section sur l'eau à l'état liquide. La deuxième section sur l'eau « considérée dans l'état de vapeur » s'ouvre également sur le feu :

---

43 *LPE*, tome 4, p. 4.
44 *Idem* p. 5.

> Lorsqu'un vase contient de l'eau plus chaude que l'air qui l'environne, le feu qui s'en exhale emporte avec lui les parties de la surface qui se trouvent exposées à son choc ; ces petites masses ainsi détachées s'élèvent ou s'étendent, tant par l'impulsion qu'elles ont reçues, que par la succion de l'air qui fait l'office d'une éponge : & elles forment cette espece de fumée qu'on nomme *vapeur*[45].

La troisième section connaît la même ouverture : « Lorsque l'eau ne contient pas une quantité suffisante de cette matière qu'on appelle *feu*, & qui est, comme nous l'avons dit, la cause générale de la fluidité des corps, ses parties se touchant de trop près, perdent leur mobilité respective, s'attachent les unes aux autres, & forment un corps solide, transparent, qu'on nomme glace[46] ».

En outre, les changements d'état de l'eau étant conditionnés par la température, les physiciens (Nollet rapporte des expériences menées par Réaumur) ont été particulièrement attentifs aux mélanges provoquant eux-mêmes des changements de température, comme le mélange glace/esprit de vin qui se refroidit ou le mélange eau/esprit de vin qui s'échauffe. À ces curieux et contradictoires effets, Nollet voit une explication dans laquelle le feu joue là encore un rôle prédominant :

> … quand une liqueur en pénétre une autre, & qu'elle chasse devant elle la matière du feu qu'elle rencontre dans les pores, elle frotte nécessairement les parois de ces mêmes pores, dont les parties extrêmement mobiles se mettent à tourner sur elles-mêmes sans se déplacer ; & si la pénétration est réciproque, il doit naître dans tout le mélange un mouvement intestin, une sorte de fermentation qui ne va guères sans chaleur, parce que le peu de feu qui reste se trouve animé par cette agitation : ainsi l'esprit-de-vin refroidit la glace, parce qu'en la pénétrant il n'opère qu'une plus grande disette de feu ; mais il échauffe l'eau, parce qu'en lui faisant perdre une partie de son feu, il procure à celui qui reste une augmentation de mouvement qui supplée à la quantité qui manque[47].

Cette ingénieuse explication éclaire de manière originale l'imaginaire de la matière au milieu du XVIIIe siècle : le feu est omniprésent dans la nature, et les replis les plus intimes des corps naturels ne se dévoilent que sous la forme métaphorique d'objets infimes soumis à des actions mécaniques. Reprenons le fil de la métaphore qui traverse la leçon et mène au *frottement des parois des pores* de la matière et aux *mouvements intestins*.

---

45   *Idem* p. 71-72.
46   *Idem* p. 98.
47   *Idem* p. 146-147.

Ce sont, au début de la leçon, des « parties en état de rouler les unes sur les autres » qui composent l'eau, et que Nollet décrit comme des « molécules [...] d'une extrême petitesse, & d'une figure apparemment très-propre au mouvement : je n'ai garde de décider si ce sont des petits fuseaux, des petits cylindres, ou des globules[48] ». Toujours dans la première section, Nollet, qui réaffirme son adhésion pour les explications qui « n'employent que des causes méchaniques[49] », introduit déjà l'idée des *pores* de l'eau, dont « la matière du feu est expulsée[50] ». À l'*impulsion* donnée aux *petites masses* d'eau, ou leur *succion* par l'air, pour former la vapeur, en début de deuxième section, succède dans la troisième section le *rétrécissement* des *pores*, dont l'effet est que « l'air qui s'y trouvoit logé, & qui ne peut plus tenir dans ces interstices, dont la capacité diminue de plus en plus, se réunit en globules sensibles[51] ». Nollet compare plus loin la formation de la glace au refroidissement du fer en fusion, lorsque « ses parties hérissées les unes contre les autres, ne sont déjà plus en état de couler[52] ». La représentation imagée se développe essentiellement, on le voit, autour de la notion de *pore*, qui permet d'expliquer les modifications structurelles de la matière par des effets cinétiques, des frottements et des échauffements.

Cette conception métaphorisée s'articule avec la critique de celle de Descartes dans les premières pages de la leçon. À propos du système hydrostatique employé dans le modèle cartésien pour expliquer les flux de l'eau sur Terre, Nollet s'insurge : « J'aime assez que l'art copie la nature ; mais j'ai mauvaise opinion d'un système où la nature imite l'art ; & pour dire ce que je pense, il semble que celui-ci ait été fait dans le laboratoire d'un Distillateur[53] ». Sans doute Nollet admet-il son propre modèle de représentation, largement mécanique, dans la mesure où il pense maîtriser l'usage de la métaphore, quand Descartes lui semble débordé par son propre système métaphorique. C'est ce que Marie-Françoise Mortureux met en lumière avec le « tourbillon » de Descartes, qui renvoie à un modèle hydraulique de l'univers : le concept

48 *Idem* p. 5.
49 *Idem* p. 57.
50 *Ibid.*
51 *Idem* p. 102.
52 *Idem* p. 107.
53 *Idem* p. 12.

est créé à partir de la métaphore[54]. Mais Nollet ne livre-t-il pas lui aussi, à son insu, une théorie d'inspiration mécanique ? Le conflit serait alors moins dans la maîtrise du système métaphorique que dans le choix des modèles mécaniques de représentation.

Si un modèle théorique peut s'épanouir sur la seule base du système métaphorique, c'est parce que Nollet s'aventure sur un terrain complètement soustrait à la preuve expérimentale. Sur la forme à donner aux molécules d'eau, il admet d'emblée : « je ne connais aucune observation, ni aucune expérience, qui puisse garantir cette décision[55] ». En début de troisième section, après avoir exposé ses principes théoriques élémentaires sur la congélation, Nollet rappelle « Les bornes que je me suis prescrites dans cet ouvrage, & la loi que je me suis faite d'y faire entrer par préférence tout ce qui regarde la partie expérimentale[56] », ce qui laisse supposer qu'une autre *partie*, une doctrine reposant exclusivement sur la pensée spéculative, sous-tend la physique de la leçon. Cette doctrine, Nollet nous la désigne en renvoyant à « une excellente dissertation » de Mairan, la *Dissertation sur la glace* à laquelle il renvoie dans la troisième section[57]. Reportons-nous donc à l'ouvrage de Mairan. Dès sa préface, ce dernier justifie l'usage qu'il fera de la *Matière subtile* dans sa *Dissertation*. Il sait en effet qu'il doit ici lutter contre une méfiance à l'égard d'un système cartésien dépassé : « peu s'en faut que le nom n'en soit entièrement banni des livres de Physique. Je souscris à sa condamnation, si l'on entend par-là le premier élément de Descartes sans restriction, & plus encore s'il s'agit de ces globules durs & inflexibles dont il remplissoit l'Univers[58] ». Mairan considère néanmoins que « la matière subtile qui fait le fond de mon hypothèse, ne sera pas rejetée de la Nature[59] ». Il s'en remet au « sage & solide Newton », qui a proposé pour la pesanteur une explication qui « porte entièrement sur

---

54   Voir Marie-Françoise Mortureux, « À propos du vocabulaire scientifique dans la seconde moitié du XVIIe siècle », dans *Langue Française* n°. 17, *Les Vocabulaires techniques et scientifiques* (février 1973), p. 72-80.

55   *LPE*, tome 4, p. 5.

56   *Idem* p. 98.

57   *Idem* voir p. 99. Cette dissertation, publiée dès 1716, est mentionnée dans la première édition du tome 4 des *Leçons*, mais dès la deuxième édition de 1753, Nollet indique dans sa note marginale que la dissertation de Mairan a été considérablement augmentée dans son édition de 1749. C'est à cette dernière édition que nous ferons référence.

58   Jean-Jacques Dortous de Mairan, *Dissertation sur la glace*, 1749, p. XVII.

59   *Ibid.*

l'hypothèse d'un fluide subtil, élastique & *comprimant*, répandu dans tout l'Univers[60] ». Il admet donc avec le philosophe anglais la matière subtile en tant que « *fluide actif, infiniment subtil, d'Ether répandu dans les Cieux & sur la Terre par son élasticité, & traversant librement les pores de tous les corps*[61]. » Nous sommes donc bien face à un vaste corps doctrinal, au sein duquel Mairan, par delà Newton, réhabilite Descartes : « M. Newton, en admettant un fluide primitivement élastique, a tacitement admis les petits tourbillons[62] ». La physique de la glace de Mairan s'appuie enfin sur la convergence vers cette doctrine de la conception du feu de Boerhaave : « Et la matière du feu élémentaire de Boerhaave, de quoi seroit-elle composée, si ce n'est de semblables tourbillons ou globules élastiques[63] ? » Tous les éléments de la théorie de la matière présents dans la leçon de Nollet sont donc en place, et la représentation mécanique sur laquelle il s'appuie est héritée de la fusion des modèles les plus illustres depuis la révolution scientifique du XVIIe siècle.

C'est armé de cette représentation que Nollet avance sa propre théorie dans le débat scientifique sur l'explication de l'augmentation du volume de l'eau dans sa congélation, phénomène qui attise la curiosité des physiciens puisque la dilatation des corps est généralement associée à leur échauffement. Les académiciens de Florence, mais aussi Huyghens, Boyle, Musschenbroeck, La Hire, Homberg, Mariotte, et bien sûr Mairan, se sont penchés sur la question, à partir d'expériences dont Nollet fait état, en contestant parfois leur validité[64]. Il avance finalement sa propre interprétation :

> … voici comment je croirois pouvoir rendre raison de la force presque invincible avec laquelle se fait cette expansion. L'air rassemblé en bulles est incontestablement la cause immédiate de l'augmentation du volume, puisque sans l'interruption qu'il cause dans la masse, l'eau se contiendroit dans un moindre espace ; & les choses doivent être ainsi, quand même cet air ne feroit aucun effort pour s'étendre. Mais il se rassemble d'autant plus d'air en bulles, qu'il en sort davantage des pores où il est naturellement logé : l'expansion du volume vient donc originairement de la cause, (telle qu'elle puisse être) qui rétrécit les pores de l'eau, & qui la condense[65].

---

60   *Idem* p. XIX.
61   *Idem* p. XXI.
62   *Idem* p. XXVII.
63   *Ibid.*
64   *LPE*, tome 4, voir p. 113, sur la contestation d'une expérience italienne.
65   *Idem* p. 119-120.

Cette mécanique interne de la matière ne concerne pas que l'eau, car Nollet poursuit : « or celle qui condense et qui la rend un corps dur, est sans doute la même qui durcit les autres matières, lorsqu'une cause interne cesse d'entretenir leur fluidité[66] ». C'est pourquoi l'étude des propriétés de l'eau n'est pas tant celle de propriétés spécifiques à un corps que l'approfondissement de la compréhension de l'organisation générale de tous les corps. L'expression personnelle de l'interprétation de l'expansion de la glace témoigne d'une confiance en un modèle interprétatif appelé à s'étendre bien au-delà de la leçon 12. Celle-ci est en effet une étape déterminante dans la consolidation d'un modèle théorique global, comme en témoigne la synthèse qui s'opère régulièrement entre les physiques relatives à divers éléments naturels pour expliquer un phénomène : la formation de la vapeur mobilise à la fois physique de l'eau et physique de l'air[67], le gel comme le dégel les physiques de l'eau, de l'air et du feu[68]... On remarquera également que la compréhension de la fluidité de l'eau renvoie à la leçon sur l'hydrostatique (notamment à l'étude des phénomènes de capillarité[69]), comme la compréhension de la force de la glace[70]... Enfin, tout appelle, dans cette douzième leçon, à la découverte des propriétés du feu, qui est l'objet des deux leçons suivantes.

LE MÉCANISME, AUX SOURCES DES THÉORIES DE LA LUMIÈRE ET DU MAGNÉTISME

La relative autonomie du tome sur l'optique permet de bien percevoir la complexité théorique qui s'y manifeste sous la forme – comme dans les leçons sur la statique et la dynamique – de ramifications discursives asymétriques : aux *sections* et *articles* s'ajoutent des *cas*, des *observations* et des *corollaires* ; aux *pensées* de Descartes et de Newton qui ouvrent la leçon sur l'optique, s'ajoutent une *histoire* des phosphores, des *réflexions* sur la vitesse et le mouvement de la lumière, un *Discours* sur la réflexion de la

66   *Idem* p. 120.
67   *Idem* voir p. 9.
68   *Idem* voir p. 101-102 et 152.
69   *Idem* voir note marginale p. 106.
70   *Idem* voir p. 117.

lumière, des *Conjectures*, des *Lois* de la réfraction… On remarquera encore que les rubriques *Applications* des expériences décrites « rebondissent » à plusieurs reprises sur de nouvelles expériences[71].

L'optique contient par ailleurs, si l'on peut dire, des zones d'ombres. À propos des pertes de luminosité en fonction du milieu traversé, Nollet constate : « Il y a certainement de quoi méditer sur cette matière qui est encore neuve, quoique quelques sçavants en ayent déjà fait l'objet de leurs recherches[72] ». La coloration des ombres, qui nourrit certains des travaux de Buffon, n'est pas un champ d'investigation nouveau, mais la redécouverte d'un phénomène qui intéressait déjà Léonard de Vinci[73].

Mais la grande complexité des arrière-plans théoriques vient essentiellement du double héritage qui fonde l'état des connaissances sur l'optique de Nollet et de ses contemporains : le traité cartésien de Dioptrique (1637) et le traité newtonien d'Optique (1704), chacun d'eux impliquant le système global d'interprétation de leur auteur. Nous aurons bien évidemment à expliciter la conception de Nollet, mais nous pouvons d'ores et déjà signaler que sa position est emblématique de cette ère des compromis sur laquelle Jean Erhard a insisté à la suite de Paul Vernière. Nollet rend hommage à Descartes, dont le traité « est un chef-d'œuvre, eu égard au tems dans lequel il a paru[74] », ce qui paraît être la reconnaissance d'un génie scientifique daté. De fait, il rappelle que Descartes concevait la lumière comme homogène, et que c'est Newton qui en a montré la composition[75]. Aussi les hommages au savant anglais prennent-ils le relais dans la suite du texte, lorsque Nollet vante « une force & une sagacité digne de son génie, dans un excellent Traité qui est aujourd'hui entre les mains de tout le monde[76] » ou qu'il admire chez l'auteur « un grand nombre d'expériences & d'observations maniées & examinées, avec une exactitude & une sagacité sans exemple[77] ». Nollet s'efforce pourtant de concilier les deux approches et de réintroduire Descartes dans le paradigme newtonien, en affirmant notamment que l'explication des couleurs chez Descartes

---

71 Voir p. 310, 397-398, 400.
72 *Idem* p. 90.
73 *Idem* v. p. 512.
74 *LPE* tome 5, p. 245.
75 *Idem* voir p. 336.
76 *Idem* p. 353.
77 *Idem* p. 425.

n'est pas incompatible avec celle de Newton[78]. Et face aux difficultés théoriques que pose la réfraction, Nollet voit cette fois une équivalence *par défaut* des deux interprétations : « Ce qui résulte de tout cela, c'est que les Newtoniens & les Cartésiens sont d'accord sur ce point, que la lumière reçoit une accélération de vitesse en passant de l'air dans l'eau, dans le verre & dans quantité d'autres milieux plus denses, & que sur la cause de cette accélération, ils ne nous éclairent guéres plus les uns que les autres[79]. »

Dès la première section des leçons sur l'optique, Nollet expose les deux interprétations possibles de la lumière, selon qu'on se range derrière Descartes ou derrière Newton. Dans le premier cas, une pression s'exerçant sur des particules contigües partout présentes, depuis la source lumineuse jusqu'à l'objet éclairé puis jusqu'à l'œil ; dans le second, une translation de particules émises par la source lumineuse, qui font rebond sur l'objet éclairé et parviennent jusqu'à l'œil[80]. La préférence de Nollet va à la première interprétation, évidemment serait-on tenté de dire tant celle-ci complète la théorie du *feu élémentaire* universel. Les deux premières expériences ont ainsi pour but de montrer que certaines matières naturelles sont source de lumière par seule « dissipation » de leurs parties inflammables, comme l'expérience 3 montre que bien d'autres corps sont susceptibles de produire de la lumière après un échauffement. Nollet en conclut « la présence de la matière de la lumière dans tous les corps, dans tous les espaces, & son identité avec celle que nous avons nommée ci-devant *feu élémentaire*[81] ». Cette équivalence feu-lumière a déjà été affirmée dans l'*Examen préliminaire* des leçons sur le feu, et l'on comprend à présent le sens de cette affirmation.

La modélisation de la lumière qui en découle est alors conforme aux explications purement « mécaniques » que Nollet préfère à toute autre :

> Je vois bien qu'il ne faut plus tenir rigoureusement à la pensée de Descartes, & que le rayon de globules lumineux qui s'étend d'un astre à mon œil ne peut pas être maintenant comparé à un bâton ou à une file de petits corps parfaitement contigus, & d'une inflexibilité absolue ; mais qui nous empêche

---

78 *Idem* voir p. 337-338.
79 *Idem* p. 263.
80 *Idem* voir p. 7-12.
81 *Idem* p. 28.

de les considérer, ces particules, comme autant de petits balons, ou de petits pelotons élastiques, & d'une contiguité un peu moins rigoureuse[82] ?

Sur la forme « globuleuse », sphérique, de ces « petits corps », Nollet précise bien que ce n'est qu'une commodité de représentation : « je ne leur attribue cette figure que pour en adopter une, & parce que l'imagination ne m'en fournit aucune autre qui s'accorde mieux qu'elle avec les phénomènes[83] ». L'imagination lui fournit encore le modèle d'interprétation de la lumière renvoyée par les objets, et il nous faut ici, pour bien saisir le « système » de Nollet (« je vais dire ce que je pense avec quelques Physiciens de ces derniers tems[84] »), reproduire *in extenso* un assez long passage de la 16e leçon :

> J'ai établi par des preuves tirées de l'expérience, que ce fluide qui nous fait voir les objets, est universellement répandu dans l'univers ; qu'il existe au-dedans, comme au-dehors des corps ; qu'il remplit tous les espaces qui ne sont point occupés par une autre matière ; & qu'il n'y a rien dans la nature qui n'en soit intimement pénétré, jusques dans ses moindres molécules, de même, & bien plus encore, que n'est imbibée d'eau une éponge mouillée. Conséquemment à cette première idée, nous devons concevoir que la contiguité des parties propres d'un corps quelconque est perpétuellement interrompue par des globules de la lumière qui remplissent ses pores ; & toute surface peut être considérée comme une espèce de tissu dont les mailles sont remplies par ces mêmes globules.
>
> C'est donc principalement sur ces globules encadrés que tombent les rayons ; & comme ces filets de lumière ne sont eux-mêmes que des globules de la même nature allignés dans une même direction, & animés d'un mouvement de vibration, je conçois que les parties sur lesquelles ils agissent, ayant un degré de ressort semblable au leur, les répercutent & les renvoyent mieux que ne le pourroit jamais faire la matière propre à laquelle elles appartiennent[85].

La réflexion de la lumière peut se résumer ainsi : « c'est la lumière éteinte & fixée à l'embouchure des pores qui s'anime par l'action même des rayons qui la touchent, & dont la réaction se fait remarquer, quand le mouvement qu'elle reçoit ne peut passer plus loin[86]. » Nollet est bien conscient des conséquences déroutantes de son explication :

---

82   *Idem* p. 49-50.
83   *Idem* p. 56.
84   *Idem* p. 146.
85   *Idem* p. 147-148.
86   *Idem* p. 150.

« Se persuadera-t-on, par exemple, que les corps ne soient pas visibles par eux-mêmes, mais seulement par les points de lumière dont leurs surfaces sont parsemées ? qu'à proprement parler, nous n'avons jamais rien vû de tout ce que nous avons touché[87] ? » Son modèle s'adapte pourtant à toutes les caractéristiques de la lumière, y compris la couleur des objets. Dans la leçon 17, après avoir rendu compte de la composition de la lumière, Nollet peut ainsi expliquer « que non-seulement les surfaces réfléchissantes ont leurs pores remplis de lumière, pour réfléchir celle qui tombe dessus ; mais que cette lumière, dans les surfaces colorées, est de telle ou telle espéce, & capable par-là de recevoir & de rendre à des globules semblables, le mouvement qui leur est propre[88]. »

On mesure encore à quel point l'optique implique une approche intime de la matière quand on considère comme point d'aboutissement de la troisième section les opérations de chimie. L'étude des couleurs s'y fait au travers des transformations chromatiques de mixions de différents liquides. Nollet pratique des expériences « & une infinité d'autres semblables, qu'on trouve dans tous les livres de Physique & de Chymie[89] », consistant en des mélanges qui, affectant la « porosité » des liquides, modifie leur coloration. La rubrique *Applications* des deux premières expériences met encore en évidence de semblables modifications par oxydation[90] ou par fermentation[91]. À propos de la troisième expérience, Nollet remarque sur la transparence des mélanges : « On voit quelque chose de semblable dans les dissolutions chymiques : elles ne sont censées parfaites, que quand elles sont parfaitement claires[92] ». Cet intérêt pour les opérations de chimie met en lumière la continuité physico-chimique qui permet à Nollet d'appliquer son modèle à la structure de la matière. À propos de la « nouvelle porosité » obtenue par mélange, il explique ainsi « qu'elle vient de ce qu'une des deux liqueurs atténue les parties de l'autre & les rend plus minces, ou de ce qu'elle fait tout le contraire, en leur unissant les siennes[93] ». L'opacité obtenue par le mélange de la

---

87   *Idem* p. 151.
88   *Idem* p. 421.
89   *Idem* p. 433-434.
90   *Idem* voir p. 438-445.
91   *Idem* voir p. 445.
92   *Idem p.* 454.
93   *Idem* p. 435.

quatrième expérience est l'objet d'une explication tout à fait typique de cette approche physique de la réaction chimique :

> Le vitriol de Mars est un minéral qui contient les parties ferrugineuses : tant qu'elles nagent seules dans de l'eau claire, elles ne nuisent pas beaucoup à sa transparence ; apparemment, parce qu'elles sont d'une ténuité, d'une figure & d'un arrangement propres à donner le passage à toutes sortes de lumière : mais quand elles viennent à s'unir aux parties gommeuses de la noix de galle, elles forment avec elles des molécules plus grossiéres configurées différemment, & qui ne s'arrangent plus de même ; la masse liquide qui en résulte, n'a plus les pores alignés, ni peut-être proportionnés, comme il faut qu'ils le soient, pour transmettre aucune sorte de rayons, ceux qui la pénétrent, s'y perdent & s'y éteignent : voilà pourquoi elle est noire, de quelque façon qu'on la regarde[94].

Cette interprétation proprement mécanique, au seuil de la quatrième section dans laquelle les instruments d'optique fourniront une ample matière pour le futur *Art des expériences*, nous invite à anticiper sur la suite de notre étude et à signaler que les opérations de chimie occuperont une place centrale dans l'ultime ouvrage de Nollet, au travers de la deuxième partie sur la préparation des « drogues ». Nollet est donc familier de ces modifications chromatiques qui accompagnent les mélanges liquides, mais il apparaîtra surtout que la chimie est une étape indispensable de la mise en œuvre du dispositif expérimental et de la fabrication des appareils de physique. L'optique, par ces détours, renforce donc la cohérence de la démarche de l'artisan-physicien.

La dernière partie de la leçon sur l'aimant, prospective, est consacrée à l'exposé de « Reflexions sur les Causes du Magnétisme ». Juste avant l'ouverture de cette section, Nollet a renvoyé les lecteurs désireux d'approfondir leurs connaissances sur les propriétés de l'aimant à « feu M. Muschenbroek qui a travaillé sur l'aimant plus qu'aucun Auteur que je connoisse[95] ». Les recherches sur l'explication du magnétisme vont introduire d'autres sources, particulièrement importantes au regard du parcours personnel de Nollet puisqu'il s'agit principalement de ses deux mentors, Dufay et Réaumur. Avant d'expliciter leurs hypothèses, Nollet rend compte d'une unanimité scientifique autour d'un principe de base : « Quoique les Savants aient embrassé diverses opinions sur les causes du magnétisme, [...] il n'en est presque point parmi eux qui

---

94 *Idem* p. 456.
95 *LPE*, tome 6, p. 211.

n'admette autour de chaque aimant naturel ou artificiel, un fluide subtil et invisible, qui circule d'un pole à l'autre, & auquel on a donné le nom de *matiere magnétique*[96]. » Prenant pour point de départ Descartes, Nollet va donc exposer un faisceau d'hypothèses théoriques émanant toutes d'un mécanisme opérant au sein d'une matière certes *subtile*, mais soumise aux mêmes lois générales que celles qui commandent les *corps* envisagés dans les leçons précédentes.

On ne s'étonnera donc pas qu'après une explication cartésienne du magnétisme à partir d'un *tourbillon*[97], Dufay qui a « beaucoup simplifié les idées » de Descartes « croyoit que les pores du fer sont de petits canaux revêtus intérieurement de filaments très-déliés & mobiles, sur celle de leurs extrémités qui est adhérente ; de sorte qu'à la moindre secousse, au moindre choc, tous ces petits poils se renversent & se couchent[98] », ni que Réaumur « croyoit que ce métal [le fer] renfermoit une infinité de petits tourbillons de matiere magnétique[99] »... Filaments, pores et tourbillons définissent la sphère de représentation à l'intérieur de laquelle se débat la cognition quand elle aborde le domaine encore largement à défricher du magnétisme : le cadre épistémologique structurel n'est donc pas redéfini, et l'inconnu est exploré avec les outils théoriques jugés compatibles avec les phénomènes mieux connus. Peut-on y voir un obstacle épistémologique ? Cela nous montre surtout que l'œuvre de Nollet est le témoignage fidèle d'un contexte scientifique fortement unifié par son modèle théorique. C'est d'ailleurs ce qui permet à Nollet de prétendre à l'enseignement d'une physique globale et cohérente, l'orientation mécaniste du modèle théorique facilitant la synthèse entre l'appréhension technique de l'expérimentation et la construction de la connaissance.

---

96   *Idem* p. 211-212.
97   *Idem* voir p. 215.
98   *Idem* p. 228.
99   *Idem* p. 229.

LE FEU ÉLECTRIQUE

La réponse à la première question posée dans le mémoire de 1745 – inaugural dans les travaux publiés par Nollet sur l'électricité –, « quelle est cette matière qu'on nomme communément *matière électrique*, & qu'on regarde avec raison comme le principal agent des phénomènes dont nous cherchons l'explication ? », contient nécessairement les fondements de la théorie électrique de Nollet, la conception sur la nature même de la *matière électrique* donnant une orientation déterminante aux réponses suivantes. Quand il cherche à qualifier cette matière, Nollet commence par écarter le magnétisme, la manifestation de l'électricité donnant lieu à des phénomènes d'attraction et de répulsion qui ne correspondent pas à ceux qu'on observe en présence d'un aimant. Sa démonstration se porte alors sur le feu, dont il affirme la concordance des caractéristiques avec celles de l'électricité :

> … je cherche dans la Nature quelque fluide subtil & connu d'ailleurs, ou du moins supposé & admis par le plus grand nombre des Physiciens, un fluide qui ait des caractères semblables à ceux de la matière qui fait l'électricité, qui soit capable de brûler & d'éclairer, qui fasse néanmoins quelquefois l'un sans l'autre, qui éclate avec bruit suivant certaines circonstances, qui soit palpable & odorant, sinon par lui-même, au moins par les substances auxquelles il s'associe ; car si j'en puis connoître un qui ait coûtume de s'annoncer par de tels effets, ne pourrai-je pas légitimement lui attribuer ces mêmes effets par-tout où je les rencontrerai ? Mais ces caractères sont ceux du feu proprement dit[100]…

Nollet s'attache alors à montrer leurs propriétés communes, et « de toutes ces propriétés comparées je conclus […] que le feu & l'électricité viennent du même principe[101]. » Principe qui est aussi celui de la lumière. Du reste, cette conception « a passé l'écueil des nouveautés[102] » et elle est partagée, comme le mentionne Nollet, par Mme du Châtelet, par Voltaire, et apparaissait déjà chez Dufay[103]. Au seuil même de son exposé théorique, elle entraîne nécessairement des conséquences sur la suite, que Nollet

---

100 *MARS*, 1745, p. 113.
101 *Idem* p. 121.
102 *Idem* p. 122.
103 *Idem* voir p. 122.

semble avoir voulu désamorcer par une note ajoutée a posteriori pour la parution du mémoire dans le recueil annuel de l'Académie : « *Nota.* Que cette supposition n'intéresse pas le fonds de mon système », celui-ci n'étant pas affecté par le fait « que la matière électrique soit ou ne soit pas la même que celle du feu & de la lumière[104] ». Le postulat philosophique avancé pour légitimer un peu plus l'association de l'électricité au feu et à la lumière n'est pas de nature à atténuer le flottement théorique que cette remarque introduit : « je crois qu'on ne doit pas imaginer de nouveaux êtres dans la Nature, quand ceux qu'on y connoît suffisent pour nous rendre raison des phénomènes qui se présentent à expliquer[105]. » On remarque enfin que l'association entre le feu et l'électricité n'est plus un préalable dans l'*Essai*, étant rejetée à la dix-septième et dernière question de la deuxième partie : « La matière électrique ne seroit-elle pas la même que celle qu'on appelle, feu élémentaire, ou lumière[106] ? » Malgré ces précautions oratoires prises par Nollet pour limiter les implications théoriques de l'assimilation de la matière électrique au feu, nous devons prendre acte du fait que sa première approche de l'électricité renvoie à sa conception physique du feu. Mieux encore, il apparaît que ce lien d'abord incertain s'est consolidé par la suite. On le constate dans le désaccord qui apparaît avec Franklin dans les *Lettres* de 1753 : « je n'ai pû apprendre aucune raison solide, aucune preuve d'expérience, qui pût autoriser la différence que vous prétendez mettre entre le feu électrique & le feu élémentaire que vous appelez commun[107]. » Quand Nollet sera amené à contester la théorie des deux électricités « en plus » et « en moins », le premier principe qu'il attaquera dans son mémoire de 1762 sera celui de la compression de la matière électrique dans un corps. Or sur quel argumentaire s'appuie-t-il ? Précisément sur la physique du feu : « Je demande d'abord sur quelle raison l'on se fonde pour attribuer une telle compressibilité à une matière que l'on convient être très-analogue à celle du feu ; car celle-ci n'est point flexible à ce point-là[108] ». L'ultime étape théorique sur l'électricité, les dernières *Leçons*, réintroduit le lien avec le feu élémentaire dans les propositions initiales (deuxième proposition, leçon 20), avec une réserve : « Il me paroît donc très-probable que la

---

104 *Idem* p. 138.
105 *Ibid.*
106 *Essai...* p. 119.
107 *Lettres...* 1753, p. 44.
108 *MARS*, 1762, p. 141.

matiere électrique, la même au fond que celle du feu élémentaire ou de la lumiere, est unie à certaines parties du corps électrisant ou du corps électrisé, ou du milieu par lequel elle a passé[109]. »

On doit par ailleurs remarquer les liens non explicites chez Nollet qui unissent les conceptions du feu et de l'électricité. Il y a d'abord un « foyer » commun : le phlogistique[110] est à l'origine l'œuvre de « l'école allemande[111] », et Nollet fait état de l'actualité scientifique récente autour de l'électricité, dans laquelle les physiciens allemands jouent un rôle de premier plan[112]. De plus, H. Metzger a souligné « l'origine métallurgique » de la théorie du phlogistique, celle-ci découlant elle-même d'une théorie de la composition des métaux :

> Comme nombre de chimistes de son temps, Beccher supposait qu'en construisant le monde, le Créateur, n'ayant comme but que l'être vivant, aurait laissé les minéraux se former d'une manière quelconque par les déchets ou les sous-produits des animaux ou des plantes ; il transposa tout naturellement aux corps inorganiques, et spécialement aux métaux, les principes dont la chimie se servait alors pour expliquer l'analyse des substances organiques[113].

Or Nollet constate précisément que le métal et le corps animé sont les plus propres à s'électriser[114]. Les preuves expérimentales s'intègreront donc dans un contexte scientifique qui valide à l'avance l'association de l'électricité et du feu. Nous nous souvenons ici de la critique de Bachelard sur le déterminisme à l'œuvre dans la science expérimentale : « … les instruments ne sont que des théories matérialisées. Il en sort des phénomènes qui portent de toutes parts la marque théorique[115]. »

L'hypothèse avancée par Nollet sur la nature de l'électricité nous amène à revenir sur sa conception du feu telle qu'elle est exposée dans les *Leçons*. Nous commencerons par constater ce qu'on peut considérer comme une curiosité logique qui ne pouvait nous apparaître qu'à la lecture des ouvrages dévoilant la théorie de l'électricité. Nollet considère le

---

109 *LPE*, tome 6, p. 261.
110 La théorie du phlogistique postule un « élément-flamme » présent au sein de la matière.
111 Voir H. Metzger, *Newton, Stahl… op. cit.* p. 159.
112 « Depuis quatre ou cinq ans l'électricité fait beaucoup de progrès en Allemagne : les expériences de Berlin, de Leipsic, de Hambourg, de Hall, &c. ont formé un spectacle aussi intéressant que nouveau », *MARS*, p. 107.
113 H. Metzger, *Newton, Stahl… op. cit.*, p. 160.
114 Voir *MARS*, p. 125.
115 G. Bachelard, *Le Nouvel Esprit scientifique, op. cit.* p. 16.

feu comme une matière ayant son essence propre et qui, se manifestant sous la forme de la chaleur présente dans tous les corps, est partout. Ce feu distinct de l'état d'« embrasement » est ce qu'il appelle le *feu élémentaire*. La meilleure preuve que Nollet apporte à cette omniprésence du feu n'est autre que l'électricité : « Rien ne prouve mieux cette présence universelle du feu, que ces phénomènes admirables que nous offre l'électricité : on ne peut plus douter, sans affecter de l'obstination, que la matière dont la Nature se sert pour opérer ces merveilles, ne soit, (au moins quant au fond) la même que le feu élémentaire ; mais cette matière se trouve par-tout, puisque tout s'électrise[116] ». L'électricité ne prouve pas seulement que le feu est omniprésent, mais aussi qu'il est bien une matière : un corps électrisé produisant du *feu électrique* sans rien perdre de lui-même, le feu ne vient pas des parties du corps enflammé et il est donc une matière distincte[117]. L'électricité sert à établir la nature du feu, comme le feu sert à établir la nature de l'électricité. L'un servant toujours à expliquer l'autre, autant dire qu'on peinerait à définir leur nature à partir des écrits de Nollet... On chercherait en vain du côté de la lumière une issue : « Si la lumière brûle & que le feu éclaire, n'est-il pas raisonnable de penser qu'un seul & même élement produit ces deux effets[118]... » C'est la présence universelle du feu qui sert d'ailleurs, là encore, à expliquer la vitesse de propagation de la lumière. Cette circularité nous signale une aporie à la source même de la physique du feu que tout appareillage expérimental ne peut dissimuler, et ne pourra sans doute pas résoudre.

Si Nollet ne reste pas paralysé par cette aporie et parvient à construire sur cette base une théorie du feu, c'est qu'il reçoit une impulsion qui vient moins de la preuve expérimentale que d'une orientation philosophique. Nous avons déjà rencontré dans la note ajoutée au mémoire de 1745 le postulat de l'économie des moyens dans la nature, postulat réaffirmé dans l'*Essai* et également présent dans les *Leçons* : l'unité de principe entre la lumière et le feu, et donc l'électricité, « s'accorde bien avec la simplicité & l'oeconomie qu'on voit régner dans toutes les opérations de la nature[119] ». L'expression « qu'on voit régner » permet de réintroduire

---

116 *LPE*, tome 4, p. 183.
117 *Idem*, p. 184.
118 *LPE*, tome 5, p. 14.
119 *Idem*, p. 15.

l'observation dans le postulat, mais on sent combien cette observation, supposée nourrie de l'ensemble de la pratique expérimentale, reste un sentiment diffus. Peut-être même ce sentiment est-il le fondement irrationnel de la *simplicité* et de l'*économie* que l'expérimentateur retrouve partout dans ce qu'il voit... En outre, nous avons déjà remarqué que, de manière significative, la treizième leçon sur le feu – contrairement aux précédentes où les principes théoriques se dégagent au fil des expériences – contient un exposé théorique préalable aux descriptifs expérimentaux, un « Examen préliminaire de la nature du feu & de sa propagation[120] ». Cette organisation particulière du discours, qui tend à façonner *d'emblée* une conception générale du feu, témoigne d'un besoin d'assise théorique.

Pour tracer les contours de ce cadre théorique, il faut sans doute noter que le premier ouvrage auquel il est fait référence est celui de Boerhaave (*Éléments de chimie* (1732)), « qui a traité du feu très sçavamment, & d'une manière plus complette qu'aucun Auteur que je sçache[121] ». Si les mentions faites de cet ouvrage signalent des points de discussion, et non une adhésion de principe qui serait contraire à l'esprit d'indépendance qu'affiche Nollet dans sa préface des *Leçons*, on ne doit pas sous-estimer l'influence du savant hollandais sur la science de son époque, influence dont H. Metzger tenait à rétablir la juste portée[122]. Celle-ci note surtout qu'« En France, le prestige de Boerhaave fut si grand, qu'il contrebalança celui de Stahl[123] » qui prédominait ailleurs en Europe.

Les *Éléments de chimie* exposent d'abord une vue d'ensemble sur cette science ; puis des traités du feu, de l'air, de l'eau, de la terre et des menstrues (dissolvants) ; enfin les appareils, instruments de laboratoire et procédés opératoires. Dès la première partie de l'ouvrage, Boerhaave, en faisant état des limites de son art et de l'impossibilité à prétendre opérer sur des éléments purs, excepte le feu : « Le feu est peut-être le seul qui

---

120 *LPE*, tome 4, p. 159.

121 *Idem* p. 161.

122 « L'œuvre de Boerhaave fut, pendant le cours du XVIIIᵉ siècle et jusqu'à l'époque de la Révolution scientifique provoquée par les recherches de Lavoisier, un objet de vénération pour tous ceux qui s'intéressaient de près ou de loin à la chimie (...) Ce n'étaient pas seulement les amateurs cultivés, les vulgarisateurs, les naturalistes et les physiciens qui citaient avec enthousiasme le traité de Boerhaave ; les techniciens, théoriciens ou praticiens de la chimie ne cessaient de le commenter... », H. Metzger, *Newton, Stahl...* *op. cit.* p. 191.

123 *Idem*, p. 192.

nous offre ses élémens dans leur état de pureté[124] ». Si le feu fait ensuite l'objet du premier traité, c'est qu'il est « l'auteur & la cause principale de presque tous les effets sensibles[125] ». Le chimiste prend alors toute la mesure des enjeux de la connaissance du feu : « Si nous nous trompons dans l'exposition de la nature du Feu, notre erreur s'étendroit sur toutes les branches de la Physique, & cela, parce que dans toutes les productions naturelles, le Feu [...] est toujours le principal agent[126]. » Cette mise en garde qui suspend le sort de toute la physique à la connaissance de la nature du feu a pu inciter Nollet à la prudence, et les « dérobades » vers la lumière ou l'électricité peuvent apparaître comme une stratégie pour éviter de donner trop de poids à des postulats de départ dont les conséquences pourraient être de taille.

Ayant observé des cas où « le feu le plus violent ne se manifeste par aucune lumière, & que la lumière la plus vive ne produit pas seulement la moindre chaleur[127] », Boerhaave écarte la chaleur et la lumière comme marques de présence du feu, posant la *raréfaction* (dilatation) des corps comme son véritable marqueur : « tous les Corps, sur lesquels on fait des expériences, sans en excepter aucun, augmentent en volume dès qu'on les expose au Feu[128] ». C'est sur cette base qu'il fonde sa *doctrine chimique* : le feu est une matière contenue dans tous les corps, universellement mais aussi uniformément répartie. Un corps dilaté ne contient pas plus de feu, mais provient d'une plus grande agitation de ce feu. Celui-ci, chez Boerhaave, est donc comme le note H. Metzger, à la fois *corps* et *mouvement*[129]. De cette conception dépend bien, comme il l'affirmait, une conception générale du monde physique :

> Ainsi l'on pourroit regarder tout le systême des Corps, que l'Être suprême a trouvé à propos de placer dans l'immensité de l'espace, comme composé d'un Feu qui sépare tous les autres Corps, & d'une matière qui n'est pas Feu, & qui s'oppose continuellement à la séparation de ses Elémens. Par conséquent ces deux principes, l'un de dilatation, & l'autre d'attraction ou d'association, dominent par-tout, & sont la cause d'une infinité d'effets corporels[130].

---

124 Boerhaave, *Éléments de chimie*, trad. 1754, vol. 1, p. 153.
125 *Idem*, vol. 2, p. 2.
126 *Idem*, p. 3.
127 *Idem*, p. 19.
128 *Idem*, p. 21.
129 H. Metzger, *Newton, Stahl...*, *op. cit.* p. 221.
130 Boerhaave, *Éléments de chimie*, trad. 1754, vol. 2, p. 141.

Le « feu-chaleur » (H. Metzger) ou, d'après ce que nous venons d'en lire, « feu-volume », est ce que la tradition nomme *feu élémentaire*. Reste à envisager le feu-combustion, avec comme problème à résoudre le rôle de ce qui dans les corps fournit l'*aliment* du feu. Sur la nature même de cet aliment, la mentalité de l'époque excluant une réaction chimique dans le phénomène de combustion, Boerhaave avoue les limites de sa théorie : « Je reconnois donc qu'il y a ici des bornes au-de-là desquelles il ne m'a pas été permis d'aller. Tout ce que nous savons, c'est que l'aliment qui a été consumé par le Feu, laisse l'eau, & que quant à lui il devient si subtil, que se dispersant dans le chaos de l'air, il ne tombe plus sous nos sens[131]. » Il parvient néanmoins à donner une explication mécanique du principe de la combustion : dans la flamme s'opère un « frottement assez violent » entre les corpuscules du feu élémentaire et ceux de la matière combustible, à partir de « cette propriété étonnante qu'a le Feu de dilater & de mettre tout en mouvement, les agite & les fait tournoyer très rapidement pèle mêle les unes parmi les autres[132]. » La pression de l'air joue dans ce phénomène purement mécanique un rôle essentiel :

> Aussi long tems donc qu'il y aura dans ce foyer assez de Feu pour exciter de la Flame avec ce qui lui sert véritablement de nourriture ; aussi long tems que le Feu pourra agiter rapidement les parties incombustibles qui sont exposées à son action ; aussi long tems que ces parties seront si fort pressées entr'elles par cette voute d'air qui les environne, qu'elles ne puissent pas s'échapper ; aussi long tems y aura-t-il dans ce foyer un frottement assez violent, pour y attirer autant de Feu qu'il en faut pour continuer la flamme[133]...

Telle est, à grands traits, la théorie du feu de Boerhaave, telle qu'elle apparaît dans l'alternance des descriptifs d'expériences et des *corollaires* qui structure son traité.

Nollet, lui, a donc choisi de poser un socle théorique (une cinquantaine de pages) sur lequel il développera ensuite les deux leçons sur le feu, dans lesquelles l'exposé expérimental permettra à la fois de valider et de poursuivre la « doctrine » de l'exposé préliminaire. Il a lui-même signalé sa dérogation aux principes sur lesquels repose presque partout ailleurs son discours : « il n'est peut-être déjà que trop entré de

131 *Idem* vol. 3, p. 78.
132 *Idem*, p. 123-124.
133 *Idem*, p. 125.

conjectures dans cette première Section ; & la ferme résolution que j'ai prise d'en user toujours avec beaucoup d'épargne dans ces leçons, m'en feroit retrancher une bonne partie, si je ne les croyais nécessaires pour conduire l'esprit à des connoissances plus certaines[134]. »

Avant même l'« Examen préliminaire », Nollet rappelle les deux hypothèses qui fondent toutes les physiques du feu : soit il est une *matière* simple, soit il est un *mouvement* de parties inflammables des corps combustibles eux-mêmes, son adhésion se portant à la première. Il s'en réfère pour le justifier aux expériences menées par les expérimentateurs sur la pesanteur du feu. Comme Boerhaeve, il considère que « le feu est partout[135] » (nous avons vu ce que cette affirmation doit au phénomène électrique) et qu'il détermine les propriétés physiques universelles : « il est la cause principale de toute fluidité[136] », l'extrême « ténuité » des « atômes » du feu élémentaire, combinée à leur « grande dureté », lui donnant un pouvoir de « dissolvant universel[137] ». Tel est l'essentiel de la théorie sur la nature du feu contenue dans le premier *article* de l'examen préliminaire[138].

Le second article porte sur la propagation du feu. Nollet évoque brièvement la transmission de la chaleur, qui selon lui n'appelle pas de réelle difficulté, pour se concentrer sur le feu par « embrasement ». Ce dernier ne peut se concevoir qu'à partir des propriétés des corps, telle qu'elles sont exposées dans les premières leçons :

> On se souviendra ici que tous les corps sont poreux, quelque petits qu'ils soient, jusqu'aux parties élémentaires exclusivement : que quand plusieurs particules de matières s'assemblent pour former une petite masse, leur jonction n'est jamais telle, qu'il ne reste entre elles des petits vuides à remplir, comme je l'ai expliqué & prouvé dans la seconde Leçon[139].

C'est précisément dans ces vides que se loge le feu élémentaire, selon une réalité physique analogue à celle qui a été envisagée dans les leçons sur l'air :

---

134 *LPE*, tome 4, p. 208.
135 *Idem* p. 179.
136 *Idem* p. 172.
137 *Idem* p. 177.
138 Nollet en donne lui-même une synthèse en conclusion : « le feu élémentaire, le principe & cause de tous les feux (…) est une vraie matière distinguée par son essence de toutes les autres qu'elle anime de son propre mouvement : fluide par excellence, & incapable de sortir de cet état, d'une dureté & d'une subtilité sans pareille & toujours présente par-tout ». *Idem* p. 188.
139 *Idem* p. 196.

C'est peut-être par quelque méchanisme semblable que l'air, tout expansible qu'il est, se concentre, pour ainsi dire, dans tous les corps, de manière que quand il s'en dégage, nous lui voyons occuper des espaces incomparablement plus grands que ceux dans lesquels il avoit été resseré par la seule opération de la nature. Le fait au moins est du nombre de ceux dont on ne peut douter, j'en ai rapporté les preuves ailleurs : & cet exemple est d'un grand poids pour appuyer l'opinion de ceux avec qui je pense que le feu qui est renfermé dans les molécules des corps, est dans un état de contraction[140].

On ne peut ici que remarquer l'admirable cohérence du cours de Nollet, qui lui permet de tracer rapidement sa ligne théorique du feu dans la conscience du lecteur.

La deuxième question du mémoire de 1745 est « d'où vient l'électricité ? ». C'est dans la réponse à cette question que Nollet apporte l'essentiel de sa théorie, celle des « deux courans de matière[141] », dont voici la première apparition dans le texte :

Je conviens donc [...] que la matière électrique s'élance réellement du dedans au dehors des corps électrisez, & que ces émanations ont un mouvement progressif & sensible jusqu'à une certaine distance ; mais j'ai des raisons tout aussi fortes pour croire qu'une matière semblable se porte de toutes parts au corps électrisé, & qu'elle y vient non seulement de l'air environnant, mais aussi de tous les corps, même les plus denses & les plus compactes, qui se trouvent dans le voisinage[142]...

Plus loin dans le mémoire, Nollet donne à ces deux courants les noms par lesquels ils désigneront désormais sa théorie électrique : « appellons le premier de ces deux courans, *la matière effluente*, & nommons le dernier *la matière affluente*[143]. » La troisième question, « comment la matière électrique se met en action ? », et la quatrième portant sur l'explication mécanique des principaux phénomènes de l'électricité (attraction-répulsion et production de lumière ou de chaleur), permettent de développer et de consolider ce principe théorique central. Nollet fournit ainsi une *représentation physique* de l'électricité en détaillant l'action de celle-ci à l'échelle des *pores* des corps électrisés : « je crois donc me faire une idée assez juste de ces deux matières électriques, en considérant l'une comme

140 *Idem* p. 207.
141 *MARS*, p. 125.
142 *Idem* p. 124.
143 *Idem* p. 139.

une effluence dont les rayons très divergens entr'eux s'élancent avec une grande rapidité, & l'autre comme un fluide qui tend de toute parts au corps électrisé, & dont les filets beaucoup plus serrez entr'eux coulent avec une vîtesse d'autant moins grande[144]. » L'effluence de matière électrique, dans cette représentation, prend la forme d'un bouquet, ou *aigrette*. Quant aux principaux phénomènes électriques, la théorie des deux courants parvient à en rendre compte, ce qui donne lieu à de nouvelles représentations : « Je considère chaque particule de matière électrique comme une petite portion de feu élémentaire, enveloppée de quelque matière grasse, saline ou sulphureuse qui la contient & qui s'oppose à son expansion[145] », etc.

Les mémoires plus tardifs, principalement ceux de 1761 et 1762, montrent la consolidation théorique de cette représentation physique qui s'adapte à tous les contours de l'interprétation des faits expérimentaux. À partir d'expériences menées par Symmer sur l'électrisation de deux bas de soie, Nollet refuse de voir, dans le mémoire de 1761, autre chose que des « causes méchaniques » dans les phénomènes d'adhérence entre deux corps électrisés. Le compte rendu du mémoire donne sur ces causes des détails sans doute apportés par Nollet lui-même et qui ne figurent pas dans le mémoire :

> … il pense qu'on peut conjecturer que l'adhérence venoit des filets de matière qui, sortant des pores du verre, se sont frayé une route dans ceux de l'étoffe qui sont vis-à-vis, & font ainsi l'office de chevilles pour les empêcher de glisser ; mais que, par le déplacement, le nombre des pores correspondans ne se trouvant plus le même, parce qu'ils peuvent ne se plus trouver les uns vis-à-vis des autres ; alors la cause de l'adhérence venant à diminuer, elle diminue aussi elle-même[146]. »

Dans le mémoire de 1762, ces causes mécaniques sont systématiquement étendues. En premier lieu pour douter de l'électricité « en plus », car quel physicien « peut supposer que le fluide électrique se comprime, se refoule, se condense dans un conducteur, lorsqu'il convient d'ailleurs que ce conducteur est perméable de toutes parts au fluide qu'on y pousse ; lorsqu'il reconnoît avec tout le monde que cette matière se tamise & s'échappe par tous les pores du corps électrisé[147] » ? Les expériences menées en faveur des deux électricités poussent ensuite Nollet à affiner

---

144 *Idem* p. 137.
145 *Idem* p. 147.
146 *HARS*, 1761, p. 14-15.
147 *MARS*, 1762, p. 144.

« les causes mécaniques & intelligibles » qui « sont les seules qui puissent inspirer confiance[148] ». À l'hypothèse du physicien Wilson, qui suppose « une petite atmosphère » propre à chaque corps, une « espèce d'enduit invisible & adhérent au conducteur », qui « empêche, comme pourroit faire une soupape, le retour ou la rentrée de la matière électrique[149] », Nollet préfère en effet une interprétation « vibratoire » de l'électrisation, là encore explicitée dans le compte rendu du mémoire :

> Les corps qui, comme le verre, peuvent soutenir le frottement sans s'amollir, entrent dans une espèce de mouvement de vibration ; leurs pores s'ouvrent & se resserrent alternativement, & par ce moyen ils absorbent & lancent tour à tour la matière électrique ; mais comme tous les pores ne s'ouvrent ni ne se ferment en même temps, il en résulte nécessairement que les filets de matière en mouvement, qui se trouvent aux environs du corps électrique, peuvent avoir, & ont en effet, des directions opposées, les uns venant se rendre dans les pores ouverts dans le même temps que d'autres sont chassés par le ressort des pores qui se ferment, & la quantité des filets entrans & sortans sera nécessairement déterminée par le degré d'élasticité du corps & par la promptitude avec laquelle ses pores se resserreront. Il n'est donc pas étonnant que le verre, qui est peut-être de toutes les matières qu'on peut électriser par frottement la plus dure & la plus élastique, chasse la matière électrique avec plus de vivacité qu'elle ne la reçoit, & que par conséquent les *effluences* soient plus vives autour des corps qu'il anime que les *affluences*[150].

La théorie fondamentale de Nollet, loin d'être remise en question par sa confrontation à celle des partisans de Franklin, s'adapte donc aux nouvelles preuves expérimentales. Tout devient affaire de proportion entre affluences et effluences, qui varie « par tout ce qui peut intéresser l'état actuel du ressort des pores du corps frotté[151] ».

Ici, la continuité entre la physique du feu et celle de l'électricité est déterminante pour caractériser la théorie d'inspiration mécaniste de Nollet. On pourrait en effet être tenté de rapprocher sa doctrine de l'horizon de pensée de la physique encyclopédique, également mécaniste. G. Vassails explique ce caractère mécaniste par le fait que « seule la mécanique était parvenue à un degré d'élaboration théorique suffisamment

---

148 *Idem* p. 153.
149 *Idem* p. 151.
150 *HARS*, 1762, p. 21-22.
151 *Idem* p. 25.

poussé pour avoir accès à la synthèse philosophique[152] ». Il s'en dégage une implacable univocité de l'interprétation du monde physique : « En bref, les lois de la nature, ce sont les lois de la mécanique[153] ! » Mais on parle ici des « axiomes ou règles générales du mouvement et de repos qu'observent les corps naturels dans l'action qu'ils exercent les uns sur les autres, et dans tous les changements qui arrivent à leur état naturel » (article « Nature »), c'est-à-dire de mécanique rationnelle. Or nous découvrirons plus loin sur quelle autre base Nollet élabore sa modélisation du feu : celle de la technique qui se déploie autour du fourneau du verrier, ou de celui du chimiste que L'Art des expériences nous révèle au centre de l'atelier du fabricant de machines expérimentales. Les arts mécaniques sous-tendent donc, d'une certaine manière, la modélisation des phénomènes électriques chez Nollet, et c'est de ce côté qu'il nous faudra chercher l'inflexion particulière de son adhésion aux principes mécanistes de la physique.

---

152 G. Vassails, « L'Encyclopédie et la physique », op. cit. p. 321.
153 Idem p. 320.

LES CONDITIONS
DE LA REPRODUCTION ARTIFICIELLE
DES PHÉNOMÈNES NATURELS

La dynamique illustre, au travers de la réduction des phénomènes du mouvement à des lois cinétiques, une simplification du réel. D'autres aspects de la conception dynamique de l'époque participent de cette simplification :

> ... en définissant la masse newtonienne comme le quotient d'une force par une accélération, on croyait lire dans cette définition le rôle spécifique de la substance du mobile qui s'opposait d'autant plus à l'efficacité d'une force qu'il contenait plus de matière. (...) Ainsi la notion première de masse, bien fondée à la fois dans une théorie et dans une expérience, paraissait devoir échapper à toute analyse. Cette idée simple semblait correspondre à une *nature* simple[1].

Or, comme le note Bachelard, cette simplification de la conception des phénomènes cinétiques ouvre la voie à un déterminisme scientifique dont on peut formuler l'équivalence technique : « Si l'on réfléchit maintenant que ces intuitions mécaniques simplifiées correspondent à des mécanismes simples, que ces phénomènes physiques techniquement hiérarchisés sont aussi de véritables machines (...) on doit être frappés du caractère *technique* du déterminisme scientifique[2]. » Le déploiement technique du dispositif expérimental devient alors un enjeu philosophique central : « Le véritable ordre de la Nature, c'est l'ordre que nous mettons techniquement dans la Nature[3] ».

Le corpus des appareils de démonstration de Nollet participe à une simplification du monde physique pour un second motif, qui est d'ordre didactique. Paolo Brenni a déjà formulé la réduction pédagogique du phénomène physique à laquelle se livre le démonstrateur dans ses *Leçons* :

---

1   G. Bachelard, *Le Nouvel Esprit scientifique* (1934), Paris, P.U.F. 2009, p. 50.
2   *Idem* p. 111.
3   *Ibid.*

La physique de Nollet est une physique où on oublie les phénomènes complexes, une physique « apprivoisée » et « épurée » conçue pour des démonstrations illustrées à l'aide d'appareils didactiques. La théorie et son cadre mathématique transcendent d'une certaine façon les phénomènes qui peuvent, en première approximation, être expliqués grâce aux appareils de Nollet. Les inévitables imperfections des instruments sont donc utiles au démonstrateur qui n'a pas ainsi à tenir compte d'une foule d'effets secondaires, quoique réels, qui compliqueraient inutilement son exposé[4].

Cette observation sur la destination des appareils de Nollet, propre à les écarter des instruments de précision, vaut sans doute pour l'ensemble des *Leçons*, mais le « cadre mathématique », ainsi que les « effets secondaires » interférant avec l'effet principal à observer, prennent, comme nous le verrons plus loin, une importance particulière dans le domaine de la dynamique.

Les appareils de démonstration qui investissent le champ expérimental répondent donc à une sorte d'injonction paradoxale : réduire le phénomène à une modélisation, expression technique simplifiée correspondant à la fois à une conception du monde physique et à une volonté didactique ; nourrir l'appréhension théorique complexe de ce monde physique. Bachelard, qui s'est particulièrement attaché à l'étude de l'esprit scientifique à partir de ses deux exigences de *réalisme* et de *rationalisme*, observe « le double mouvement par lequel la science simplifie le réel et complique la raison », écourtant le trajet « qui va de la réalité expliquée à la pensée appliquée. C'est dans ce court trajet qu'on doit développer toute la pédagogie de la preuve[5] ». La technique se trouve ainsi prise dans un *nœud* épistémologique qui est proprement celui de la méthode expérimentale.

---

4   Paolo Brenni, « Jean-Antoine Nollet et les appareils de physique expérimentale », dans *L'Art d'enseigner la physique... op. cit.*, p. 19.
5   *Idem* p. 14.

CLASSIFICATION ET RÉDUCTION
DANS LA LEÇON SUR LA MÉCANIQUE

« La machine ne nous rapproche-t-elle pas de "l'essence de la technique" ? La machine n'est-elle pas le noyau essentiel de la technique et de la rationalité technique[6] ? » La neuvième leçon « Sur la Méchanique » nous porte incontestablement au *cœur technique* du cours de Nollet. C'est ici que l'on attend le dévoilement de son propre schéma mental de technicien, puisque Nollet va livrer sa conception des mécanismes opératoires dans la réalisation de toute machine, quelle que soit sa complexité. « Sa » conception est bien entendue largement tributaire d'une tradition solide : R. Lenoble et Y. Costabel nous rappellent que « la refonte de la notion de science[7] » au XVIIᵉ siècle réside dans l'introduction de la manipulation du concret au cœur de la connaissance scientifique. Désormais, « connaître, c'est fabriquer[8] », et la physique mécaniste s'imprègne de la passion des automates et du perfectionnement des horloges. La mécanique est érigée en « science nouvelle » par Galilée, Descartes rédige un bref *Traité de la Méchanique*, Pascal et Huyghens réalisent des ouvrages mécaniques majeurs (la machine pneumatique ou la machine à calculer pour le premier, l'horloge à pendule pour le second). Ils se placent néanmoins à un niveau théorique où la mécanique pratique est l'*aliment* de la mécanique rationnelle, et s'ils ont été souvent mentionnés par Nollet dans les leçons précédentes, leur présence dans la neuvième leçon sera beaucoup plus discrète. On chercherait par ailleurs en vain dans le *Traité de physique* de Jacques Rohault – vulgarisateur le plus proche, au XVIIᵉ siècle, de la démarche pédagogique expérimentale de Nollet –, une initiation à la mécanique pratique. Les sources de Nollet sont plus proches : il se réfère ainsi au *Traité de mécanique* de La Hire de 1695. S'écartant de la classification des machines simples établie par celui-ci, Nollet signale par là qu'il expose pourtant une conception mécanique infléchie par des choix personnels, dont la construction du discours et les options expérimentales retenues nous aideront à confirmer la singularité.

---

6   J.-P. Séris, *La Technique, op. cit.* p. 155.
7   Dans « La Révolution scientifique du XVIIᵉ siècle », *La Science moderne* (dir. R. Taton), *op. cit.* p. 195-216.
8   *Idem* p. 204.

Examinons en premier lieu cette classification par laquelle le discours s'organise. Le principe fondateur en est la réduction à des formes simples :

> On distingue communément deux sortes de machines ; celles qui sont *simples*, & celles qui sont *composées* : les premiéres sont comme les éléments des autres [...] ; car la multiplication & l'assemblage des machines simples dans un même tout, n'apporte aucun changement essentiel à leurs propriétés[9].

La typologie tripartite des machines simples proposée par Nollet (le levier, le plan incliné et les cordes) n'est qu'une commodité pour répondre à un besoin de clarification : « Le nombre des machines simples varie selon la manière d'estimer leur simplicité ; [...] c'est une chose assez arbitraire & sans importance[10] ». Cette classification est certes affermie par ses ramifications : « On distingue ordinairement trois genres de léviers par les différentes positions que l'on peut donner à la puissance, à la résistance & au centre du mouvement ou point d'appui[11] », second niveau qui lui-même se répartit : « Les espéces de chaque genre se distinguent par la distance qu'il y a de la puissance au point d'appui, relativement & par comparaison à celle qui est entre ce même point & la résistance[12] ». Ces cloisonnements n'ont pourtant qu'une validité très relative : « On pourroit, en suivant l'exemple de quelques Auteurs célébres, regarder comme deux autres puissances, ce que j'ai nommé résistance & point d'appui ; & alors la distinction des léviers en trois genres n'auroit plus lieu[13] ».

L'approche de Nollet ne tire donc pas sa spécificité majeure de l'effort classificatoire qui structure la leçon, mais bien de la simplification-réduction qui en est le fil continu. Sans cesse, il s'attache en effet à mettre en évidence sous quel angle les diverses machines peuvent être ramenées à la machine simple dont elles ne sont que des variantes : la poulie « peut être regardée comme un assemblage de léviers du premier genre[14] », le treuil et le cabestan, qui « sont la même à qui l'on donne différens noms, selon les différentes positions dans lesquelles on l'employe[15] », ne sont eux-mêmes que des leviers,

---

9   LPE, tome 3, *op. cit.* p. 5-6.
10   *Idem* p. 6.
11   *Idem* p. 17.
12   *Idem* p. 18.
13   *Idem* p. 17.
14   *Idem* p. 82.
15   *Idem* p. 104.

> … car si l'on conçoit l'arbre tournant comme une suite de poulies enfilées sur le même axe, si l'on considère les léviers en croix, qui servent à le mettre en mouvement, comme des rayons prolongés, de la premiére de ces poulies (…) on verra tout d'un coup que cette machine fait l'office d'un lévier sans fin, du premier ou du second genre[16]…

Encore ne s'agit-il ici que de machines élémentaires parfois classées parmi les machines simples ; Nollet insiste également sur les analogies entre les outils les plus variés et les machines simples : « … qu'est-ce qu'un ciseau, une gouge, un burin, sinon un lévier du premier genre appuyé sur un support[17] », « la coignée & la serpe du Bucheron, le ciseau & la gouge du Sculpteur & du Menuisier, la lancette & le scalpel du Chirurgien, le couteau & le rasoir qui sont entre les mains de tout le monde, sont autant de coins[18] », comme le sont « les cloux qui ont quatre faces qui aboutissent à une même pointe, les poinçons ronds, les épingles, les aiguilles, &c[19]. », les « *mêches* des vrilles & des terriéres » n'étant quant à elles que « des coins tournans ». Quand « une vis tourne dans son écrou, se sont deux plans inclinés dont l'un glisse sur l'autre[20] »… D'importants changements d'échelle ne doivent pas nous masquer ces analogies, comme Nollet l'explique à propos des treuils et des cabestans :

> Ces deux machines sont employées fréquemment aux puits, aux carrières, dans les bâtimens, pour élever les pierres & autres matériaux, sur les vaisseaux & dans les ports, pour lever les ancres, &c. Et quand on y fait attention, on les retrouve en petit, dans une infinité d'autres endroits où elles ne sont différentes que par la façon, ou par la matière dont elles sont faites. Les *tambours*, les *fusées*, les *bobines* sur lesquelles on enveloppe les cordes ou les chaînes, pour remonter les poids ou les ressorts des horloges, des pendules, des montres mêmes, &c doivent être regardés comme autant de petits treuils & de petits cabestans[21].

Le mouvement énumératif désigne la profusion des machines sous laquelle se dissimule souvent un unique principe mécanique, comme ces leviers, qui « entrent dans la construction d'un si grand nombre de machines, qu'il ne seroit pas possible de les y faire remarquer par un détail

---

16   *Idem* p. 105.
17   *Idem* p. 64.
18   *Idem* p. 127.
19   *Idem* p. 128.
20   *Idem* p. 131.
21   *Idem* p. 104.

exact[22]. » Nous verrons plus loin que la nature est elle-même largement investie de ces principes mécaniques fondamentaux. L'identification de la machine simple dont procède une infinité d'objets qui peuplent notre environnement devient alors une entreprise de démystification du monde, comme l'indique une remarque sur les plans inclinés : « C'est ainsi qu'on peut rendre raison d'une infinité d'effets dont on est surpris & qu'on a peine à expliquer, quand on ignore, ou qu'on ne fait point attention à ce principe[23]. »

Avant même d'envisager l'ouverture sur la nature que donne concrètement Nollet aux principes mécaniques, ses choix classificatoires nous invitent d'emblée à rapprocher la science des machines de l'histoire naturelle. Dans son Discours au Collège de Navarre de 1753, il affirmera d'ailleurs la force du lien qui unit la physique à l'histoire naturelle : « … l'une & l'autre sont tellement liées ensemble qu'il est presqu'impossible de les séparer : un Physicien qui n'est point Naturaliste est un homme qui raisonne au hasard & sur des objets qu'il ne connoît point[24] ». Dans son chapitre sur « L'histoire naturelle dans la culture des lumières », Georges Gusdorf prend appui sur une description par Charles de Brosses de la collection rassemblée à Bologne par le comte de Marsigli, en laquelle l'historien des idées voit un fonds emblématique de la pensée du XVIIIe siècle : « Le musée est le médiateur d'un multiple rapport au monde, comme si le comte Ferdinand de Marsigli, disparu en 1730, avait voué sa fortune et sa vie à la réalisation d'une encyclopédie concrète ; le microcosme du musée est l'image mentale de l'univers. […] L'ordre rationnel du musée moderne illustre le mythe de l'encyclopédie, utopie nouvelle de l'*uomo universale* à la manière des Lumières[25]. » Cet ordre rationnel couvre un ensemble formé par des traces des civilisations passées, des œuvres d'art, des objets tirés des trois règnes de la nature, mais aussi par de la mécanique, largement représentée : « Suivent des salles de physique expérimentale, équipées d'un grand luxe de machines et instruments, une salle de fortification, avec une collection d'armes et machines de guerre, une salle de mécanique avec un matériel concernant les arts et métiers, et enfin des salles

---

22 *Idem* p. 65.
23 *Idem* p. 114.
24 *Discours sur les dispositions et sur les qualités qu'il faut avoir pour faire du progrès dans l'étude de la physique expérimentale*, Paris, chez Thiboust, 1753, p. 9.
25 Georges Gusdorf, *Dieu, la nature, l'homme au siècle des lumières*, Paris, Payot, 1972, p. 265.

d'astronomie, avec des séries d'appareils de cet ordre et un observatoire équipé de télescopes[26]. » L'organisation de la mécanique appartient donc à une ambition plus vaste d'agencement rationnel de l'univers. S'en trouve explicitée la continuité entre la mécanique expérimentale déployée dans les leçons et le monde physique qui est son objet d'investigation, la classification mécanique renvoyant à la classification naturelle dont on sait qu'elle est un enjeu épistémologique majeur de l'histoire naturelle du XVIIIᵉ siècle. La problématique de l'organisation traverse donc à la fois la mécanique, l'appareillage expérimental et le monde physique, mais aussi l'ordre même du cours de Nollet :

> L'histoire naturelle aurait pu choisir la patience, et se contenter d'accumuler des informations de détail, en attendant de posséder les ressources suffisantes pour l'élaboration d'une synthèse. Les grands esprits du siècle des Lumières n'en ont pas jugé ainsi ; le précédent newtonien leur faisait une loi de parvenir à des vues d'ensemble, seules dignes de se présenter comme science. Cet impératif se manifeste dans des titres comme le *Système de la Nature*, de Linné, le *Spectacle de la Nature* de l'abbé Pluche, les *Époques de la Nature* de Buffon, la *Contemplation de la Nature* de Charles Bonnet, ou encore *De la Nature*, de Robinet. Grands ou moins grands, ces ouvrages attestent une impatience architectonique, un désir d'ordonnancement totalitaire qui porte les auteurs à affirmer beaucoup plus qu'ils ne savent[27].

La référence à Pluche dans la préface des *Leçons* nous indique que Nollet inscrit son Cours dans cet horizon de lecture et propose par son itinéraire (dont il souligne la cohérence également dans sa préface) sa propre *architectonique*. Les implications classificatoires sont donc nombreuses et interagissent. En effet, contrairement aux ouvrages d'histoire naturelle qui cernent un objet présenté comme détaché du lecteur, les *Leçons* tentent de dégager une intelligibilité des phénomènes physiques qui implique une démarche active du lecteur, placé en situation fictive de reproduction de la démarche expérimentale. Structure de la cognition, structure de l'instrumentation et structure du monde physique doivent donc pouvoir se superposer.

L'idée d'une continuité de principes mécaniques élémentaires derrière une « infinité d'effets » est par ailleurs à mettre en parallèle avec celle qui inspire les pionniers de l'histoire naturelle : « Le thème de la chaîne

---

26 *Ibid.*
27 *Idem* p. 275.

des êtres est, au XVIIIe siècle, une évidence imposée au sens commun scientifique[28] ». G. Gusdorf a clarifié les divergences qui se font jour dans les modèles scientifiques à partir de ce thème commun, principalement au travers de l'embranchement qui mène d'une part à la différentiation extrêmement clarifiée et fixiste de la classification de Linné, d'autre part à la continuité des êtres selon Buffon[29]. Le flottement admis par Nollet dans les critères de classification qu'il retient pour les machines rapproche sa « mécanologie » de l'orientation ontologique du second. Cette tendance est évidemment plus conforme au *vitalisme* qui s'impose dans l'étude de ces êtres travaillés par l'invention et l'évolution que sont les machines[30]. Ce qui nous semble s'imposer dans le rapprochement entre la mécanique pratique et l'histoire naturelle est précisément cette idée que les machines forment un *réseau*, d'abord inclus dans les formes de l'environnement naturel, mais également ouvert à des extensions qui lui sont propres dans le cadre élargi d'un environnement mécanique autonome. Les *Leçons* nous montreront plus loin l'émergence d'un réseau technique spécifique à l'enseignement expérimental.

LA MÉTHODE EXPÉRIMENTALE
FACE AUX PHÉNOMÈNES ÉLECTRIQUES

L'exotérisme scientifique du siècle met en avant la dimension spectaculaire des expériences électriques, dont un échantillon significatif nous est donné par Nollet dans une rapide présentation des expériences réalisées par Benjamin Franklin :

> Vous y verrez, par exemple, des baisers électriques semblables à ceux que M. Boze a célébrés dans ses premiers commentaires ; des roues en mouvement assez analogues aux sphéres planétaires que M. Winkler animoit, il y a quelques années, par la vertu électrique ; les feuilles d'or suspendues et dansantes de M. le Cat ; des fontaines ou jets d'eau éparpillés ; la chandelle nouvellement

---

28 *Idem* p. 282.
29 *Idem* voir p. 288-293.
30 L'ingénieur Jacques Lafitte, dans ses *Réflexions sur la science des machines* (1932), Paris, Vrin, 1972, a développé une classification des machines inspirée de la classification de l'histoire naturelle.

éteinte & qui se rallume entre les doigts & le conducteur d'Électricité ; des
papiers ou des cuirs dorés pétillans de lumière ; des évaporations accélérées,
des liqueurs enflammées, des oiseaux tués ; la vertu électrique affoiblie ou
éteinte par la fumée de certains corps & par la flamme ; cette même vertu à
l'épreuve des rayons du soleil rassemblés avec un miroir ardent ; la propagation
ou la transmission de l'Électricité au travers de l'eau, &c[31].

Cette science-spectacle fait écran, auprès du large public qui s'émerveille
de ces phénomènes, aux exigences méthodologiques que s'imposent les
physiciens attachés à l'étude de l'électricité. Le respect de la méthode
expérimentale fonde en effet – plus encore que dans tout autre domaine
de la physique car ici la connaissance est en construction – la démarche
du *technicien* Nollet confronté à l'électricité.

Le mémoire qu'il lit le 28 avril 1745 à l'Académie royale des sciences
revêt une importance particulière dans sa carrière de physicien. Il consacre
près de quinze années de pratique expérimentale menée pour provoquer
et observer les phénomènes électriques, et couronne l'exploration d'un
champ nouveau de la physique auquel le nom de Dufay est attaché,
Dufay qui fut avec Réaumur l'introducteur de Nollet dans le monde
scientifique et à qui ce dernier doit encore l'impulsion déterminante à
sa carrière que donna la rencontre de Désaguliers (Nollet commence ses
Cours de physique expérimentale dès son retour d'Angleterre (1734)).
Autant dire que lorsque Nollet prend la parole ce jour d'avril 1745 devant
l'assemblée académique, c'est pour lire un mémoire dans lequel s'imprime
un parcours à la fois technique, scientifique et personnel. De 1740 à
1743, Nollet a produit avec régularité huit mémoires sur divers sujets.
Hormis ses leçons de physique aux enfants de Louis XV, charge certes
importante mais à laquelle il est déjà rôdé par dix années d'enseignement
public, rien dans la biographie de Nollet ne signale une activité « extra-
académique » particulière dans ses recherches entre 1743 et 1745. On
peut y voir la confirmation d'une phase préparatoire importante dont le
mémoire serait l'aboutissement. Dès le début de sa lecture, Nollet fait
d'ailleurs état d'une période d'intensification de son travail à la poursuite
d'un objectif qui sera une véritable consécration de la méthode expérimentale : « attentif sur les faits, travaillant à les multiplier & méditant
avec soin sur toutes leurs circonstances, j'attends depuis plus de dix ans
qu'ils me conduisent eux-mêmes au principe d'où ils partent ; je crois

---

31   *Lettres sur l'électricité*, 1753, p. 199-200.

l'entrevoir enfin ce principe, & depuis plusieurs années je m'occupe à le concilier avec l'expérience[32]. » Autant que partout ailleurs dans sa physique, la construction de la connaissance de l'électricité est en effet pour Nollet le fruit du travail expérimental : « c'est un système, je l'avoue, mais l'imagination en le formant n'a fait que mettre en œuvre ce que l'expérience lui a fourni[33] ». Jamais il ne se départira de ce principe, dont il sanctionnera le moindre écart dans la controverse scientifique ; au père Beccaria qui avoue attendre un certain résultat d'une expérience, Nollet adresse ainsi ce reproche : « Quand on fait métier d'observateur, il ne faut rien espérer ni désirer, sinon de recueillir ce que la nature veut bien nous déceler, abstraction faite de tout systême[34]. »

Ce système est exposé, dans le mémoire de 1745 et l'*Essai sur l'électricité des corps* de 1746, au travers de deux architectures générales du discours nettement distinctes : le mémoire progresse par points successifs développant chacun un aspect théorique, tandis que l'*Essai* s'articulera en trois parties répondant à des objectifs différents (conditions expérimentales, principes qui se dégagent de l'observation des phénomènes provoqués par l'expérience, présentation de la théorie sur les causes des phénomènes électriques). Le mémoire instaure néanmoins un protocole discursif qui assurera également la progression de la seconde partie de l'*Essai*, avec les questions qui le jalonnent : « Mais quelle est cette matière qu'on nomme communément *matière électrique*, & qu'on regarde avec raison comme le principal agent des phénomènes dont nous cherchons l'explication ? d'où vient-elle, comment se met-elle en action, & par quel méchanisme opère-t-elle ces effets singuliers que nous admirons ? C'est principalement ce que j'ai entrepris d'examiner dans ce Mémoire[35]. » Chaque réponse est étayée de nombreuses preuves expérimentales, mais on mesure combien, entre ces quatre questions et les dix-sept questions qui jalonnent la seconde partie de l'*Essai*, la théorie se développe dans le sens d'une ramification qui déploie et précise le corpus expérimental.

En 1746 toujours, Nollet soumet un mémoire contenant des « Observations sur quelques nouveaux phénomènes d'Électricité[36] », dans lequel il intègre les apports de l'expérience de Leyde. C'est l'occasion

---

32   Mémoires de l'Académie royale des sciences de Paris (MARS), année 1745, p. 107.
33   *Idem* p. 108.
34   *Lettres…*, 1760, p. 154.
35   *MARS*, p. 113.
36   *MARS*, 1746, p. 1 à 17.

de faire état des variantes possibles de cette expérience, et surtout des nouvelles expériences qu'elle suscite pour étudier l'étendue, la force ou la vitesse de propagation de l'électricité dans un corps. Quatre mémoires d'« éclaircissements » suivront de 1747 à 1748, dont le premier annonce la teneur :

> Ces éclaircissemens m'ont fourni des matières pour plusieurs Mémoires ; j'en ai actuellement quatre, dont voici les sujets :
>
> > Dans le premier, j'examine quelles règles on doit suivre pour juger si un corps est plus ou moins électrique.
> > Le second a pour objet, tout ce qui peut augmenter ou affoiblir l'électricité.
> > Dans le troisième, je me propose de résoudre ces questions : 1ᵉ. si l'électricité se communique en raison des masses, ou en raison des surfaces : 2ᵉ. si une certaine figure, ou certaines dimensions peuvent contribuer à rendre la vertu électrique plus sensible : 3ᵉ. si l'électrisation qui dure long-temps, ou qui est souvent répétée sur la même quantité de matière, peut en altérer les qualités, ou en diminuer la masse.
> > Enfin, le quatrième Mémoire a pour objet, d'examiner les effets de la vertu électrique sur les corps organisés[37].

Dans ces mémoires, qui ont donc pour but – au moins les trois premiers – d'intégrer dans la théorie exposée dans le mémoire de 1745 et développée dans l'*Essai* de 1746 toutes les circonstances qui entourent le phénomène électrique, l'expérience reste le socle de l'analyse théorique, tant il est vrai qu'« en matière de Physique, il n'est point de règle établie qu'une expérience décisive ne puisse abolir ou restreindre[38] ». Nollet évoque des expériences « mille fois répétées[39] », ailleurs qu'il a « électrisé cent fois des tubes ou des globes de verre[40] » d'une manière particulière. Le compte rendu académique du mémoire de 1755, dans lequel Nollet relate entre autre sa comparaison de l'électricité des résines et des gommes à celle du verre, fait état de « plus de six cens expériences qu'en a faites M. l'abbé Nollet[41] ». Les *Lettres* de 1760 indiquent que ces expériences répétées ont été faites sur un peu plus d'une année[42]. Dans

---

37 « Eclaircissemens sur plusieurs faits concernant l'électricité », Premier mémoire, *MARS*, 1747, p. 103.
38 *Idem* p. 107.
39 *Idem* p. 126.
40 Deuxième mémoire, *MARS*, 1747, p. 164.
41 *Histoire de l'académie royale des sciences* (HARS), 1755, p. 26.
42 Voir *Lettres…*, 1760, p. 92.

la controverse, Nollet gardera comme rempart contre ses adversaires son expertise de praticien. À Dalibard, qui critique ses expériences, il rappelle que « quand M. Delor lui mit en main pour la première fois les instruments d'Électricité, il y avoit plus de quinze ans que je faisois des leçons publiques, & qu'il vient bien tard pour m'apprendre à faire des expériences[43]. »

Ses propres dispositifs ne sont pas sa seule source d'étude ; il s'attache à rassembler « tout ce que j'ai pû trouver de faits et d'observations[44] ». Et Nollet s'impose, dans cette œuvre de compilation, une discipline rigoureuse :

> Il entre dans mon dessein, de citer non seulement ce que j'ai découvert & observé moi-même, mais encore tout ce que j'ai pû apprendre d'ailleurs : quand je ne rapporterai pas mes propres expériences, j'aurai soin de nommer les Auteurs de qui je les tiens, tant pour autoriser les faits, que pour rendre justice à plusieurs Savans qui m'honorent de leur correspondance ; après que je les aurai nommés, on dira, sans doute, que j'aurois pû me dispenser de répéter les expériences qu'ils m'avoient annoncées : je l'ai toûjours fait cependant, mais c'étoit moins pour en vérifier les résultats, que pour en étudier les circonstances, & pour satisfaire une curiosité qu'il est naturel d'avoir, quand on est occupé des mêmes recherches[45].

Cette curiosité nourrie par les expériences d'autrui est évidemment un enrichissement permanent du corpus expérimental, et permet de stimulantes confrontations, comme lorsque Nollet compare ses résultats à ceux de Le Monnier, obtenus à partir de procédures expérimentales différentes[46]. À l'inverse, « Il est assez ordinaire, qu'en répétant le travail d'autrui, un Physicien fasse des découvertes & des observations qui lui deviennent propres[47]. » La controverse qui naît avec l'introduction de la théorie de Franklin entraîne à partir de 1752 un stimulant renouvellement du corpus expérimental, que Nollet accueille avec enthousiasme. L'avertissement des *Lettres* de 1760 explicite le travail d'intégration de ce corpus dans la pratique expérimentale comme dans le discours scientifique :

---

43 *Idem* p. V-VI.
44 Premier mémoire, *op. cit.* p. 102.
45 *Idem* p. 103.
46 Voir le troisième mémoire, *MARS*, 1747, p. 212.
47 *Lettres...*, 1767, p. IV.

… les autres partisans du Franklinisme, qui ne se sont pas contentés de répéter servilement les expériences de Philadelphie, qui les ont méditées, variées de différentes façons, & qui en ont tiré de nouvelles conséquences, m'ont ouvert un champ plus digne de mon attention & plus intéressant pour le progrès de la physique [...} En m'occupant de ces objets, j'ai fait quelques nouvelles découvertes qui pourront faire plaisir aux personnes qui ont pris du goût pour les expériences électriques : j'ai rapporté par occasion celles d'autrui qui sont venues à ma connoissance, & que j'ai soupçonnées de n'être pas assez connues : j'ai remonté à l'origine de quelques inventions heureuses, & j'en ai fait connoître les premiers & véritables Auteurs ; j'ai pris de plus la liberté d'apprécier, suivant mes lumières, celles qui m'ont paru trop négligées, ou vantées au-delà de leur mérite[48].

La réaffirmation des exigences expérimentales correspond à des difficultés propres à l'expérience électrique, dont l'identification relève de la construction théorique même. Dès le premier mémoire, Nollet signale les erreurs provenant de l'interprétation des phénomènes magnétiques associés à l'électricité : « il est aisé de se tromper, quand il s'agit de juger par les seules attractions & répulsions, si l'électricité est plus ou moins grande dans un corps[49] ». Plus loin, c'est la transpiration du manipulateur qui introduit l'erreur dans l'interprétation des « émanations électriques[50] ». Le mémoire s'achève d'ailleurs sur le compte rendu d'une expérience initialement réalisée par un autre physicien, Waitz, dont Nollet discute les résultats en raison des difficultés à percevoir la direction de ces mêmes émanations : « il me paroît bien difficile de savoir au juste la direction de ces jets de matière invisible par rapport à la surface des corps d'où ils s'élancent, & il y a tout lieu de croire qu'elle est assez irrégulière[51]. » Le second mémoire, surtout, qui a précisément pour objet les « circonstances favorables ou nuisibles à l'Électricité », relève les variables qui rendent si difficile l'observation des phénomènes électriques, s'attachant à mettre en lumière cette fois les circonstances

… qui influent d'une manière plus générale sur les phénomènes électriques, ou qui ne s'introduisent pas d'elles-mêmes comme la plûpart des autres, dans les manipulations ordinaires ; tels sont le froid, le chaud, l'humidité, la sécheresse, le degré de densité, de raréfaction, ou de pureté de l'air dans lequel

48 *Lettres…*, 1760, p. IX-XI.
49 Premier mémoire, p. 118.
50 *Idem* voir p. 120.
51 *Idem* p. 131.

on opère, l'action de la flamme, de la lumière, de la fumée, des vapeurs, la grandeur & la figure des corps qu'on électrise, leur communication avec ceux qu'on ne prétend pas électriser, &c[52].

La prise en compte de ces circonstances n'en évacue pas pour autant le caractère imprévisible de l'intensité des phénomènes électriques. En 1760, malgré ses années de pratiques, Nollet ne peut qu'en faire le constat : « il y a des jours & des circonstances où nos conducteurs sont animés d'une vertu très-supérieure à celle qu'ils ont communément », reconnaissant par ailleurs que « nous n'avons encore aucune regle certaine pour prévoir ces différences en plus ou en moins[53] ».

Encore l'examen de ces circonstances est-il précédé de quatre « distinctions » qui doivent empêcher la confusion entre des manifestations électriques qui ne sont pas du même ordre (« l'électricité déjà excitée de celle qui ne l'est pas encore » ; « l'électricité une fois excitée dans un corps, de celle que l'on continue de lui faire prendre » ; « *électricité foible ou commune* » et « *électricité forte* » ; enfin l'électricité « qui se manifeste par des signes extérieurs » comme « les mouvements d'attraction & de répulsion, l'attouchement & l'odeur des émanations électriques, les étincelles, les aigrettes lumineuses », et l'électricité qui se signale uniquement par une « commotion » ou un « coup » comme dans l'expérience de Leyde[54]).

L'électricité est, on le voit, un domaine du monde physique qui impose de multiples précautions à l'expérimentateur, qui doit distinguer différents *types* de manifestation électrique et interpréter des résultats expérimentaux soumis à d'extrêmes variations ou révélés par des signes incertains.

En 1749, dans ses *Recherches sur les causes particulières des phénomènes électriques*, ouvrage composite qui rassemble cinq discours et s'offre comme une mise à jour de sa théorie sur l'électricité à partir des mémoires lus entre 1746 et 1748, Nollet s'inquiète par ailleurs d'une évolution scientifique qui introduit plus de confusion que d'éclaircissements :

> Tout le monde aujourd'hui se mêle d'électriser, & de dire son sentiment sur les questions qui concernent cette Matiere. Il n'en résulteroit qu'un bien, si tous ceux qui mettent la main à l'œuvre, & qui rendent compte au Public de leur travail, observoient à coup sûr, & qu'on pût compter sur ce qu'ils disent

---

52 Deuxième mémoire, *op. cit.* p. 150.
53 *Lettres…*, 1760, p. 238.
54 Deuxième mémoire, p. 151-152.

LA REPRODUCTION ARTIFICIELLE DES PHÉNOMÈNES NATURELS   93

avoir vû ; mais ce qui prouve bien que tout Électriseur, n'a pas les yeux ou l'attention d'un bon Physicien, c'est que sur le même fait, on entend tous les jours prononcer le oui & le non[55].

Aussi les deuxième et troisième discours de l'ouvrage contiennent-ils un rappel de tous les risques qui se présentent dans l'interprétation des résultats expérimentaux : les signes indiquant la présence d'électricité « peuvent s'augmenter ou s'affoiblir, quoique le corps électrisé persévere d'ailleurs dans le même état[56] », avant de montrer tour à tour que les émanations, les aigrettes, les étincelles et la douleur ressenties ne sont pas des indicateurs fiables[57], en rappelant également qu'« On risquerait beaucoup de se tromper, si l'on ne consultoit que les attractions & les répulsions[58] ».

Quand, dans ses premières *Lettres sur l'électricité*, Nollet se montrera nettement plus optimiste en évoquant les découvertes importantes de l'année 1752, il mettra encore en garde contre d'autres sources d'erreur, inhérentes cette fois à la nouveauté : « nous avons du penchant à espérer & à promettre de grands succès ; le Public qui les désire & qui aime le merveilleux accorde volontiers sa confiance : ce sont deux portes ouvertes à l'erreur[59]. » Mais ce sont surtout des incertitudes d'ordre méthodolo-gique que combattra Nollet dans sa correspondance, en « ayant égard d'une part à la constance des résultats, & de l'autre à la variété qu'on a mise exprès dans les circonstances[60] ».

Dans le débat sur l'existence des deux électricités, résineuse et vitrée, Nollet introduit le résultat statistique, issu de l'abondante répétition d'une même expérience (ce sont les « 600 à 700 épreuves » que nous évoquions plus haut). Ici, la preuve expérimentale ne s'exprime en effet qu'au travers d'une forte indétermination : « avec les mêmes instruments, dans le même lieu & en moins d'un quart d'heure de différence, j'ai vu les effets totalement opposés entre eux, quelque soin que je prisse pour les rappeller à l'uniformité[61] ».

---

55 *Recherches sur les causes...*, 1749, p. XV-XVI.
56 *Idem* p. 107.
57 *Idem* voir p. 143-154
58 *Idem* voir p. 134.
59 *Lettres sur l'électricité*, 1753, p. VI.
60 *Idem* p. VII.
61 *Lettres...*, 1760, p. 93.

L'indécision n'est pourtant pas de mise, et Nollet entend bien relever le défi de la théorisation en évitant les écueils :

> ... en considérant ainsi l'électricité sous différens points de vûe, j'ai compté pouvoir prononcer avec plus de certitude ; & j'ai pris ce parti pour tâcher d'éviter deux excès opposés entr'eux, & également contraires aux progrès de la Physique, l'un de douter volontairement de tout, & de ne rien conclurre ; l'autre de mériter par des jugemens légers & précipités, la censure de ceux qui se plaisent à dire qu'on s'est trop pressé[62].

Cet ambitieux objectif ne peut être atteint que dans un cadre rigoureux, défini par des règles strictes comme celles que Nollet énonce dans les *Recherches sur les causes...* :

> La première & la principale consiste à ne jamais décider de quel côté est la plus forte électricité, que l'on ne soit sûr d'avoir mis les circonstances bien égales de part & d'autre [...]. La seconde règle que je propose, c'est de ne s'en rapporter qu'à des signes bien marqués, à des effets constans que l'on soit sûr de retrouver toutes les fois que l'on opérera dans des circonstances connues (...). Enfin j'établis pour troisième règle, de consulter avant que de former aucun jugement, tous les signes qui peuvent faire connoître l'électricité des corps qu'on examine, & de ne s'en pas tenir à un seul ni à deux[63]...

Toutes les variables introduites par le deuxième mémoire montrent à quel point le respect de la seule première règle oblige à multiplier les précautions dans le protocole expérimental.

Les *Lettres sur l'électricité* de 1753 introduisent une nouvelle phase dans la conduite expérimentale, les « conflits d'expériences » qui existaient déjà dans les ouvrages précédents et les mémoires prenant ici une vigueur nouvelle. La remise en cause de sa théorie électrique amène Nollet à affirmer davantage, s'il était possible, la rigueur à laquelle doit s'astreindre la méthode expérimentale. Les six lettres adressées à Franklin, qui forment le corps principal de l'ouvrage, ne font porter le débat que sur les expériences, sans lesquelles aucune affirmation scientifique ne saurait être avancée : « J'aurai encore quelques réflexions à faire sur cette matière ; mais avant que de les écrire, je suis bien aise de voir si elles pourront s'accorder avec certaines expériences que j'ai projetté de faire, mais que je suis obligé de

---

62   Deuxième mémoire, *op. cit.* p. 153.
63   *Recherches sur les causes...*, p. 156-157.

remettre à un autre temps[64] ». Tout écart par rapport à cette démarche expérimentale s'expose d'ailleurs à une critique sévère : « je ne vois pas que de telles ressources, d'ailleurs imaginées sans preuves, pussent tenir contre ces considérations qui sont fondées sur l'expérience & sur des principes incontestables[65] ». C'est pourquoi le protocole expérimental est dans tout l'ouvrage d'une extrême précision, précision qui repose sur la capacité à isoler les circonstances principales qui déterminent l'apparition d'un phénomène électrique des circonstances accessoires susceptibles de le parasiter : « il faut alléguer des faits bien marqués, toujours prêts à se remontrer, quand les principales circonstances seront à peu près les mêmes[66] ».

Pour apporter toutes les garanties sur l'exactitude des faits expéri-mentaux rapportés, Nollet s'engage en outre à faire valider ces derniers par plusieurs témoignages concordants :

> … l'expérience nous apprend tous les jours que nos sens peuvent nous trom-per : nous devons donc nous en défier, & suspendre notre jugement jusqu'à ce que nous ayons suffisamment vérifié la fidélité de leur témoignage. Pour croire & annoncer ce que j'ai vû, je dois chercher à le voir plusieurs fois & dans les mêmes circonstances ; & si le fait est difficile à distinguer, comme il arrive souvent dans les phénomènes électriques, il est à propos que d'autres yeux se trouvent d'accord avec les miens […] car pourquoi ne pas entendre tous les témoins qui peuvent déposer d'un fait, si l'unanimité de leurs voix peut donner plus de certitude à nos connoissances[67].

Dans la controverse scientifique, Nollet ne manquera pas d'opposer à ses adversaires cette validation collégiale du résultat expérimental : « toutes les expériences dont j'ai fait usage contre la doctrine que vous défendez, ont été faites par moi-même, & répétées en présence des Commissaires nommés par l'Académie[68] ». Les *Lettres* de 1760 comportent d'ailleurs un intéressant complément : « Vous verrez, Monsieur, à la fin de ce Volume, un exposé fidele des expériences que j'ai employées ; & le certificat du Secrétaire de l'Académie Royale des Sciences, que j'ai fait imprimer à la suite, vous prouvera que j'ai pris toutes les mesures nécessaires pour constater la réalité de leurs résultats[69]. »

---

64 *Lettres sur l'électricité*, 1753, p. 153.
65 *Idem* p. 192.
66 *Idem* p. 193.
67 Premier mémoire, *op. cit.* p. 104.
68 *Lettres…*, 1760, p. 149.
69 *Idem* p. 223.

L'EXPÉRIENCE ÉLECTRIQUE :
DE NOUVELLES EXIGENCES TECHNIQUES

La discipline dans la méthodologie expérimentale implique donc une maîtrise pratique particulièrement rigoureuse. Le premier mémoire d'« éclaircissements » lance un avertissement sur les exigences techniques qu'impose la reproduction des expériences dont s'alimente le débat scientifique autour de l'électricité : « Tel croira répéter une expérience connue, qui en fera une toute neuve, parce qu'il aura regardé comme sans conséquence, quelque changement de procédé qui est essentiel, & les résultats comparés se trouveront différens[70]. » Le deuxième mémoire en offre un bon exemple, à partir d'une expérience d'Hauksbee sur l'électrisation du verre dans le vide. La conclusion de l'expérimentateur avait été que le verre ne s'électrise pas dans le vide, tandis qu'une autre expérience de Gray amenait à penser qu'il pouvait en revanche y conserver une « force » électrique précédemment acquise en milieu normal. Dufay, après avoir répété ces expériences, avait conclu de même. Mais Nollet livre un examen détaillé de la procédure technique desdites expériences, qui l'amènera à en contester les résultats : « J'ai donc réfléchi depuis sur la manière dont ces expériences ont été faites ; & j'ai cru apercevoir dans les procédés que l'on a suivis, quelques défectuosités capables de causer ces différences que j'avois peine à croire[71]. » Il identifie alors trois « défauts », pour lesquels il propose des rectifications, dans le cadre d'une nouvelle procédure technique.

Dans la controverse scientifique ouverte par les *Lettres* de 1753, l'aliment principal du débat sera toujours l'ensemble que forment les circonstances techniques de l'expérimentation. Jamais de conflit autour de postulats théoriques, toujours la prise en compte de résultats obtenus d'après un dispositif strictement défini : « Sur ce premier résultat mon expérience diffère de la vôtre [...]. Il y a lieu de croire que cette différence vient de la nature des coussinets, que nous avons employés vous et moi pour frotter, de la qualité & de la dimension des globes[72] ». Les

---

70 Premier mémoire, 1747, *op. cit.* p. 104.
71 Deuxième mémoire, 1747, *op. cit.* p. 180.
72 *Lettres sur l'électricité*, 1753, p. 113.

questions portent toujours sur la fiabilité des expériences réalisées : ici une imprécision sur le contact ou non de la main sur une fiole, là des bassins de balance inadéquats à une mesure minime...

Les améliorations techniques nécessaires à cette rigueur dans l'expérience se traduisent par certaines innovations. La remédiation des défauts signalés dans les expériences d'Hauksbee et Gray mentionnées plus haut n'a été possible que grâce à l'ajout d'une « espèce de rouet » à la machine pneumatique[73]. Dans l'*Essai*, Nollet explique la substitution progressive du globe de verre au tube par la mise au point par Boze d'une machine pour mettre en rotation des globes[74]. Il donne d'ailleurs la description de sa propre machine de rotation, optimisée pour répondre au mieux aux exigences de l'expérience électrique[75]. Le mémoire de 1762 s'achève sur la description d'« un instrument très-commode, quand on veut observer les points lumineux[76] ». L'ingéniosité dans la conception d'une instrumentation spécifique doit également s'exercer dans la réalisation de certains de ses éléments constitutifs. Nollet explique ainsi, toujours dans l'*Essai*, sa technique de moulage de globes de soufre, celle de la fabrication de globes de verre enduits par le dedans de cire d'Espagne[77], ou le moulage des gâteaux de résine qui servent d'isolant[78]. Le compte rendu du mémoire de 1762 rend encore hommage aux améliorations apportées par Nollet aux globes de soufre : « ... ils servent à mieux faire les expériences qui les fournissent : c'est peut-être une des manières les plus utiles de servir la Physique que de lui donner les moyens de mieux voir & de mieux opérer[79]. »

Dans les *Lettres* de 1753, on pourra encore observer le renouvellement dans l'ingéniosité dont fait preuve Nollet tant pour défendre sa théorie que pour contester celle qu'on lui oppose. L'ampleur des récits d'expériences en apporte, comme toujours, le témoignage : pour vérifier si « le feu électrique sort toujours par où il est entré[80] », un dispositif expérimental complexe est décrit sur deux pages, appuyées d'une figure ; « pour observer

---

73 Deuxième mémoire, 1747, *op. cit.* p. 180.
74 *Essai sur l'électricité*, *op. cit.* voir p. 8.
75 *Idem* p. 19-23.
76 *MARS*, 1762, p. 291.
77 *Essai...* p. 25-27.
78 *Idem* p. 36.
79 *HARS*, 1762, p. 25.
80 *Lettres...* 1753, p. 125.

l'électricité naturelle[81] », un autre s'étale sur six pages et renvoie à trois figures[82]. Certains dispositifs requièrent un matériel complexe qui impose à Nollet de recourir aux meilleurs artisans. C'est par exemple le cas lorsqu'il projette la réalisation d'une machine permettant de rendre compte d'une transmission électrique en l'absence d'observateur :

> Quand j'ai entrepris d'exécuter cet instrument, j'ai vû naître beaucoup de difficultés, tant du côté du physique que du côté du méchanisme ; mais avec un peu de patience et de réflexion, j'en ai déjà vaincu plusieurs, & j'espere venir à bout des autres, en m'aidant de l'industrie & de la main d'un de nos meilleurs Artistes, qui a pris cœur à cette entreprise[83].

Une note nous informe sur la qualité de cet artisan : « M. Gallonde Maître Horloger, très connu non-seulement par la perfection qu'il a mise dans les ouvrages de son art, mais encore par les ingénieuses pratiques qu'il a imaginées & introduites dans plusieurs autres parties de la Méchanique[84] ». Mais plus couramment, c'est le savoir-faire artisanal de Nollet lui-même qui participe à l'élaboration du dispositif expérimental. Le travail du verre, associé à la manipulation d'une machine et à l'emploi des « drogues », entre ainsi dans la création d'un objet original, exactement configuré pour l'électrisation d'un corps mixte vitré-résineux :

> J'ai tiré à la lampe d'Émailleur des tubes de verre gros comme de fortes aiguilles à tricoter, & longs de sept à huit pouces ; j'en ai fait un faisceau cylindrique qui avoit environ six lignes qui avoit environ six lignes de diametre ; je l'ai couvert d'une enveloppe de papier bien collé & enduit au dehors de plusieurs couches de gomme d'Arabie fondue dans de l'eau, ayant soin que les deux bouts fussent découverts & bien nets ; à l'un des deux j'attachais une petite pompe aspirante, & après avoir chauffé le tout, & plongé l'autre bout dans de la cire d'Espagne fondue, j'élevai promptement le piston de la pompe. Quand tout fut refroidi, je séparai la pompe du cylindre ; je détachai l'enveloppe de papier, en la mouillant peu à peu avec de l'eau tiède, & j'eus par ce moyen un bâton composé de verre électrisable & de cire d'Espagne, assez intimement mêlés ensemble[85].

---

81 *Idem* p. 171.
82 La présente édition ne se prêtant pas à la reproduction des planches, auxquelles nous ferons plusieurs fois référence, nous invitons le lecteur désireux de les voir à se reporter aux œuvres en ligne de Nollet, disponibles sur le site de la BNF (Gallica).
83 *Idem* p. 178-179.
84 *Idem* p. 179.
85 *Lettres...*, 1760, p. 126-127.

On s'aperçoit néanmoins que malgré son investissement majeur dans le domaine de l'électricité, lui l'entrepreneur d'instruments scientifiques, l'auteur de nombreux perfectionnements dans l'appareillage de démonstration et de dispositifs expérimentaux originaux, n'aura pas été l'inventeur de la bouteille de Leyde, ni du *tableau magique* de Franklin, dont il reconnaît que « son procédé me paroît plus réfléchi, plus conséquent & plus sûr que tout ce qu'on avait tenté auparavant pour forcer les effets de l'expérience de Leyde[86] », ni du paratonnerre, ni de l'électromètre, dont il a pourtant longtemps déploré l'inexistence...

En effet, l'expérience électrique n'a pas encore, en 1747, son instrumentation de mesure. Dans le troisième mémoire, Nollet explique ainsi qu'il sera impossible de déterminer le rapport exact entre la quantité d'électricité dans un corps et sa masse ou ses dimensions « tant qu'il nous manquera un instrument bien éprouvé ou au moyen sûr pour juger des degrés que peut recevoir la vertu électrique[87] ». Là encore l'innovation technique est un projet intégré à la démarche expérimentale : Nollet s'emploie à concevoir l'instrument qui permettra de quantifier l'électricité, et espère que les

> ... observations faites assiduement pourront être dorénavant mises en ligne de compte avec celles des thermometres, barometres, anemometres, hygrometres, & autres instruments météorologiques. [...] On pourra nommer le nouvel instrument *Électroscope*, si l'on ne veut pas lui donner le nom d'*Électrometre*, qui rigoureusement parlant, ne peut lui convenir, que quand il sera assez perfectionné pour montrer avec précision les différens degrés d'Électricité qui régneront d'un temps à l'autre dans l'atmosphére[88].

En outre, si la technique garantit les progrès de l'expérience, elle en fixe également, comme dans d'autres domaines de la physique, les limites :

> Il me paroît donc très-difficile, pour ne pas dire impossible, de traiter l'électricité dans l'air condensé, comme on peut le faire dans le vuide : premièrement, parce que la fragilité des vaisseaux transparens ne nous permet pas d'y comprimer l'air, autant qu'il est possible de l'y raréfier : secondement, parce que l'air que l'on comprime, contient nécessairement des vapeurs condensées, obstacle suffisant pour empêcher ou affoiblir considérablement l'électricité [...] Ces considérations me font abandonner, pour le présent, ces expériences trop

---

86   *MARS*, 1753, p. 432.
87   Troisième mémoire, *op. cit.* p. 207.
88   *Lettres...*, 1753, p. 170-171.

laborieuses & trop délicates, pour le peu de fruit qu'il semble qu'on peut en attendre, à moins qu'elles ne soient portées à un certain point de perfection[89].

Avant d'envisager la technique de l'expérience électrique dans ses caractéristiques les plus spécifiques, force est de constater qu'elle emprunte d'abord aux pratiques les plus usuelles. Les matériaux de base sont ainsi très communs : « La plûpart des choses dont on a besoin pour répéter les expériences de ce genre qui sont connues, ou dont je ferai mention dans cet Ouvrage, sont si communes & si faciles à trouver en tout lieu, qu'il seroit superflu d'en faire ici l'énumération[90]. » Le verre par exemple, qui sert le plus largement à l'électrisation des corps, sera d'un excellent usage s'il est d'Angleterre ou de Bohème, ou s'il a la qualité du cristal, mais « le verre le plus grossier, celui dont on fait des bouteilles pour mettre le vin, devient aussi fort électriques[91] ». Pour ce qui est de la réalisation des pièces nécessaires à l'instrumentation, on remarque une sollicitation *a minima* des artisans. La mention de certains corps de métier n'est pas attachée à la valorisation d'un savoir-faire comme elle l'est dans d'autres domaines de la physique : pour construire une machine de rotation des globes de verre, « on pourra se servir d'une roue de Coutelier, de celle d'un Cordier, ou même d'une vieille roue de carrosse[92]. » Dans certains cas, la pratique artisanale est même franchement écartée comme une ressource impropre à l'expérience électrique : « ... on a de la peine à tirer de telles pièces [globes de verre] bien faites des Verreries, où l'on ne peut se faire entendre que par des modèles qu'on envoie, & où les Ouvriers routinés à une sorte d'ouvrage, ne peuvent ou ne veulent pas s'appliquer à ces essais, qui ne leur présentent qu'un intérêt léger & passager[93]. » Et Nollet préfère s'en remettre à la solution du détournement d'objet : « ... on peut prendre tout simplement un ballon, de ceux qui servent de récipient dans les laboratoires de Chymie », expliquant ensuite ce qui peut apparaître comme un bricolage pour préparer les globes désirés[94].

On ne doit pas négliger ce premier versant de la technique de l'expérience électrique, qui tend à l'inscrire dans une forme de banalité,

89 Deuxième mémoire, *op. cit.* p. 194.
90 *Essai...*, *op. cit.* p. 3.
91 *Idem* p. 4-5.
92 *Essai...* p. 14.
93 *Idem* p. 11-12.
94 *Idem* voir p. 12-14.

où les objets à portée de main et le plus simple sens pratique peuvent suffire à faire naître des phénomènes spectaculaires que le vulgaire rattache volontiers au merveilleux. On y perçoit en tout cas le refus d'entretenir une quelconque mystification par le biais de l'instrumentation scientifique. Le recours au « système D », que Nollet ne craint pas d'afficher dans la première partie de l'*Essai* qui expose sa théorie de l'électricité, le met sous cet angle à l'abri des reproches que Rousseau exprimait sur la technicité effarante et dissuasive du cabinet de physique.

Un autre motif s'ajoute à cet exotérisme scientifique qui ne peut que pénétrer sans cesse la démarche d'un physicien aussi attaché que Nollet à la transmission de la connaissance. Cet autre motif est cette fois purement scientifique : toute complexification expérimentale engendre une multiplication de paramètres et donc d'interférences avec l'objet premier de l'observation. Lorsque Nollet, dans le mémoire de 1762, conteste l'interprétation d'une expérience, il lui oppose par la même occasion un dispositif simplifié : « En répétant l'expérience sur laquelle je viens de porter mes réflexions, je me suis assujéti aux procédés décrits par M. Wilson, afin qu'on ne me cherchât point querelle sur les changemens que j'aurois pu y faire, mais je n'en ai pas moins reconnu au premier aspect de l'appareil qu'il étoit trop & inutilement compliqué[95]. »

Dès les premières expériences relatées par Nollet, le lecteur se familiarise avec le matériel courant de l'expérience électrique : barres, chaînes et tringles de fer, tubes, globes, verges, cucurbites et carreaux de verres, matras (récipient au col étroit et long), feuilles d'or, gâteaux de résine... Dans le *Catalogue raisonné des instruments qui servent aux expériences*, qui accompagne le *Programme ou Idée générale d'un cours de physique* de 1738, on trouve un premier inventaire de ce matériel dans la « sixième classe » relative aux expériences « sur l'Aiman, & sur l'Électricité », des articles 264 à 305. Un premier ensemble est constitué par les pièces en verre : tubes, verges, globes et guéridons de cristal ou de verre commun. D'autres pièces, plus ou moins identiques, sont de cire d'Espagne ou de soufre. Il y a ensuite des « suspensoires » garnies de ruban de soie et des gâteaux de résine, des boites contenant des platines de matières diverses et des « raquétes » de gaze, une barre de fer, des palettes de carton recouvertes de feuilles de métal, divers récipients...

---

95 *MARS*, 1762, p. 157.

La première partie de l'*Essai* écarte de la présentation du matériel expérimental les ustensiles usuels, pour ne s'attacher qu'aux « articles les plus importans[96] ». Le discours s'enrichit surtout de consignes relatives à leur fabrication et à leur utilisation. Le tube de verre, élément sans doute le plus usuel des expériences, illustre la démarche discursive de Nollet. Comme souvent, une perspective historique permet de situer l'origine de l'objet : « Ce fut Hauxbée, Physicien Anglois, qui mit l'un & l'autre [le tube et le globe de verre] en usage il y a environ quarante ans[97] ». La substitution des globes aux tubes bénéficie plus loin du même éclairage : « Il y a cinq ou six ans que M. Boze, Professeur de Physique à Wittemberg, essaya de substituer au tube un globe de verre que l'on fait tourner sur son axe[98]... ». Le matériau utilisé est lui-même issu d'un savoir-faire dont on peut situer l'origine : « le verre d'Angleterre & celui de Bohème sont excellens[99]. » Formes et dimensions sont ensuite *proposées* plus qu'imposées, car les formules impératives sont assorties de justifications ou modérées par des tournures indiquant les alternatives possibles :

> Le tube doit avoir à peu près trois pieds de longueur, un pouce ou 15 lignes de diamètre & une bonne ligne d'épaisseur : ces dimensions sont les meilleures ; mais quoiqu'elles soient différentes, elles n'empêchent pas que le tube ne devienne électrique ; elles n'influent que sur le plus ou le moins : un cylindre de verre solide, ou une bande de glace fort épaisse s'électrise assez fortement[100].

L'objet ne doit donc pas être enfermé dans une gamme étroite et fermée ; l'inventaire de 1738 pouvait apparaître comme une détermination stricte du matériel de laboratoire, l'*Essai* apporte la souplesse dans le choix de ses caractéristiques : il faut savoir faire usage de ce dont on dispose, et exercer un esprit critique sur les ressources de tout objet expérimental. L'expérience acquise reste finalement le seul argument à faire valoir : « Il est commode que le tube soit bien cylindrique & bien droit, parce qu'il se frotte avec plus de facilité. » Ainsi les tournures impératives et impersonnelles « il faut... », « on doit... », « on s'abstiendra... », qui entretiennent un cadre de pensée pratique rigoureux et objectif,

---

96 *Essai...* p. 4.
97 *Ibid.*
98 *Idem* p. 8.
99 *Idem* p. 5.
100 *Ibid.*

alternent-elles avec d'autres tournures à l'implication plus personnelle :
« je trouve à propos... », « je conseille... ». En plusieurs endroits, Nollet
se manifeste d'ailleurs au travers de ses propres démarches : « J'ai fait
teindre de ce dernier verre en bleu avec le saffre, & j'en ai fait faire des
tuyaux qui sont fort électriques[101] », et des indications viennent circonstancier les recommandations techniques : « Par un temps sec & froid,
& lorsqu'il regne un vent de Nord, le verre s'électrise ordinairement
beaucoup mieux, que lorsqu'il fait chaud & humide[102]. » L'appareillage
électrique, plus encore que tout autre appareillage expérimental figurant
dans les écrits de Nollet, n'est donc pas exposé de manière froide, ou
distante ; il a une histoire, parfois un terroir d'origine au travers des
matériaux qui le composent, il fait l'objet d'une préférence parmi tous
les accessoires dont l'utilisation reste possible, il porte l'empreinte des
choix personnels de l'expérimentateur, et son usage répété en toutes
circonstances amène une connaissance intime de ses ressources et de
ses limites.

Entre le mémoire de 1745 ou l'*Essai*, et les mémoires et œuvres
ultérieurs, le cabinet de physique s'enrichit d'un objet désormais incontournable, au point de devenir le symbole de l'expérience électrique :
la bouteille de Leyde, ancêtre du condensateur. Voici la description de
la bouteille originale que donne Musschenbroeck dans une lettre à
Réaumur du 20 avril 1746 :

> ... j'avais suspendu à deux fils de soie bleue (toujours de la soie *bleue*) un canon
> de fer, qui par communication recevait l'électricité d'un globe de verre qu'on
> faisait tourner rapidement sur son axe, pendant qu'on le frottait en y appli-
> quant les mains. À l'autre extrémité pendait librement un fil de laiton dont
> le bout était plongé dans un vase de verre rond, en partie plein d'eau[103]...

Notons en outre qu'une forme va peu à peu s'identifier au phénomène
électrique. Dès le troisième mémoire de 1747, qui porte entre autres sur
l'importance de la forme du corps électrisé, Nollet fait cette observation :
« Quant à la figure du corps électrisé, elle n'est pas tout à fait indiffé-
rente : les observateurs des phénomènes électriques ont dû remarquer
que les corps dont les parties les plus saillantes sont arrondies, obtuses

---

101 *Idem* p. 6.
102 *Idem* p. 7.
103 Citée par Arthur Mangin, *Le Feu du ciel, Histoire de l'électricité et de ses principales applications*
(2ᵉ éd.), Tours, A. Mame, 1863, p. 43-44.

ou anguleuses, montrent plus de vertu en ces endroits-là qu'ailleurs[104] ». Dans les *Lettres* de 1753, cette relation entre la forme et l'électrisation deviendra un objet de controverse : la sixième Lettre, sous-titrée « Sur le pouvoir des pointes », examine la propriété attribuée par Franklin aux pointes de « tirer et de pousser le feu électrique[105] ».

Les *Lettres* de 1760 indiquent enfin un renouvellement d'une partie des instruments courants de l'expérience électrique :

> L'usage du bois frit dans l'huile de noix ou de lin, après avoir été bien séché au four, ou autrement, pour isoler les corps qu'on veut électriser, pour empêcher la vertu électrique de se dissiper, & pour suppléer en quelque façon au verre quand il s'agit de faire naître l'Électricité par frottement, est une découverte que je vous annonce non-seulement comme curieuse, mais encore comme très-utile aux Physiciens électrisants ; depuis qu'on m'en a fait part, j'en ai bien tiré des commodités. Un petit bout de planches monté sur quatre chevilles, une paire de sabots, quelques baguettes de hêtre, de noyer ou de tilleul, &c, préparées comme je viens de vous le dire, me coûtent moins, & me servent mieux, que tous les gâteaux de cire, de poix, de résine, & que tous les supports de verre ou de soie que j'employois précédemment[106].

L'*Essai*, dans sa première partie contenant les « Instructions touchant les instruments propres aux Expériences de l'Électricité, & la manière de s'en servir », donne le descriptif détaillé de la machine de rotation dont se sert alors Nollet depuis deux ans pour produire de l'électricité. Élément central de l'expérience électrique, cette machine répond à dix exigences formulées par l'expérimentateur comme étant les qualités requises pour toute bonne machine de ce type. Si certaines sont bien spécifiques aux conditions de l'expérience électrique (isolation du globe, hauteur au sol, mobilité de certains éléments, écartement des accessoires pouvant heurter le globe), d'autres appartiennent à un « cahier des charges » applicable à toute construction mécanique dédiée à l'expérimentation : solidité et polyvalence (« assez grande & assez forte pour servir à toutes sortes d'expériences de ce genre »), ergonomie (« que l'homme qui est appliqué à la manivelle se trouve en force & dans une situation non gênée »), silence de fonctionnement (la communication directe roue/poulie entraîne moins de résistance, donc moins de bruit),

---

104 *MARS*, 1747, p. 225.
105 *Lettres…*, 1753, p. 129.
106 *Lettres…*, 1760, p. 234.

évolutivité (on peut y adapter un second globe), mobilité (la machine est déplaçable[107]). Avec la pompe foulante pour observer l'électricité dans un air condensé et la machine pneumatique équipée d'un rouet pour l'observer dans le vide, se constitue ainsi un ensemble mécanique conforme à des standards techniques clairement définis et qui forme le fonds de l'expérience électrique.

DU LABORATOIRE AU MILIEU NATUREL

Dans le Catalogue raisonné des instruments, de 1738, l'article 300 est une « cassette » rassemblant l'ensemble du matériel à échelle réduite :

> Une cassette contenant tout ce qui est nécessaire, pour répéter les expériences de l'électricité. On trouve dans cette cassette un assortiment complet, non seulement pour les expériences qui se font en plein air, mais aussi pour celles qui se font dans le vuide ; en réduisant le volume des piéces, pour rendre le tout portatif, on a eu soin de leur conserver les proportions absolument nécessaires.

Cet équipement nous semble significatif des dimensions premières de l'expérience électrique. Dans le mémoire de 1745 comme dans l'*Essai*, la manipulation expérimentale s'accomplit presqu'intégralement dans l'espace dévolu du cabinet. La formation de la théorie électrique nécessitant une maîtrise optimale des données de l'expérience, celle-ci est concaténée aux quelques dizaines de mètres carré suffisant à entreposer la machine de rotation de globe(s), la barre métallique servant de conducteur, le dispositif de tringles, de chaînes et d'accessoires, les corps à électriser. Dans l'*Essai*, Nollet mentionne cette pratique confinée : « j'ai souvent répété les expériences de l'Électricité pour plus de trente personnes à la fois dans une chambre qui n'a que seize pieds de longueur sur douze de large[108]. » Le cabinet, avec un sol plan permettant de déplacer et de stabiliser les machines et ses murs et plafonds équipés de diverses fixations, offre encore l'intérêt de faciliter l'observation de phénomènes souvent lumineux nécessitant au besoin la pénombre.

---

107 *Essai...* voir p. 16 et suivantes.
108 *Essai...* p. 43.

L'étude de la conduction électrique entraîne pourtant déjà une ouverture du cabinet sur l'extérieur, signalée dans une planche de l'*Essai* par les éléments d'un décor naturel. On y rapporte une expérience déjà mentionnée dans le mémoire de 1745 : « l'expérience nous montre [...] que l'électricité parcourt en un clin d'œil un espace de plus de 1200 pieds par le moyen d'une corde tendue[109] ». L'espace s'ouvrira encore, comme le relatent par exemple les *Lettres* en 1753, pour vérifier les longues distances parcourues par l'électricité dans certains milieux : « j'avois établi une machine électrique dans une galerie située sur le Rhône deux cens cinquante pieds environ au-dessous de notre machine hydraulique [...] des fils de fer attachés à la barre & soutenus par des cordons de soye, venoient aboutir auprès de quelques fontaines publiques[110] ».

L'élargissement expérimental n'affecte pas que le cadre. L'espace technique accueille des objets extérieurs de grande masse ou de grand volume : « Je me souviens d'avoir trouvé fort électrique une enclume du poids de cent cinquante livres, que j'avois suspendue par d'autres vûes avec des cordes de soye à plus de dix huit pouces de distance du conducteur d'Électricité[111] ». Le mémoire de 1746 sur l'expérience de Leyde avait déjà signalé comme une nouveauté l'accueil dans l'espace du cabinet d'« une barre de fer de sept à huit pieds de longueur & du poids de quatre-vingts livres[112] ». Mais c'est le troisième mémoire d'« Eclaircissemens » (1747) qui introduit de manière systématique le changement d'échelle dans les corps électrisés, en examinant « 1° si l'Électricité se communique en raison des masses, ou en raison des surfaces ; 2° si une certaine figure, ou certaines dimensions du corps électrisé, peuvent contribuer à rendre sa vertu plus sensible[113] ». Nollet affirme en effet comme « résultat de toutes ces expériences répétées nombre de fois & avec tout le soin possible, qu'à surfaces égales, une plus grande masse est capable de s'électriser davantage qu'une moindre masse de la même espèce[114] ». Et qu'inversement, à masses égales, un plus grand volume s'électrisera davantage. S'ouvre ainsi la perspective d'atteindre de « grands effets » par l'augmentation des volumes et des masses électrisés.

---

109 *MARS*, 1745, p. 120.
110 *Lettres...* 1753, p. 202.
111 *Idem* p. 135.
112 *MARS*, 1747, p. 208 (rappel de l'expérience).
113 *Idem* p. 207.
114 *Idem* p. 216.

L'invention par Franklin du paratonnerre, introduite en France par l'expérience de Marly-la Ville, valide une intuition qu'avait déjà Nollet[115] :

> Oui, je ne crains pas de le dire, les pointes de fer électrisées en plein air dans les temps d'orage, & toutes les épreuves de ce genre qui ont été faites depuis, & qui se font encore tous les jours, nous montrent incontestablement, que le tonnerre est un phénomène électrique ; que la matière de ce météore est la même que nous voyons briller autour de nos tubes, de nos globes, de nos barres de fer[116].

Dans un cheminement inverse à celui qu'emprunte le plus souvent la mécanique, qui part de l'observation de la matière et du mouvement dans la nature avant d'en recréer les conditions par l'expérimentation, la physique électrique s'est formée dans l'espace clos du cabinet scientifique avant de s'ouvrir aux phénomènes extérieurs. C'est d'ailleurs sur cette trajectoire inhabituelle que s'ouvrent les leçons sur l'électricité : « On dit que l'art est le singe de la nature, parce qu'ordinairement son grand mérite est de la bien imiter. Mais par rapport aux phénomènes électriques, on peut dire qu'il a travaillé sans modele, & qu'il nous a dévoilé ses secrets, dont probablement nous n'aurions jamais eu connoissance sans lui[117]. » Cette ouverture sur le milieu naturel est d'autant plus nécessaire que l'électricité « céleste » n'est pas exclusivement cantonnée aux phénomènes orageux : « Je regarde donc maintenant comme une chose certaine que l'Électricité est un météore assez commun, qui peut se manifester dans les tems les plus sereins[118]. »

Dès lors, c'est une maison entière qui peut être prise comme cadre d'expérimentation pour observer l'électricité naturelle, et Nollet serait tenté de s'aventurer dans des expériences plus risquées : « L'extrémité d'un mât de vaisseau me paroit dans les circonstances les plus favorables puisqu'il termine un assemblage de bois, de fer, de cordages, & d'hommes, & que le tout est posé sur l'eau[119] ». Mais c'est sans doute le mémoire de 1764 qui expose le plus clairement le changement d'échelle qui s'accomplit dans la prise en compte de l'électricité orageuse : « Tout le monde sait maintenant

---

115 Nollet, dans les leçons sur l'électricité, fait remonter cette intuition à 1749 et renvoie au tome 4 des *Leçons*, p. 314 et suivantes.
116 *Lettres…*, 1753, p. 158-159.
117 *LPE*, tome 6, p. 234.
118 *Lettres…*, 1753, p. XI.
119 *Idem* p. 233.

que les étincelles électriques en certains tems, & ménagées avec adresse, sont capables de tous ces effets dans lesquels il est aisé de reconnoître ceux du tonnerre, quoique par rapport à la grandeur, il y ait toujours une différence énorme des uns aux autres[120]. » Nollet entreprend ainsi d'expliquer le tonnerre par un agrandissement systématique des faits observés en conditions expérimentales : « En considérant la nuée comme un conducteur isolé & chargé de feu électrique, je pense que les éclairs sont de la même nature que ces aigrettes lumineuses que l'on voit ordinairement aux angles & aux pointes de nos barres de fer électrisées[121] ». La charge électrique est elle aussi présentée dans une analogie avec le dispositif expérimental, « lorsqu'une plus grande quantité de ce même feu animée par une cause infiniment plus puissante que nos globes & nos tubes de verre, fait effort pour sortir d'un nuage condensé par l'action des vents[122] ». Nollet rappelle continuellement que les faits observés dans le cabinet font penser que « Nous voyons quelque chose de semblable dans les coups de tonnerre[123] ». Et il pousse l'analogie jusqu'à envisager un mimétisme formel pour donner aux accessoires expérimentaux l'allure du phénomène « météorique » :

> … quand je fais le choix d'un conducteur qui imite un peu mieux le volume & la figure de la nuée, au lieu d'une barre de fer mince, anguleuse & aiguë par le bout ; si par un temps favorable & avec un bon globe de verre, j'en électrise une qui ait beaucoup plus de masse, qui soit arrondie, bien unie dans toute sa longueur & terminée par une point fort mousse ; ce n'est plus une aigrette continue que je vois briller sans bruit à cette dernière partie : ce sont des feux plus serrés, plus éclatans en lumière, que je vois s'élancer de temps en temps avec impétuosité dans l'air, & j'entends à chaque éruption un bruit assez semblable à celui d'une grosse flamme qui s'allume subitement. Ne peut-on pas conclurre de-là, que s'il étoit possible d'électriser assez fortement des corps, qui différassent encore moins d'une nuée, tant par la grandeur que par la figure, &c. on feroit croître à proportion la ressemblance que je crois voir entre les éclairs & les aigrettes lumineuses que lancent nos conducteurs électrisés[124].

En relatant une expérience faite à partir de l'électrisation d'un œuf cru, Nollet propose encore une « imitation du tonnerre[125] », et il retrace le

---

120 *MARS*, 1764, p. 418.
121 *Idem* p. 411.
122 *Idem* p. 412.
123 *Ibid.*
124 *Idem* p. 412-413.
125 *Idem* p. 2.

cheminement des expériences qu'il a menées pour poursuivre cette imitation : « Il falloit donc qu'en continuant mes recherches, je parvinsse ou
à électriser suffisamment des corps non isolés, ou à leur communiquer la
vertu électrique sur des supports différens de ceux que nous avons coutume
d'employer, & qui se trouvassent communément dans les endroits où
nous voyons que le tonnerre produit ses plus grands effets[126]. » Franklin,
dans la lettre IV de 1749[127], suit une démarche identique d'analogie,
que J. Torlais résume ainsi :

> ... il électrise un des plateaux d'une balance de cuivre aux cordons de soie,
> suspendue au plafond par une ficelle. Les plateaux tournent par le fait du
> détortillement. On plante un poinçon dans le plancher. Le bassin électrisé
> s'avancera vers le plancher et si la distance est convenable, il déchargera son
> feu sur le poinçon. Si on place une aiguille sur le poinçon, le bassin déchargera
> son feu à travers la pointe, s'élèvera plus haut que le poinçon. On voit tout
> de suite l'analogie : le mouvement des bassins reproduisait le mouvement
> des nuages, le poinçon les montagnes et les plus hauts édifices. On comprend
> comment les nuages électrisés peuvent être attirés en bas jusqu'à la distance
> qui leur est nécessaire pour être électrisés[128].

De part et d'autre, l'appréhension de l'électricité naturelle se fait donc
au travers d'une modélisation par la technique expérimentale.

Le milieu naturel pénètre encore le dispositif expérimental par
l'intégration à l'appareillage de matériaux très divers. Nollet désigne
ainsi une large palette de corps dont l'usage peut offrir une alternative
au verre : bâton de soufre, cire d'Espagne, morceau d'ambre, de gomme
copal, diamant, pierres[129]... Pour « soutenir les corps qu'on veut électriser », on utilise le soufre, la soie, la résine, la poix... Pour déterminer
la présence d'une électricité très faible, on utilise les fils de soie, le poil
des animaux, les plumes, les feuilles d'or, d'argent ou de cuivre...
Viennent ensuite tous les corps dont on veut évaluer les propriétés
électriques pour déterminer « Quels sont les corps qui sont capables

---

126 *Idem* p. 421.
127 *Expériences et observations sur l'électricité faites à Philadelphie par M. Benjamin Franklin et
communiquées dans plusieurs lettres à M. P. Collinson, de la société royale de Londres*, trad. de
l'anglais, Paris, Durand, 1752.
128 Jean Torlais, « Une grande controverse scientifique au XVIIIe siècle. L'abbé Nollet et
Benjamin Franklin », *Revue d'histoire des sciences et de leurs application*, 1956, vol. 9, n° 4,
p. 341.
129 *Essai...* voir p. 6-7.

de devenir électriques par frottement[130] », « Quelles sont les matières qui s'électrisent par communication[131] », ou quels sont les corps légers « attirés & repoussés par un Corps électrisé[132] ». Le discours s'émaille alors de vastes énumérations :

> Le jayet, l'asphalte, la gomme copal, la gomme lacque, la colophone, le mastic, le sandarac, le vernis de la Chine légérement chauffé, la poix noire ou blanche, & même la thérébentine mêlée avec de la brique pilée ou de la cendre [...] Le diamant blanc, & surtout le brillant ; le diamant de couleur, principalement le jaune ; le grenat, le péridote, l'œil de chat, le saphir, le rubis, le topaze, l'amethyste, le cristal de roche, l'émeraude, l'opale, la jacinte, la porcelaine, la fayance, la terre vernissée, le verre de plomb, d'antimoine, de cuivre, &c. Les talcs de Venise & de Moscovie, le gyps, les selenites [...] La soye, le fil, le coton, les plumes, les cheveux, le parchemin, les os, l'yvoire, la corne, l'écaille, la baleine, les coquilles ; les bois de toutes espèces ; l'alun, le sucre candi, &c[133].

Cette liste disparate, englobant minéraux, végétaux, matières d'origine animale et « drogues », laisse imaginer le vaste recensement des matières qui s'opère dans le cabinet de physique dévolu à l'expérience électrique.

Bien plus tard, dans le mémoire de 1764 consacré à l'électricité du tonnerre, Nollet exposera des recherches qui renouvellent le dispositif expérimental, en entraînant notamment une reconsidération des corps électrisés : « j'ai réfléchi sur la nature des corps qui doivent faire partie du conducteur dans l'expérience de Leyde [...] il est à présumer qu'il y a dans la Nature quantité d'autres matières qui feroient réussir l'expérience, [...] & que de nouvelles recherches pourront nous faire connoître avec le temps[134]. » Certains matériaux, comme le bois, sont alors en quelque sorte redécouverts sous l'angle des propriétés électriques : « ce qu'il y a de plus remarquable, c'est que la matière électrique suit par préférence la direction des fibres ligneuses[135]. »

L'organisation d'ensemble des *Leçons* présente par là une nouvelle cohérence, la clôture sur l'électricité dans les dernières leçons remobilisant à nouveau frais la *matière* dont l'étude des propriétés ouvrait

---

130 *Idem* p. 46.
131 *Idem* p. 50.
132 *Idem* p. 57.
133 *Idem* p. 48-49.
134 *MARS*, 1764, p. 422.
135 *Idem* p. 424.

le Cours. Les *Lettres* de 1760 contiennent une formulation claire de ce réinvestissement de la matière par le questionnement électrique, dans le but d'éclairer *certaines dispositions* qui n'auraient pas été envisagées dans l'étude des propriétés des corps :

> Si le fluide électrique est généralement répandu dans tous les espaces qui ne sont point remplis par une autre matiere, comme il y en a toute apparence, tous les corps doivent en contenir en raison de leurs porosités, cependant ce ne sont pas toujours les plus poreux qui sont les plus électrisables ; c'est qu'il faut avec la matière électrique certaines dispositions de la part des substances qui la contiennent, sans quoi elle ne reçoit que peu ou point l'essor & l'activité qu'il lui faut pour produire les phénomenes dont elle est capable ; à proprement parler, c'est à cette modification qu'on doit donner le nom d'*Électricité*, & cette vertu, qui dépend beaucoup de la nature des corps, ne répond pas toujours à la quantité de matière électrique dont on a lieu de croire qu'ils sont pourvus[136].

LE RAPPORT À LA MATIÈRE
DANS *L'ART DES EXPÉRIENCES*

La matière naturelle, dans la première partie de *L'Art des expériences*, est envisagée au travers des matériaux de construction de l'appareillage scientifique. C'est ce qui motive la restriction tripartite au bois, au métal et au verre : « nous nous servons de celui-ci à cause de sa transparence, & de ceux-là à cause de leur solidité[137] ». L'article premier *Sur le choix des bois* montre encore le processus de sélection à l'œuvre dans la procédure technique du fabricant d'instruments de physique :

> Quand vous aurez fait en général le choix des bois dont je vous conseille d'approvisionner votre laboratoire, vous en aurez encore un à faire pour chaque instrument en particulier ; tel vaudra mieux entre les mains du Menuisier ; un autre conviendra davantage au Tourneur ; celui-ci n'auroit point assez de consistance & de force pour la machine que vous voulez construire ; celui-là ne seroit point propre à porter des filets de vis ou à former un écrou : il faut assortir le bois à l'usage qu'on veut faire[138].

---

136 *Lettres…*, 1760, p. 221.
137 *Idem* p. 1-2.
138 *Idem* p. 5.

Les matières naturelles font ainsi l'objet d'une évaluation pratique dont les critères sont multiples : degré de solidité, comportement face à l'action mécanique à laquelle on soumet le matériaux, destination finale de la pièce…

Toute l'instrumentation de Nollet apparaît dès lors comme la concrétisation matérielle des connaissances sélectives de la matière :

> Nous avons deux sortes de choix à faire quand nous faisons entrer des métaux dans la construction de nos instrumens ; non-seulement nous devons employer de préférence, celui qui est de la meilleure qualité dans chaque espece ; mais nous devons encore avoir l'attention, de ne point mettre en œuvre tel ou tel métal, dans certaines circonstances où nous pouvons prévoir qu'il sera d'un mauvais usage : car ce n'est pas assez qu'une machine fasse son effet en sortant des mains de celui qui l'a faite ; il faut encore qu'elle ne soit pas de nature à se détruire d'elle-même par le mauvais assortiment des matieres qui la composent[139].

L'opération de sélection des matériaux implique également la connaissance des interactions entre les corps naturels :

> S'il faut donc absolument quelque piece de métal à une machine destinée à être touchée par du mercure, je le ferai de fer ou d'acier, parce que je sçais que que tous le autres métaux s'unissent, s'amalgament avec ce liquide métallique (…) Je n'employerai ni le plomb ni l'étain dans un instrument, qui pourra être exposé à des degrés de chaleur, que ces métaux ne peuvent souffrir sans tomber en fusion ; j'éviterai de faire frotter le fer contre le fer, le cuivre contre le cuivre, parce que l'expérience m'a appris, que deux pieces du même métal, s'usent davantage l'une sur l'autre que si elles étoient l'une de fer, par exemple, & l'autre de cuivre[140]…

Ces contraintes imposent finalement un choix restreint pour la construction des machines : « Je n'ai guere fait usage des métaux précieux, je veux dire de l'or ni de l'argent, dans nos instruments de Physique. L'étain & le plomb n'y entrent pas non plus bien fréquemment ; c'est au fer & au cuivre que nous avons le plus affaire[141] ». En revanche, dès lors qu'une matière est utilisée, elle doit être parfaitement connue. Les trois propriétés fondamentales du mercure, dont l'usage est si particulier, sont ainsi rappelées[142]. Mais le cas de l'étain nous éclaire mieux :

---

139 *Idem* p. 94-95.
140 *Idem* p. 95.
141 *Idem* p. 96.
142 *Idem* voir p. 108-111.

Il y a dans le commerce trois sortes d'étain, sçavoir l'étain plané, l'étain sonnant, & l'étain commun ; aucun de ces trois étains n'est parfaitement pur, c'est celui de la premiere espece qui a le moins d'alliage, c'est aussi le plus doux, le plus liant ; celui de la seconde espece contient du bismuth, du cuivre rouge & du zinc, c'est celui qui a le plus de consistance & qui se travaille le mieux : l'étain commun est allié avec du plomb, & quelquefois avec un peu de cuivre jaune. La quantité de plomb qu'on a mêlé avec l'étain se connoît par la marque : il doit y avoir deux marques de poinçon, sur celui qui contient un tiers de plomb ; trois sur celui qui n'en contient qu'un cinquième & quatre, quand il n'est entré que trois livres de ce métal sur un quintal d'étain plané[143].

Parfaite connaissance orientée, on le voit, sur le travail dont est susceptible le matériau et sur sa présentation dans le commerce.

S'il y a un travail d'investigation mené sur les matériaux, il ne répond donc pas aux attentes formulées par Diderot pour le projet encyclopédique : dans le « traité général des arts mécaniques » qu'il ambitionne dans l'article « Art », Diderot assujettit les arts mécaniques aux « productions de la nature », plaçant ainsi l'histoire naturelle à la source du développement des savoir-faire : « Une énumération exacte de ces productions donnerait naissance à bien des *arts* inconnus[144]. » Ici la connaissance scientifique se donne pour objectif d'éclairer *préalablement* la technique, quand Nollet nous dévoile au contraire une connaissance des « productions de la nature » fondée sur les besoins techniques.

Ce rapport de l'artisan à la matière – limitée en étendue et utilitaire – offre un contrepoint aux enquêtes du physicien sur les corps, dont nous avons par exemple observé la très large mobilisation dans le cadre de l'expérience électrique. Même s'il est hasardeux d'en déduire une orientation épistémologique, il est possible d'inférer une influence de l'artisan sur le physicien et de supposer une conception générale des propriétés des corps fondée sur ce rapport très exclusif avec les matières présentes dans l'atelier. Retrouver dans les *Leçons* une modélisation de la structure de la matière formée sur la métaphore des globules de verre paraît en tout cas moins surprenant si l'on envisage cette hypothèse.

On mesure plus nettement le rapport technique spécifique entretenu par Nollet avec les corps naturels dans le premier chapitre de la deuxième partie de l'ouvrage, consacré à l'« Indication des Drogues simples dont

---

143 *Idem* p. 97.
144 Diderot, article « Art », dans *Œuvres*, Tome 1, Philosophie, *op. cit.* p. 268-269.

il faut se pourvoir pour préparer les Expériences ». Suivant un ordre alphabétique, Nollet dresse la liste des substances de base qui doivent être disponibles dans le laboratoire. Les *drogues simples* forment en fait un ensemble assez disparate dont l'unité ne tient qu'à l'utilité pratique. Là encore, comme pour les bois ou les métaux, le choix du technicien oriente la prise en compte de la matière naturelle. Mais on remarque surtout que parmi ces *drogues simples*, il y a déjà beaucoup de matières transformées : « Les drogues simples, à proprement parler, sont celles que nous recevons immédiatement des mains de la Nature, & sur lesquelles l'Art ne s'est point encore exercé : cependant sous cette dénomination, on comprend bien des substances que l'on a déjà travaillées[145] ». Par *drogues simples*, Nollet entend donc toute substance disponible dans le commerce, excluant celles que l'expérimentateur devra composer lui-même. Sur les quelque quatre-vingt dix drogues simples, il y a certes une majorité de corps naturels (minéraux ou concrétions minérales, plantes, résines, parties ou sécrétions animales), et plusieurs mentions de « Cabinets d'Histoire naturelle » nous indiquent le recoupement entre la connaissance du physicien expérimentateur et celle du « Naturaliste », quelques unes des matières dont a besoin Nollet figurant également dans les collections des cabinets d'histoire naturelle, comme la *belemnite* (matière d'organismes fossiles), le bois pétrifié ou les stalactites. Mais beaucoup de corps naturels ont été purifiés (*sel de Tartre*, térébenthine, nitre...), conditionnés (en pains, en bâtons, en paillettes...) et transformés (*verd-de-gris* calciné et broyé à l'huile, tournesol préparé avec de la chaux et de l'urine, *litarge* qui est du plomb calciné...). Les matières strictement naturelles sont donc finalement peu nombreuses. En outre, près d'un quart de la liste fournie par Nollet est alimenté par des préparations comme l'eau-de-vie, les *esprits* (esprit de lavande, de nitre, de sel marin...), les huiles (d'aspic, de chaux, de girofle...), nécessitant les compétences des distillateurs, des droguistes, parfois des chimistes (comme pour l'huile de tartre).

S'il y a bien une connaissance des propriétés des corps naturels – connaissance restreinte par la sélection utilitariste –, elle se complète donc par celle des actions élémentaires de transformation des matières brutes, ainsi que par celle des matières de substitution : « Au défaut de la pierre de Bologne, on peut faire des phosphores avec la bélemnite,

---

145 *AE*, vol. 1, p. 233.

avec la topase des Droguistes[146]... », « Au défaut de ce talc, vous pourrez employer les feuillets aussi transparents d'une pierre qui se trouve très-communément dans les carrières de plâtre[147]... », etc. Cette connaissance pratique intègre également la capacité à vérifier la qualité des matières disponibles dans le commerce. Nollet livre sur ce point de nombreuses astuces : « il faut la choisir bien claire et transparente, en consistance de syrop épaissi[148]... » (térébenthine), « il faut choisir la plus menue ; si elle teint les doigts lorsqu'on l'a maniée avec un peu de frottement, c'est une bonne marque[149] » (orcanette), il donne encore trois manières d'éprouver la qualité de l'huile de girofle[150], etc. On ajoutera enfin à cette connaissance pratique de la matière la capacité à s'orienter dans les sources d'approvisionnement de toutes ces substances, et ce n'est pas le moindre des enseignements à tirer de cette partie de l'ouvrage pour un expérimentateur de province de l'époque : outre les droguistes et apothicaires, il faut en effet s'adresser aux quincaillers, aux artisans (aux ceinturonniers pour le buffle, aux potiers d'étain pour la potée d'étain, etc.), aux voyageurs (susceptibles de rapporter des aimants naturels des Indes ou d'Espagne, ou d'autres matières originaires de terres lointaines), aux chimistes (comme le phosphore d'urine : « il n'y a qu'un très-petit nombre de Chymistes qui se piquent d'en fournir de leur façon aux Physiciens ; vous en trouverz chez MM. Rouelle et Baumé[151]... »), parfois aux brocanteurs (chez qui Nollet recommande de chercher l'ambre dont « on faisoit autrefois des manches de couteaux e& de fourchettes, des dessus de tabatieres, & autres bijoux[152]... »).

L'appréhension de la matière, dans cette partie de l'ouvrage qui pourrait être la plus « naturaliste », apparaît ainsi entièrement sous-tendue par le double intérêt pratique que porte Nollet aux *drogues* : d'une part pour la réalisation des expériences (l'aloès sert aux expériences avec un pendule, le basilic et le camphre pour celles sur l'électricité, etc.), d'autre part pour la décoration et la protection des instruments, comme en témoignent les références aux artisans d'art, peintres, vernisseurs,

---

146 *Idem* p. 270.
147 *Idem* p. 281.
148 *Ibid.*
149 *Idem* p. 267.
150 *Idem* voir p. 261.
151 *Idem* p. 271.
152 *Idem* p. 238.

marchands de couleurs, etc. La destination technique guide, une fois encore, la connaissance de la matière, ce que les passages consacrés à la composition des drogues confirmeront : la dissolution, qui implique « une certaine convenance entre le corps dissoluble & le dissolvant[153] », est une opération technique nécessaire aussi bien pour la protection des instruments que pour certains dispositifs expérimentaux, qui ouvre le champ d'une connaissance des corps naturels et de leur combinaison.

LES OPÉRATIONS DE CHIMIE,
CREUSET DE LA CONNAISSANCE PHYSIQUE
ET DE LA TECHNIQUE EXPÉRIMENTALE

La composition des drogues fait appel à des « Opérations empruntées de la Chymie[154] » qui impliquent évidemment de longues investigations sur des propriétés des corps, car « les principes qui composent les corps sont variés à l'infini[155] ». L'objet de cette connaissance est le terreau de la physique de Nollet, puisqu'on retrouve les opérations de chimie décrites dans *L'Art des expériences* dans les rubriques *Applications* des premières *Leçons* sur les propriétés des corps, dans lesquelles Nollet renvoie par ailleurs en note à l'ouvrage du chimiste Lemery[156].

La chimie fonde surtout le lien intime entre la connaissance physique et la technique expérimentale. Nous retiendrons ici deux aspects précis. Le premier tient à l'importante mobilisation du verre. L'évaporation, par exemple, nécessite un éventail de récipients de verre : « L'air qui se repose ou qui se renouvelle, sur la surface des matieres à évaporer, est le principal agent de l'évaporation ; il faut donc les lui présenter dans des vaisseaux qui soient largement ouverts, tels que les capsules *C*, les bassines *D*, les terrines *E*, &c[157]. » Cucurbites, matras, cornues, ballons, tuyaux de verre, etc. ont des formes variées et complexes qui permettent au savoir-faire de verrier-émailleur de Nollet de trouver son meilleur

---

153 *Idem* p. 300.
154 *AE*, vol. 1, p. 297.
155 *Idem* p. 305.
156 *LPE*, vol. 1, voir p. 106.
157 *AE*, vol. 1, p. 304.

terrain d'expression. Le second aspect tient à la conduite du feu. La distillation au bain de sable illustre les manipulations usuelles du fourneau pour toute opération de chimie :

> Vous boucherez avec des tuileaux & un peu de mortier, le vuide qui pourra se trouver entre les bords du fourneau & le corps de l'alembic. Vous fermerez aussi tous les trous, à la réserve de deux ou trois, & vous allumerez du charbon peu-à-peu dans le foyer, dont vous fermerez ensuite l'embouchure ; & vous n'ouvrirez qu'à moitié ou au quart, la tuile qui se met devant le cendrier. Peu-à-peu le tout s'échauffera ; & quand vous verrez la distillation en bon train, vous empêcherez que le train n'augmente, en ménageant le charbon & le courant d'air[158]…

Mais d'autres opérations, comme la distillation de certaines huiles essentielles, nécessitent des soins plus attentifs dans la régulation du feu[159]. Pour la préparation du phosphore d'urine, Nollet reproduit le mémoire académique de Hellot, dans lequel on suit pas à pas une procédure particulièrement longue et délicate (« L'opération dure ordinairement vingt-quatre heures[160] »), au cours de laquelle « il faut conduire le feu avec beaucoup d'attention[161] ». La description du fourneau fait par ailleurs l'objet d'une minutieuse description[162], à laquelle il faut joindre la présentation du fourneau *de fusion*[163]. Nous reviendrons plus loin sur l'importance déterminante du feu dans la physique de Nollet et sur la centralité du fourneau dans l'espace expérimental.

---

158 *Idem* p. 309-310.
159 *Idem* voir p. 338.
160 *Idem* p. 364.
161 *Idem* p. 368.
162 *Idem* voir p. 289-296.
163 *Idem* p. 317-318.

LES ARTS MÉCANIQUES,
DE LA PROCÉDURE EXPÉRIMENTALE
À LA MODÉLISATION THÉORIQUE

La table des matières des premières leçons sur les propriétés des corps attire notre attention sur certains développements complémentaires : la première section contient des « Preuves tirées de la ductilité des Métaux, & des procédés qui sont en usage chez les Batteurs & Fileurs d'or » ; la quatrième section apporte encore des « Preuves tirées de la Gravure à l'eau forte, de la teinture des Marbres, & des Vernis ». La validation par les faits prend d'emblée une extension qui dépasse le cadre de l'expérience scientifique. Nollet rappelle très tôt, à propos de la divisibilité moléculaire de la matière, l'impératif de la preuve auquel doit se soumettre toute hypothèse :

> Ces petites portions d'étendue qui se touchent sans se confondre, pour être réellement distinguées l'une de l'autre, sont-elles pour cela actuellement divisibles ? Ont-elles jamais existé, ou est-il même de leur nature de pouvoir exister séparément l'une de l'autre ? C'est sur quoi l'expérience n'a rien prononcé de certain ; & comme en matière de Physique les preuves tirées des faits sont les seules qui éclairent, on peut dire que cette question est indécise[1].

Lorsque batteurs d'or et graveurs apportent une *preuve* scientifique, le champ expérimental communique avec la sphère technique des arts mécaniques bien en amont de la traditionnelle *application*. Nollet indique par ailleurs comme une tradition scientifique bien ancrée dans la méthode expérimentale ce recours à la pratique artisanale : « Les Ouvriers qui battent & qui filent ces métaux, leur procurent un degré d'étendue qui s'est attiré depuis long-tems l'attention des Philosophes. Boyle est un des premiers qui ait fait cette remarque[2] ». Plus loin, il signale que les mer-

---

1   *Idem.* p. 11.
2   *Idem* p. 36.

veilles de cet art n'ont pas échappé aux observations « du Père Mersene, de Rohault, & de plusieurs autres Physiciens, dans ces tems où il n'étoit point arrivé au degré de perfection qu'il a acquis depuis M. de Réaumur qui l'a examiné avec cette exactitude qu'on lui connoît[3] ». Il faut donc considérer comme parfaitement acquis chez Nollet le sentiment que les procédés artisanaux ont valeur d'expériences hors laboratoire. C'est dans cette optique que nous pouvons envisager d'autres développements hors expérience scientifique que l'auteur indique dans la table des matières : les « Remarques sur les applications qu'on a faites des Corps à ressort aux Montres, aux Pendules, aux Armes à feu, aux Voitures, aux Sons, &c. » ou « les effets de la trempe sur l'Acier ». Dans le corps du texte contenant les récits expérimentaux, nous trouvons par ailleurs bien d'autres récits d'*expériences* artisanales : « Une semblable expérience, & qui n'est pas moins digne d'attention, se passe tous les jours sous des yeux qui n'en remarquent pas tout le beau, dans les carrières où l'on taille les meules de moulin[4]. » *Tout le beau*, c'est-à-dire toute la valeur instructive du spectacle du phénomène physique. Nollet évoque ainsi l'*émerveillement* devant la pratique artisanale du tailleur, comme dans le cas du battage de l'or sous les yeux des physiciens : « Ce qu'il y a de merveilleux dans cette pratique[5]... »

L'ensemble des rubriques *Applications* des récits expérimentaux constitue un référentiel extrascientifique, que l'on peut répartir en trois domaines du monde observable permettant au lecteur de saisir la dimension concrète du phénomène physique : la nature, le cadre des pratiques usuelles, les arts mécaniques. La nature : les odeurs du jardin, sous le soleil ou la nuit, la dissolution de la terre en boue par l'eau de rivière, la transpiration animale... Le cadre des pratiques usuelles : les infusions, la conservation de la viande par le sel, la réaction des cloisons de bois à l'humidité ambiante... Les arts mécaniques : les procédés de teinturerie, le filage de l'or, la gravure... Dénombrer les champs d'application n'est pas une opération très rigoureuse dans la mesure où certains sont évoqués de manière anecdotique, glissés par exemple dans une énumération, quand d'autres le sont plusieurs fois mais sous des angles différents. Nous en relevons approximativement une quarantaine. La moitié sont

---

3   *Idem* p. 38.
4   *Idem* p. 88.
5   *Idem* p. 89.

empruntés aux techniques artisanales. Un premier classement donne une idée des principaux corps de métiers envisagés, dans un ordre décroissant par rapport à leur importance dans le texte : la métallurgie est de loin la plus présente ; vient ensuite la teinturerie, puis la taille de la pierre, l'horlogerie, la gravure, l'armurerie, enfin la verrerie. Encore ce classement n'est-il éclairant que par l'importance donnée aux deux premiers : la taille de la pierre ne tient qu'à un cas développé – celui des meules de moulin – et la verrerie est très brièvement mentionnée. Au contraire, la métallurgie apparaît de façon récurrente, au travers de différents métiers et par des opérations diverses. C'est à moindre échelle le cas de la teinturerie. Une autre approche révèle la variété des angles sous lesquels sont introduits les arts mécaniques. À côté des métiers identifiés comme tels dans le texte par leurs représentants (Peintres, Teinturiers, Fileurs et Batteurs d'or…), Nollet expose les principes de certains procédés de fabrication : outre la taille des meules de moulin, le battage à froid du métal, la trempe de l'acier, le filage de l'or… L'effort pédagogique se manifeste ici sous la forme d'éclaircissements terminologiques (*écrouir*[6] et *trempe* sont en italique dans le texte et accompagnés d'une définition). L'auteur évoque également des procédés qui ne sont que des étapes de travail susceptibles d'appartenir à divers arts : le moulage, le collage et la soudure, l'abrasion… Ailleurs, les applications s'incarnent dans les ouvrages produits : montres, pendules, armes à feu, voitures, cloches… Notons enfin que certaines pratiques mentionnées appartiennent plus à l'univers de la manufacture qu'à celui de l'atelier : salines, raffineries de sucre ou manufactures de porcelaines.

Nous avons déjà constaté que les applications techniques avaient le statut de preuves et prolongeaient à ce titre le corpus des expériences. Leur exposé conforte cette contiguïté dans la mesure où il contient parfois de nouvelles références expérimentales. La teinture du marbre est ainsi l'occasion de rendre un hommage personnel aux expériences de Dufay :

> Feu M. Dufay qui s'étoit beaucoup exercé à teindre des pierres dures, & qui a fait part à l'Académie des Sciences de ses découvertes en ce genre, me fit voir plusieurs fois des tables de marbre artificiellement teintes, bien imitées, & si fortement pénétrées qu'elles avoient été polies depuis sans rien perdre de leurs couleurs[7].

---

6   Battre le métal à froid.
7   *LPE, op. cit.* p. 113.

L'application de la trempe de l'acier rappelle aussi « une suite d'expériences de plusieurs années sur cette matière » par Réaumur[8]. Une forte circularité s'établit donc entre l'expérience scientifique et le procédé d'atelier, celui-ci entrant dans le champ des expériences quand parallèlement l'expérimentation se poursuit dans le champ des pratiques artisanales. On peut aller plus loin : pour introduire le procédé de la gravure à l'eau-forte comme *preuve* de la porosité des corps, Nollet fait le constat des limites expérimentales de la conjecture scientifique : « Au reste quoique nous ignorions, si c'est une proportion de grandeur, ou de figure, ou l'une & l'autre ensemble, qui font agir un dissolvant sur une matière préférablement à une autre ; le fait n'en est pas moins connu, & depuis long-tems les arts en ont fait leur profit[9]. » En rappelant à nouveau le seul cadre valide des faits, Nollet assigne comme limite provisoire de la connaissance intime de la matière celle des pratiques d'atelier. L'histoire de la chimie telle que l'esquissait M. Daumas dans *La science moderne*[10] nous éclaire d'ailleurs sur la valeur des choix de Nollet pour ses applications. Les sources de la chimie de la Renaissance sont à chercher dans le travail de générations d'artisans et d'ouvriers qui ont fixé, par tradition orale, les rudiments de la chimie dès les premiers siècles de notre ère ; à partir du XIVe siècle se forment, par traductions et compilations, les textes fondateurs de la science de la matière : « La plupart sont des traités techniques de teinture et d'orfèvrerie[11]. » Les besoins techniques de la teinture et de la métallurgie ont ainsi orienté de façon durable l'investigation scientifique : « Les métaux ont constitué sans doute le premier groupe de corps chimiques considérés comme une classe particulière, et peut-être n'est-ce que par comparaison avec celui-ci que d'autres groupes ont été distingués[12]. » M. Daumas signale par ailleurs l'influence du renouveau de l'industrie métallurgique sur les progrès de la chimie grâce aux techniciens des mines allemands aux XVIe et XVIIe siècles. Quant au choix secondaire de la teinturerie par Nollet, sa justification scientifique est plus actuelle encore : « L'importance de la teinture pour les progrès de la pratique chimique ne s'affaiblira pas

---

8   *Idem* p. 139.
9   *Idem* p. 111.
10   Maurice Daumas, « La chimie des principes », dans *La Science moderne* (dir. René Taton), Paris, P.U.F., 1958.
11   *Idem* p. 124.
12   *Idem* p. 127.

jusqu'à notre époque [la Renaissance], cette technique restant jusqu'à la fin du XVIIIᵉ siècle la seule industrie chimique de quelque importance[13] ». Outre le recours prioritaire à la métallurgie et la teinturerie, Nollet fait des références plus discrètes au socle technique fondateur de la chimie moderne : l'alchimie des métaux. En exposant les effets de la précipitation du métal, il prévient des illusions dont se nourrissaient autrefois l'alchimie :

> Si, par exemple, on trempe une lame de fer dans une dissolution de cuivre ou de vitriol bleu avec l'eau-forte ; le dissolvant agira par préférence sur le fer, et déposera des parties de cuivre en place de celles qu'il détachera de la masse de fer, de sorte qu'à la fin de l'opération on pourra tirer du vaisseau une lame de véritable cuivre : mais c'est abuser de cette expérience, que de la proposer comme un procédé pour convertir le fer en cuivre ; puisqu'on ne retire jamais de ce dernier métal, que ce qu'on avoit fait entrer dans la première dissolution[14].

Or les transformations physiques du métal qui ont fasciné les alchimistes, comme celles du mercure – que Nollet emploie dans ses expériences sur les propriétés des corps –, proviennent, comme le rappelle M. Daumas, des fabricants de produits colorants, de la teinturerie. Le fantasme de la transmutation des métaux est encore entretenu par une autre source artisanale : « importants ont été à cet égard les procédés artisanaux des doreurs et des orfèvres, procédés qui constituaient l'essentiel des recettes alchimiques[15]. » L'attention prêtée par Nollet aux opérations de filage de l'or semble sur ce point ne pas être anodine...

Au travers de cette confusion entretenue plus ou moins explicitement entre connaissance de la matière et pratiques d'atelier s'affirme une conception scientifique historiquement déterminée par l'adéquation de ses potentialités expérimentales avec celles des arts mécaniques. Pour nous en convaincre, il nous faut revenir à l'*état technique* du corpus expérimental de Nollet. Le choix des matières soumises à expérience va nous fournir un premier indice. D'emblée, ce choix nous apparaît restreint : pièces de monnaie, feuilles de cuivre, limaille de fer, mercure, sable, papier, morceaux de liège, œufs, tablettes de marbre, boules d'ivoire, et des préparations d'eau salée ou de liqueur odorante, voilà à peu près

---

13 *Idem* p. 132.
14 *LPE, op. cit.* p. 24.
15 M. Daumas, « La chimie des principes », *La Science moderne, op. cit.*, p. 125.

toute la palette des matériaux sur lesquels s'observent les propriétés des corps. Hormis le mercure, dont nous avons déjà supposé la valeur de référence à une histoire de la connaissance de la matière liée aux sources techniques de l'alchimie, tous sont courants et immédiatement accessibles. Peut-être remarquons-nous une forme de gradation entre la pièce de monnaie de la première expérience et la boule d'ivoire de la dernière, mais Nollet semble s'en être tenu à une stricte économie des matériaux pour faire constater les propriétés des corps. Choix pédagogique, peut-on penser, en considérant que l'observateur est d'autant plus attentif aux propriétés mises en évidence qu'il n'est pas distrait par l'emploi de corps dont l'usage est confiné aux laboratoires et aux ateliers. Mais *L'Art des expériences* (tome second) nous révèle alors sur ce point une toute autre pédagogie à destination du démonstrateur. La mise en œuvre des dispositifs expérimentaux des première et deuxième leçons implique une palette des matériaux plus large et surtout beaucoup plus riche de nuances. Les métaux : cuivre jaune ou rouge, fer blanc, laiton, étain, or, argent, plomb ; les bois : chêne, hêtre, noyer, poirier, buis ; mais aussi les cires, huiles, vernis, gommes, résines, liqueurs, colles dont les préparations sont détaillées dans le premier tome de *L'Art des expériences*... les matériaux manipulés par l'expérimentateur se déclinent pour offrir un large éventail de contraintes physiques où se dévoilent déjà les subtilités des propriétés des corps.

Surtout, la phase de préparation des conditions expérimentales est une anticipation de la plupart des applications que font constater les *Leçons*. Les opérations de collage et de soudure, que les *Leçons* signalent comme illustrant certaines propriétés de l'étendue des corps, sont parmi les plus courantes dans *L'Art des expériences*. Le battage, le laminage ou l'emboutissage du métal, illustration dans les *Leçons* de la compressibilité et de l'élasticité des corps, sont nécessaires à maints endroits : pour la préparation des feuilles de cuivre (2e expérience), la confection de la cloche miniature de plongée (8e expérience), de la fontaine (9e expérience), de la boule creuse (14e expérience), ou pour la réalisation d'une machine propre à faire précisément observer l'élasticité des corps (16e expérience). La dissolution, observée dans les applications de la deuxième expérience, s'éprouve dans la détrempe d'une couleur dans un vernis pour la décoration et la protection de la fontaine, ou dans la préparation du vernis destiné à recouvrir les œufs dont on teste la porosité. Un vernis est d'ailleurs en soi une application de la porosité des corps : « La composition des vernis est fondée de même sur le choix qu'il faut faire du dissolvant propre à telle ou telle espece de gomme ou de résine, ce qui suppose des différences considérables dans la porosité de ces matieres durcies[16] ». La cinquième expérience, dans la section sur la figure des corps, est l'occasion d'observer l'effet abrasif du sable et la formation du verre à partir du sable blanc ; Nollet invite dans *L'Art des expériences* à souffler soi-même son verre au feu de lampe pour former une boule (3ᵉ expérience), de petites mesures (14ᵉ expérience) ou un tube épais et recourbé (15ᵉ expérience), comme il explique à propos d'un élément de la fontaine comment « dépolir le verre, en frottant l'endroit avec du sablon mouillé[17] ». Le filage de l'or décrit après la quatrième expérience ne trouve certes pas son strict équivalent dans la préparation des conditions expérimentales, mais Nollet familiarise l'expérimentateur avec ce métal dans le travail de décoration de certains instruments : « Ce petit instrument bien préparé [récipient destiné à recevoir une liqueur odorante] & mis en couleur d'or, ou si l'on veut, doré d'or moulu, est fort agréable à voir[18] ». La solidité et la résistance des matériaux ne sont expérimentées dans les *Leçons* qu'à propos des fluides, dont la résistance est peu perceptible, mais la résistance des solides proprement dits est sans cesse éprouvée par le démonstrateur. Le travail de bois de différentes natures implique par exemple la connaissance familière de leur résistance respective : « On fera faire le vase par un Tourneur avec un morceau de bois de chêne de quartier, qui ait eu le temps de sécher, qui ne soit point gras & qui n'ait point de nœud : le hêtre & le noyer bien choisi pourroient servir de même[19]. » L'enlèvement de matière à la lime ou le polissage à la peau de chamois sont encore d'autres actions qui illustrent à la fois la figure et la solidité des corps, comme la protection du vase de chêne de la dixième expérience illustre sa porosité[20]. La réaction du bois à l'humidité ambiante, donnée en application de la même expérience

16 *AE, op. cit.*, tome 2, p. 41.
17 *Idem* p. 26.
18 *Idem* p. 12.
19 *Idem* p. 32.
20 « Il est très-à-propos de couvrir le bois, tant par-dedans que par-dehors, de plusieurs couches de couleur détrempée avec du vernis, à la réserve cependant de la partie qui fait le fond du vase ; il est absolument nécessaire qu'elle reste découverte dessus & dessous, & que rien n'empâte l'embouchure de ses pores. », *idem*, p. 32-33.

dans les *Leçons*, est un risque évoqué dans *L'Art des expériences* : « il arrive quelquefois que le bois s'entr'ouvre en se séchant, ce qui met le vase hors de service[21] ». Remarquons enfin l'utilisation de l'élasticité du métal, longuement développée à la fin de la deuxième leçon par les emplois qu'en font horlogers ou armuriers : cette propriété est présente dans *L'Art des expériences* dès la préparation de la troisième expérience, nécessitant « une lame d'acier faisant ressort[22] ». Cette circularité entre la préparation des conditions expérimentales et les applications envisagées nous montre que l'appréhension scientifique des propriétés des corps est en large partie l'émanation de la maîtrise technique de ces propriétés par la pratique artisanale.

L'Art des expériences rétablit donc la chronologie véritable de la méthode expérimentale. L'ordre discursif des *Leçons* situe les applications comme la dernière étape de l'exposé expérimental, ouvrant le regard sur les pratiques d'atelier comme un prolongement. Au contraire, c'est parce qu'il est un technicien et qu'il s'est familiarisé avec l'atelier, que le physicien s'est forgé une conception intime des propriétés des corps et qu'il a pu proposer des dispositifs expérimentaux émanant directement de ses pratiques artisanales. La personnalité de Nollet apporte évidemment une éclatante confirmation de l'enjeu déterminant de ces *prédispositions* techniques, sur lesquelles *L'Art des expériences* fonde un idéal du physicien expérimental. Et cet idéal est bien celui du polytechnicien : « aidé par un Ferblantier[23] », « à la portée d'un habile Chaudronnier[24] », le démonstrateur passe encore commande à la Verrerie, s'entoure d'un Orfèvre, d'un Maître Fondeur, d'un Vernisseur, d'Émailleurs, de Faiseurs de baromètres …. Nous sommes ici dans la phase dernière du renversement épistémologique qui s'opère depuis Bacon et « qui suppose qu'on fasse sauter la distinction entre la science et l'art, et qu'en même temps on conçoive la connaissance des "phénomènes" comme une saisie au moins partielle de la Nature même, c'est-à-dire comme une "science[25]" ». On se souviendra ici de la dixième des *Règles pour la direction de l'esprit* de Descartes :

---

21 *Idem* p. 33.
22 *Idem* p. 11.
23 *Idem* p. 6.
24 *Idem* p. 9.
25 Yvon Belaval et Robert Lenoble, « La révolution scientifique du XVIIe siècle », dans *La Science moderne, op. cit.*, p. 203.

...cette règle nous apprend qu'il ne faut pas tout-à-coup s'occuper de choses difficiles et ardues, mais commencer par les arts les moins importants et les plus simples, ceux surtout où l'ordre règne, comme sont les métiers du tisserand, du tapissier, des femmes qui brodent ou font de la dentelle [...]. En effet, comme ils n'ont rien d'obscur, et qu'ils sont parfaitement à la portée de l'intelligence humaine, ils nous montrent distinctement des systèmes innombrables, divers entre eux et néanmoins réguliers. Or c'est à en observer rigoureusement l'enchaînement que consiste presque toute la sagacité humaine[26].

Pour mesurer le degré d'implication du physicien dans la pratique des arts mécaniques, il faut envisager l'ensemble de *L'Art des expériences*. La préface présente une œuvre répondant à des vœux déjà anciens d'exposé de la *genèse* de l'instrumentation scientifique : « dès 1743, lorsque je donnai à l'impression les premiers volumes de mes *Leçons de Physique*, je pensai bien que je ferois plaisir à plusieurs de ceux qui les liroient, de leur apprendre en détail comment j'avois construit chaque machine & de quelle maniere je lui faisois produire ses effets[27] ». Les universités rassemblent à cette époque péniblement de quoi équiper leurs laboratoires : « elles ont peine à se meubler des instruments nécessaires, ne trouvant point dans la Province d'ouvriers faits à ce genre d'ouvrage, & en état de les servir sans être guidés[28] ». Tout amateur de physique doit donc envisager de se mettre en *apprentissage* avant de se livrer à des expériences :

... quiconque aura fait ou vu pratiquer, tout ce que j'ai compris dans mes *Avis*, sera en état après cet apprentissage, de construire lui-même ou de faire exécuter par des ouvriers un peu intelligents & passablement adroits, presque toutes les machines qui se trouvent représentées ou décrites[29].

Et c'est bien une initiation aux arts mécaniques que propose la première partie de l'ouvrage, dans laquelle l'auteur enseigne « les différentes façons de travailler le bois, les métaux & le verre[30] » : « j'indique les outils dont on aura besoin, la maniere de s'en servir, & les différents états par lesquels chaque pièce doit passer, pour arriver à sa perfection[31] ». L'ouvrage

---

26 Descartes, *Règles pour la direction de l'esprit*, dans *Œuvres*, Le club français du livre, 1966, p. 169.
27 *AE, op. cit.*, tome 1, p. VIII.
28 *Idem* p. IX.
29 *Idem* p. X.
30 *Idem* p. XI.
31 *Idem* p. XII.

trouve ici son principe d'organisation : « je ferai bien de rappeller & d'expliquer en peu de mots les principaux procédés du Menuisier & du Tourneur, afin que je n'aye plus qu'à les indiquer dans la troisieme partie, lorsqu'il s'agira de la construction de tel ou tel instrument[32] ». Suivant cette démarche, Nollet expliquera chaque art en s'efforçant de permettre au lecteur de réunir toutes les conditions d'une réalisation approchant la perfection. L'hypothèse qui sous-tend l'ouvrage étant celle du « Physicien dénué de secours[33] », l'auteur met tout en œuvre pour favoriser l'autonomie du démonstrateur. On ne s'étonnera donc pas de le voir commencer sa présentation des « procédés du Menuisier » par la fabrication de l'établi, comme il détaillera celle des tours. Le scientifique façonne ses propres vis de fer ou d'acier, taraude ses pièces de tôle, travaille lui-même son verre : « j'ai appris de bonne heure à manier le verre à la lampe, & je ne puis assez dire combien cela m'a été utile ; je vous exhorte donc à vous pourvoir d'un équipage d'Émailleur[34] »... Empruntant au savoir-faire de toutes professions (ébénistes, tabletiers, lunetiers, plombiers, vitriers, ferblantiers...), Nollet mentionne de très nombreux outils, signalés par des italiques, clairement définis, et représentés dans les figures qui accompagnent le texte :

> J'entends par *fermoirs* un ciseau dont les deux faces s'inclinent également l'une vers l'autre pour former le tranchant. J'appelle *ciseaux* proprement dits ceux qui ont une face droite, que les ouvriers appellent la *planche*, & l'autre incliné par le bout pour former un biseau. Les *gouges* sont des espèces de fermoirs dont le tranchant est courbe[35]...

L'outillage nécessaire est d'autant plus abondant que chaque outil n'est lui-même qu'une famille qui se décline en de multiples individus. La lime, par exemple :

> Les meilleures limes pour dégrossir sont celles d'Allemagne ; il y en a une, deux ou trois au paquet ; il faut en avoir de quarrées, de demi-rondes & à trois faces ; après celles-là vous employerez les limes bâtardes d'Angleterre, & vous en aurez de la même fabrique un assortiment de toutes grandeurs, de toutes les figures, & depuis les bâtardes jusqu'aux plus douces[36]...

---

32   *Idem* p. 7.
33   *Idem* p. 286.
34   *Idem* p. 190-191.
35   *Idem* p. 21.
36   *Idem* p. 136-137.

Cet outillage conséquent est destiné à intégrer directement le cabinet scientifique : « il est nécessaire que votre laboratoire soit pourvû des outils du Tourneur[37] ». Pour le façonnage des vis, les filières sont également présentes dans le laboratoire : « il est de toute nécessité qu'il y ait dans votre laboratoire de quoi en faire de toutes les grosseurs[38] ». Seule la faible quantité de pièces à produire peut arrêter l'auteur dans son intégration des arts mécaniques au laboratoire : « je ne vois pas [...] qu'il soit nécessaire que vous ayiez une forge chez vous[39] ». La réalisation de modèles pour le forgeron et le fondeur suffiront cette fois... La réalisation des « drogues » nécessite en revanche un véritable cabinet de chimiste[40], dont tous les « vaisseaux » pourront provenir de l'atelier attenant de verrerie. Car à la lampe d'émailleur s'ajoute un imposant fourneau[41] quand il s'agit de travailler des pièces de verre plus épaisses...

Le lecteur s'aperçoit en outre que cette pratique approfondie des arts mécaniques ne s'enlise pas dans la routine des procédés d'ateliers, mais est orientée par de solides réflexions techniques. Nollet a puisé dans l'ouvrage italien du R. P. la Torre un ingénieux procédé pour former des « globules de verre[42] » ; il a éprouvé les limites de la manufacture de Saint-Gobain pour la réalisation de certains objets en verre comme les prismes, et relate la technique que lui a confiée « feu M. Paris, privilégié du Roi pour les ouvrages d'Optique[43] » ; il raconte encore comment en 1734 un miroitier londonien lui confia sa technique des « glaces courbes[44] », et compare cette technique à celle des ouvriers français, etc. De même que nous avons vu dans les *Leçons* les applications « mécaniques » recéler à leur tour un nouveau corpus d'expériences, les techniques d'atelier sont elles-mêmes investies par des recherches fondées sur l'expérimentation.

---

37   *Idem* p. 40.
38   *Idem* p. 124.
39   *Idem* p. 112.
40   « Il est à souhaiter avant toutes choses que vous puissiez disposer d'un endroit assez spacieux, au rez-de-chaussée, bien éclairé » ; suit la description sur deux pages des équipements dont doit disposer la pièce : « votre laboratoire ainsi préparé sera en état de recevoir les vaisseaux et instruments proprement dits qui doivent servir aux opérations », *idem* p. 286-288.
41   *Idem* voir figure p. 233.
42   *Idem* voir p. 211.
43   *Idem* p. 212.
44   *Idem* p. 230.

Des principes fondamentaux, énoncés dans la préface, orientent enfin la démarche technique du démonstrateur : simplicité, solidité, polyvalence de l'instrumentation à produire[45].

L'Art des expériences nous laisse ainsi imaginer un cadre de la pratique expérimentale à mi-chemin entre l'atelier et le laboratoire, dans lequel l'outil côtoie partout l'instrument. Les laboratoires dont par son œuvre il encourage la multiplication, à l'instar des « Cabinets d'Histoire naturelle, si communs aujourd'hui[46] », sont à l'image de l'artisan-physicien qui doit y conduire l'expérience. L'ouvrage est d'autant plus précieux qu'il ne livre pas un souhait ou une vision idéale mais bien le bilan d'une vie de physicien : « On peut suivre avec confiance tout ce que j'enseigne dans cet Ouvrage ; il n'y a rien que je n'aie pratiqué moi-même, ou vû pratiquer par d'habiles ouvriers que j'ai entretenus pendant plus de vingt-cinq ans dans mes laboratoires[47] ».

UNE PRÉDÉTERMINATION TECHNICISTE
DE LA COMPRÉHENSION DU MONDE PHYSIQUE

En ouvrant son cours par les leçons sur les propriétés des corps, Nollet valide un choix dont l'importance s'éclaire à la lumière indirecte de l'entreprise encyclopédique (selon G. Vassails, le recours à l'*Encyclopédie* est un passage obligé de toute approche historique des sciences de la nature du XVIIIe siècle, et nous aurons souvent l'occasion de faire entendre la résonance qu'elle donne de la démarche de Nollet[48]). Le *système figuré*

---

45 *Idem* voir p. XVI.
46 *Idem* p. 243.
47 *Idem* p. XV.
48 « L'*Encyclopédie* constitue une mine inépuisable d'enseignements et de documents pour l'historien des sciences de la Nature. Ce gigantesque monument de la "civilisation écrite" et de notre culture nationale reflète fidèlement et complètement l'état de développement de ces sciences au milieu du XVIIIE siècle. Techniques de la production ; organisation ; équipement, méthodes et résultats de l'expérimentation scientifique ; degré et formes de l'élaboration théorique, rationnelle de la connaissance scientifique […]. Tout cela, on le voit vivre et se développer en lisant le Dictionnaire raisonné des Sciences, des Lettres et des Arts. » Gérard Vassails, « L'*Encyclopédie* et la physique », dans *Revue d'histoire des sciences et de leurs applications*, tome 4, n° 3-4, 1951, p. 294.

des connaissances humaines expose un arbre encyclopédique qui, selon le *Prospectus*, peut ramifier de deux manières :

> Cet arbre de la connaissance humaine pouvait être formé de plusieurs manières, soit en rapportant aux diverses facultés de notre âme nos différentes connaissances, soit en les rapportant aux êtres qu'elles ont pour objet. Mais l'embarras était d'autant plus grand, qu'il y avait plus d'arbitraire. Et combien ne devait-il pas y en avoir ? La nature ne nous offre que des choses particulières, infinies en nombre et sans aucune division fixe et déterminée[49].

Le choix est donc fait : « C'est de nos facultés que nous avons déduit nos connaissances[50] ». La présentation de la *branche* des arts mécaniques contredit pourtant ce principe général : « L'histoire de la nature employée est aussi étendue que les différents usages que les hommes font de ses productions dans les arts, les métiers et les manufactures. Il n'y a aucun effet de l'industrie de l'homme qu'on ne puisse rappeler à quelque production de la nature[51]. » La partielle énumération des arts mécaniques (parmi les quelques deux cent cinquante répertoriés dans le *Dictionnaire*) du *système figuré* s'organise ainsi à partir de leurs matières premières respectives. Cette entorse au principe général de l'organisation des connaissances met clairement en évidence l'exclusivité du domaine des arts mécaniques : les facultés humaines qu'ils mobilisent (c'est à nous de les supposer puisqu'elles ne sont pas explicitées par le classement encyclopédique : habileté manuelle, expérience ou habitude, transmission d'un savoir-faire…) sont une germination de la matière naturelle qui fixe elle-même, de manière impérative, les modalités d'exécution de celui qui la travaille. Les contraintes des matériaux déterminent ainsi les facultés humaines en jeu : les propriétés de l'or conditionnent des compétences techniques qui ne seront pas celles du travailleur du fer ; celles du bois appellent des facultés qui lui sont également propres, etc. Diderot attire ici notre attention sur la primauté de la matière dans l'acte technique de l'ouvrier, primauté que Nollet respecte également : l'ordre d'exposition des phénomènes physiques commence légitimement par les propriétés des corps dès lors que l'acte technique fonde la pratique expérimentale du physicien. G. Simondon nous invite à penser que le

---

49 Diderot, *Prospectus*, dans *Œuvres*, tome 1, Paris, Robert Laffont, 1994, p. 214.
50 *Idem* p. 215.
51 *Idem* p. 227.

transfert de ce rapport premier aux « corps » de l'acte technique vers l'ordre logique de l'exposé scientifique, n'est que la traduction d'un lien plus immédiat : « La possibilité logique n'est que le reflet affaibli de la véritable virtualité de la *phusis*[52] ».

L'organisation générale du discours, et le choix de placer en tête du Cours les propriétés des corps, n'est pas la seule inflexion perceptible de la technique sur l'intelligibilité du monde physique que propose Nollet. Un cas précis va nous éclairer : la trempe de l'acier. En introduisant ce procédé, Nollet se place dans un continuum de la physique expérimentale :

> Les effets admirables de la trempe sur l'acier, ont intéressé avec raison la curiosité des plus habiles Physiciens ; tous ont désiré d'en sçavoir les causes, & quelques-uns ont hasardé des explications ; mais on doit convenir que personne n'en a donné d'aussi vrai-semblables, & d'aussi-bien appuyées, que M. de Reaumur[53].

Celui-ci, dans ses mémoires sur le fer et l'acier, avait déjà fait remarquer que la trempe était une sorte de point fixe de la physique expérimentale :

> Si on fait quelque attention à la simplicité du procédé qui donne tant de dureté à l'acier, après avoir regardé cet effet comme un des plus utiles de la nature, on n'hésitera pas à le mettre, comme Rohault l'a mis, au nombre des plus admirables ; j'ajouterai qu'il est un de ceux dont la cause merite le plus d'être connüe pour l'avantage des arts[54].

C'est donc autour d'un axe majeur que Nollet, en se référant à Réaumur dont il ne fait que résumer le onzième mémoire (*Explication des principaux effets que la trempe produit sur l'acier*), nous oriente vers la pensée fondatrice de celui qui fut l'un de ses maîtres. Nous rencontrons dans ce mémoire de Réaumur, et dans le suivant qui s'y rattache, des idées qui nous paraîtront bientôt familières chez Nollet : le procédé d'atelier avancé comme preuve expérimentale[55], la circularité entre la physique

---

52 Gilbert Simondon, *Du mode d'existence des objets techniques* (1958), Aubier, 1989, p. 203.
53 *LPE*, tome 1, p. 139.
54 Réaumur, *L'Art de convertir le fer forgé en acier et l'art d'adoucir le fer fondu*, Paris, chez Michel Brunet, 1722, p. 310.
55 « … si c'étoit de ces verités sur lesquelles l'expérience n'a point de prise, le raisonnement conduirait à penser qu'il arrive précisément tout le contraire de ce que nous voyons arriver. » *Idem* p. 311.

expérimentale et les arts mécaniques[56], la rencontre entre *les expériences* du physicien et *l'expérience* de l'ouvrier[57]. Un échange critique entre l'atelier et le laboratoire s'établit même :

> J'ai vû des Ouvriers assez intelligents, qui à dessein faisoient prendre à leur acier un degré de chaleur plus grand que celui auquel ils avoient envie de le tremper (…) Leur idée étoit de la préparer à prendre plus de dureté par la trempe en rapprochant ses parties que le feu avoit écartées. Ce raisonnement assés specieux, ne m'a pas semblé s'accorder avec l'expérience[58].

Surtout, la trempe de l'acier apparaît comme une occasion particulière de penser la divisibilité de la matière, ce qui forme, rappelons-le, le point de départ des *Leçons de physique expérimentale* (première leçon, première section : *De l'étendue & de la divisibilité des Corps*) :

> … considerons un seul grain d'acier non trempé, un de ceux que la vûë seule découvre, & comparons le ensuite avec un grain, à peu près d'égale grosseur, d'acier trempé. Ce grain que les yeux apperçoivent aisément est lui-même un amas d'une infinité d'autres grains ; le microscope met ces molecules de grain à portée de nos yeux. Mais ces molecules sont elles mêmes composées d'autres parties. Supposons, si l'on veut, que ces dernieres sont les parties élementaires, quoyque pour y arriver il faudroit peut être pousser la division prodigieusement plus loin[59].

La ressemblance avec le début de la première leçon est d'autant plus frappante que la première référence aux arts mécaniques que fait Nollet renvoie précisément au traitement du métal :

> Tous les grands corps, je veux dire ceux dont l'étendue est assez grande pour être visible ou palpable, peuvent se partager en plusieurs portions, qui décroissent toujours de grandeur, à proportion que la division augmente,

---

56 « J'espere de même que tout ce que nous avons dit sur la cause generale de l'effet de la trempe repandra de la lumiere sur les differentes façons de tremper ; qu'on sera en état de prévoir l'effet que doivent produire les differentes sortes de trempes, & que les effets de ces differentes sortes de trempes appuïeront encore une explication qui me paroît pourtant très-prouvée ». *Idem* p. 340.
57 « … j'ai connu des ouvriers plus attentifs à observer, qu'ils ne le sont communement, qui même ne convenoient pas de cette regle ; ils avoient remarqué, qu'il arrive à des aciers d'être moins durs, quand ils sont trempés très-chaud, que s'ils eussent été trempés un peu moins chauds. Des aciers très-fins leur auront fourni comme à moi cette observation ». *Idem* p. 344.
58 *Idem* p. 347.
59 *Idem* p. 321.

jusqu'à ce qu'enfin chacune d'elles échape à nos sens. C'est ainsi que la lime réduit comme en poudre, un morceau de métal que le ciseau a séparé d'une plus grosse masse[60].

L'inflexion technique donnée à la conception de la matière se précise. Elle se dessine encore beaucoup plus nettement quand on continue de suivre la filiation entre la pensée de Nollet et celle de Réaumur dans le développement par ce dernier de son explication « moléculaire ». Rappelons son hypothèse sur le phénomène à l'œuvre dans la trempe de l'acier : le durcissement de l'acier traduit une modification de sa *figure* (ou *tissure*) par la fusion d'une partie des sels et du soufre qu'il contient entre les grains d'acier[61]. Or Réaumur explicite son hypothèse par une étonnante synthèse physico-mécanique :

> ... la lime n'attaque pas à la fois seulement une portion de molecule du grain de l'acier ; elle attaque à la fois un amas des parties dont ce grain est composé (...) il s'en trouve peut-être des milliers de pareilles dans le chemin de chaque dent ; la lime trouvera donc plus de résistance, l'acier sera plus dur pour elle, dès que les grains & les parties qui composent les grains tiendront mieux ensemble[62], etc.

Si le discours expérimental articule l'action mécanique de la lime à la structure de la matière, il ouvre encore de vastes perspectives instrumentales à la connaissance intime du phénomène physique de la trempe :

> ... il faudroit parcourir les effets que la trempe produit sur les differens aciers ; entrer dans un prodigieux détail des matieres dans lesquelles on le peut refroidir ; déterminer les degrés de trempe qui conviennent à chaque outil : ce dernier article seul meneroit loin, il engageroit à expliquer comment chaque outil agit ; & ces considerations ne peuvent être placées dans une étenduë convenable que dans les arts qui travaillent ces outils[63].

En tous sens, dans ses sources comme dans ses prolongements, la genèse de la conception scientifique des propriétés des corps nous renvoie pour une large part aux arts mécaniques, mais la fascination dont hérite Nollet pour le procédé de la trempe de l'acier apparaît comme l'emblème de la détermination technique d'une approche expérimentale de la matière.

---

60   *LPE*, tome 1, p. 6.
61   Voir Réaumur, *L'Art de convertir...*, *op. cit.* p. 332-333.
62   *Idem* p. 331-332.
63   *Idem* p. 341-342.

Le physicien, au seuil de son cours, se retrouve finalement confronté à un ensemble de phénomènes face auxquels il doit commencer par proposer, comme Diderot devant l'ampleur des connaissances à rassembler, un ordre. On sait l'immensité de la tâche prioritaire à laquelle l'encyclopédiste s'est attelé au travers de la *Description des Arts*. Peut-être Réaumur, qui a échoué sur la description académique des arts mécaniques tout en traçant les lignes du projet de Diderot, a-t-il été d'une influence déterminante dans la mise en ordre des *Leçons de physique expérimentale* en encourageant Nollet, s'il était besoin, à utiliser sa maîtrise technique comme principe d'organisation dans l'intelligibilité du monde physique. Chez Réaumur, le traité d'art mécanique était le foyer de la méditation scientifique : « Qui voudroit en Physique expliquer tout ce qui tient à la question la plus simple, seroit à chaque question obligé de donner une Physique complette ; toutes les vérités Physiques forment une chaîne, dont on peut considérer séparement quelque partie[64]. » Nollet ne confirme-t-il pas dans ses *Leçons* que le geste technique est un très sûr moyen de parcourir cette chaîne, et de restituer l'unité du monde physique ? « Un savoir-faire est toujours aussi un savoir[65] » ; la formule de Jean-Pierre Séris synthétise l'émanation des schèmes cognitifs à partir de la pratique artisanale. Inversement, le philosophe a montré aussi comment la pensée scientifique, depuis l'âge classique, a investi la technique artisanale :

> L'univers de la précision, ce livre de la nature écrit en caractères géométriques, ne reste pas l'objet idéal d'une expérience de pensée, mais c'est celui qu'il faut retrouver par la mesure, comme tentent de le faire les successeurs de Galilée. L'instrument scientifique est à la jointure du monde matériel et du phénomène mathématiquement conçu : il produit réellement ce dernier. [...] Aussi ne faut-il pas s'étonner que ce soient eux, les savants, qui se voient obligés de se faire pour la circonstance les artisans de ces appareils : c'est d'eux seuls, et non des empiriques [les artisans], que peut venir le sens de l'exigence et l'idée de la solution « technique »[66].

Nous parlions plus haut d'une adéquation entre les potentialités de la méthode expérimentale et celles des arts mécaniques, la position d'artisan-physicien de Nollet appartient en effet à un âge de transition :

---

64 *Idem* p. 336.
65 Jean-Pierre Séris, *La Technique* (1994), Paris, P. U. F., 2000, p. 220.
66 *Idem* p. 208.

« Cet artisanat de l'instrument de précision que les pionniers ont eu à suppléer sera, au cours du XVIIᵉ et du XVIIIᵉ siècle, progressivement constitué[67] ». Age de transition, ou peut-être âge d'or, si l'on considère la parfaite synthèse du geste artisanal et du questionnement scientifique comme participant d'un fragile équilibre que G. Simondon voyait atteint par la technique au XVIIIᵉ siècle : « Au XVIIIᵉ siècle, l'objet technique grandissant est justement au niveau de l'homme, il est pour quelques décades parfaitement humanisé et peut, en ce sens, servir de base à un humanisme avant de transcender l'homme[68] ».

LES ARTS MÉCANIQUES
DANS LA PHYSIQUE DU FEU

L'expertise de fabricant d'instruments de physique qu'est Nollet est valorisée dans les leçons sur le feu par la mobilisation des arts mécaniques, avec lesquels l'expérimentateur entretient une évidente familiarité. Sous la forme d'abord d'une connaissance des principes d'atelier, comme lorsqu'il rapporte comme preuve expérimentale « une chose connue de tous les ouvriers qui travaillent à la fayance[69] », à savoir que l'étain sort du fourneau plus lourd qu'il y ait entré. Nollet évoque également les difficultés d'entretien du feu intense de fourneaux « tels que sont ceux des verreries ou de fayanceries [...]. C'est un fait que j'ai appris des ouvriers mêmes & des directeurs de ces Manufactures[70] ». C'est encore la faïence qui apporte un éclairage par sa possible réaction au feu : « La vaisselle de fayance ou celle de terre vernissée se fend aussi au grand feu, quand on l'y expose précipitamment[71] » ; mais, « De toutes les matières fragiles dont on fait des vaisseaux, il n'en est pas qui soutiennent mieux l'action subite du feu que la porcelaine[72] ». Nollet mentionne néanmoins d'autres arts : « Le

---

67 *Idem* p. 209.
68 G. Simondon, « Psychosociologie de la technicité » (1960-1961), dans *Sur la technique, op. cit.* p. 107.
69 *Idem* p. 164.
70 *Idem* p. 295-296.
71 *Idem* p. 349.
72 *Idem* p. 350.

forgeron jette de l'eau sur le charbon de terre, dont il entretien le feu de sa forge[73] ». Le feu apparaît en effet commun à bien des pratiques artisanales :

> Les Arts ont bien profité de cette action du feu, qui fait passer diverses matières de l'état de solidité à celui de liquidité. Il n'est presque pas de métier, qui ne s'en aide, ou qui n'en fasse son principal objet : le Menuisier, le Sculpteur, le Luthier, l'Ébéniste, & tant d'autres, font un usage continuel de la colle forte, qui n'est autre chose que de la corne préparée pour se fondre aisément dans l'eau chaude [...]. Il en est presque de même des soudures employées par le Ferblantier, le Plombier, le Chaudronnier, l'Orfévre, &c. [...] ; enfin c'est par les matiéres les plus dures qu'on est parvenu à faire le verre[74] »...

Il est encore question « du Serrurier, du Taillandier, du Coutelier, du Fourbilleur, de l'Arquebusier, du Maréchal, &c[75]. », du bijoutier, du fabricant d'étoffes... L'utilisation de la flamme au chalumeau sera également signalée comme « une pratique fort connue & très-utilisée dans plusieurs arts[76] ». De telle sorte que la centralité du feu dans le monde physique, telle que nous la désignent les *Leçons*, apparaît strictement transposée dans le monde technique de l'atelier.

Mais la familiarité de Nollet avec les arts mécaniques transparaît surtout au travers de ses ouvertures sur sa propre pratique artisanale, ici essentiellement le travail du verre : « Pour moi quand j'ai de gros tuyaux ou des cols de ballons à couper, je commence par entamer le verre avec l'angle ou le tranchant d'une lime, & ensuite avec un morceau de fer anguleux que je fais rougir, & que j'y applique, je réussis assez bien à faire fendre la pièce, suivant la ligne que j'ai tracée[77]. » On se souviendra que les travaux d'émaillage ont fait l'objet de la première initiation technique de Nollet, et la planche qui clôt les leçons sur le feu représente précisément un émailleur travaillant à sa table. Anthony Turner nous éclaire sur cette planche : « Nollet fut l'élève de l'émailleur du roi Jean Raux. On voit ce dernier à l'œuvre dans une gravure réalisée pour Nollet et inspirée d'une esquisse dessinée en 1739 par un officier de la Cour de Monseigneur de Dauphin[78]. » Seule planche des *Leçons* représentant à la fois un homme (quand des mains seules suffisent

---

73 *Idem* p. 497.
74 *Idem* p. 422-423.
75 *Idem* p. 425.
76 *Idem* p. 501.
77 *Idem* p. 349.
78 Anthony Turner, « Les Sciences, les arts et le progrès », *L'Art d'enseigner la physique, op. cit.* p. 31.

ailleurs, le plus souvent, à désigner le geste expérimental) et une pratique artisanale, elle attire notre attention sur l'importance du travail du verre dans la physique du feu. Le choix des contrastes, avec un fond sombre sur lequel se détache le visage de l'émailleur puissamment éclairé par le feu de sa lampe, participe encore à la mise en valeur du travail de l'artisan[79].

Il est par ailleurs significatif que la 14ᵉ leçon s'achève, dans ses dernières *applications*, sur la verrerie. Le point de départ est la production d'une larme de verre : « Les Verriers prennent au bout d'une canne de fer un peu de verre fondu qu'ils laissent tomber tout liquide dans un sceau d'eau fraîche ; il s'en forme une petite larme[80] ». L'éclatement de cette larme révèle « des espéces de bulles » qui amènent à s'interroger sur l'organisation de la matière dans le verre. Le refroidissement des larmes dans l'eau s'effectue « de couche en couche » vers l'intérieur, ce dont Nollet s'est assuré : « je les ai vûes rouges au fond du seau pendant plus de six secondes, & je me suis assûré que ce degré de chaleur n'étoit qu'interne, en les recevant dans ma main, que je tenois plongées dans l'eau[81]. » C'est à partir de là qu'il propose une interprétation de la structure du verre :

> Ne sçait-on pas, & n'avons nous pas vû que tout corps, qui de liquide devient solide, diminue de volume ? Cette diminution ne pouvant avoir lieu qu'autant que les parties ont assez de mobilité pour se rapprocher, si la solidité commence brusquement & par la superficie, les parties du dedans en se portant vers cette surface solide, ne manquent pas de laisser quelque vuide au milieu d'elles[82].

Cette interprétation se développe ensuite à partir de la fragilité de certaines pièces de verre :

> Lorsque le choc d'un corps aigu, une rupture faite exprès, ou une secousse violente, donne lieu aux parties internes de se quitter, les couches extérieures qu'elles tenoient en contraction, se débandent comme autant de ressorts, & toutes ces lames élastiques étant composées de parties mal jointes, à cause du refroidissement subit qu'elles ont souffert, elles se brisent en se débandant, ce qui arrive assez souvent à des corps élastiques d'une matiére fragile, qui ne

---

79   La représentation ici adoptée rappelle celle du peintre anglais Joseph Wright of Derby, dont le célèbre tableau « An Experiment on a bird in the air pump » exploite le même jeu de contrastes pour saisir la tension dramatique de l'expérience de physique.

80   *LPE*, tome 4, p. 521.

81   *Idem* p. 523.

82   *Idem* p. 522.

peuvent pas se prêter à toute l'étendue de leur réaction, parce qu'il est rare qu'ils soient aussi flexibles dans un sens que dans l'autre[83].

La pratique artisanale fournit ainsi un modèle mécanique de représentation de la structure du verre. Nous y voyons la première étape d'un cheminement plus ample qui va permettre à la technique référentielle d'alimenter la modélisation théorique du feu lui-même.

Peut-être faut-il commencer par mettre en évidence l'indissociable expression, chez Nollet, des caractéristiques physiques du feu et de son « cadre » technique, à partir du guide – abrégé – de construction du fourneau inséré dans la quatrième section. Cette insertion semble *a priori* peu justifiée : « je crois faire plaisir au Lecteur, en lui faisant connoître un fourneau qui peut se placer par-tout[84] ». Il faut en fait se reporter à *L'Art des expériences* pour saisir toute l'importance qu'accorde Nollet au fourneau, et nous montrerons dans notre quatrième partie que celui-ci est à proprement parler *le foyer* des espaces contigus de l'atelier et du cabinet de physique. Nous découvrirons alors que la partie centrale de l'ouvrage sur l'art des expériences, portant sur la réalisation des drogues, met en lumière un espace « intermédiaire » autour duquel les deux autres s'articulent : le laboratoire de chimie. Ici c'est discrètement, mais avec des mots choisis, que Nollet nous laisse deviner sa fascination pour la chimie, « cet art merveilleux, qui sçait approfondir les secrets de la nature, en décomposant ses ouvrages[85] ». Or, la chimie, comme la physique et les arts mécaniques, impose la centralité du feu, puisqu'elle « employe dans presque toutes ses opérations un feu, dont l'action est réglée par des fourneaux[86] ». Nouveau lien traversant le « nœud stratégique » des leçons 13 et 14…

Toujours est-il que le feu qui brûle dans les fourneaux du verrier et du chimiste va unifier ces deux pratiques pour forger un modèle théorique de représentation mécanique de l'action du feu dans la matière. Suivons pas à pas la formation de cette modélisation, principalement contenue dans l'article II « De la propagation du Feu ».

> Il est possible, & c'est une idée reçue depuis long-tems par les plus habiles & les plus célèbres Physiciens, que la matière du feu ait de sa nature une force

---

83   *Idem* p. 524-525.
84   *Idem* p. 494.
85   *Idem* p. 493.
86   *Ibid.*

expansive, c'est-à-dire, que chacune de ses molécules peut être conçue comme un petit ballon comprimé, qui tend à s'étendre de toutes parts, ou comme un assemblage de petites parties, qui font effort pour s'écarter l'une de l'autre, & à s'étendre de tous côtés pour occuper un plus grand espace, à peu près comme nous voyons que les plus petits globules de notre air s'étendent, & s'aggrandissent, quand on leur en donne lieu[87].

La métaphore du « petit ballon comprimé » se prolonge par la suite sous une forme nettement plus « artisanale » :

… supposons qu'on ait mis dans un panier une centaine de petits globes de verre creux, remplis d'air comprimé, bien bouchés, & tellement minces qu'à peine ils puissent résister à l'effort du fluide qu'ils renferment ; si par le plus petit accident quelques-uns de ces globes fragiles viennent à être heurtés, on conçoit bien que ce fluide élastique qui est renfermé, ébranlera les parties du verre, jusqu'à les briser ; & que ses fragments poussés violemment par l'air qui se dilate, pourront briser les globes voisins, qui par les mêmes raisons étendront le dommage[88].

La mise en parallèle de cette métaphore de la cassure de fragiles *globes de verre* avec l'*application*, beaucoup plus loin dans le texte, de la cassure des *larmes de verre* formées par le verrier, s'impose comme une évidence. Et elle est d'autant plus éclairante que la métaphore du verre est persistante dans la modélisation théorique de Nollet :

Dans un corps mixte toutes les parties qui renferment du feu dans leur intérieur, ne sont pas également disposées à céder au même dégré d'activité de cet élément : telles se brisent & se dissolvent d'abord, tandis que d'autres ou plus consistantes résistent à ce premier effort, ou plus poreuses peut-être, offrent au feu qui les distend des issues par lesquelles il peut s'échaper avec une promptitude presque égale à son pouvoir expansif. Dans la comparaison des globes de verre creux nous les avons supposés tous également fragiles : mais si plusieurs d'entre eux avoient cinq ou six fois plus d'épaisseur, non seulement ceux-ci demeureroient entiers : mais on conçoit aussi que par leur interposition ils pourroient ou empêcher ou modérer la dissolution des autres[89].

Nous sommes ici dans une représentation mécanique (« si l'on admet le méchanisme que je viens de supposer[90] »…) proposée en dépassement

---

87 *Idem* p. 193.
88 *Idem* p. 194.
89 *Idem* p. 200-201.
90 *Idem* p. 203.

des limites de ce qui est observable par voie d'instrumentation : « ces petits êtres, s'ils existent tels que l'imagination nous les représente, quant à la forme, doivent être d'une telle finesse, que le plus petit corps apperçu au microscope, en contienne un grand nombre[91]. » C'est donc bien *l'imaginaire technique* des arts mécaniques, au travers de la pratique artisanale la plus familière à Nollet, qui s'exprime dans ses choix de modélisation théorique.

L'AIMANT : ENTRE SAVOIR-FAIRE ARTISANAL ET TECHNOLOGIE

Dans la leçon sur l'aimant, l'armature d'un aimant naturel est pour Nollet une première occasion de mettre en valeur le savoir faire d'ouvriers spécialisés :

> Il ne faut pas douter aussi que la puissance d'un aimant ne dépende beaucoup de la façon dont il est armé : Joblot & Buterfield se sont distingués dans ce genre au commencement de ce siecle, parce qu'ils ont joint beaucoup d'intelligence à une longue pratique. Aujourd'hui le sieur Pierre le Maire les remplace assez bien ; & l'on est heureux de trouver dans l'occasion un ouvrier qui entende ce qu'il fait[92].

L'aimant apparaît d'ailleurs comme un point de rencontre privilégié entre le physicien et l'artisan. Nollet mentionne en effet plus loin une commande qui l'a mis en relation directe avec l'ouvrier qu'il a recommandé au lecteur :

> En 1740, il me prit envie de voir si l'aimant artificiel gagneroit beaucoup d'être armé : le sieur Pierre le Maire, dont j'ai fait mention ci-dessus, m'en composa un de douze lames d'acier trempé, dont chacune avoit huit pouces de longueur, une ligne d'épaisseur, & environ dix lignes de largeur ; il en fit un faisceau qu'il serra fortement avec des ligatures de cuivre, & aux extrémités duquel il attacha deux armures semblables à celles que l'on met aux pierres d'aimant[93].

---

91 *Idem* p. 201-202.
92 *Idem* p. 169.
93 *Idem* p. 184.

L'exposition brève mais précise de la méthode artisanale montre que la procédure technique adoptée, censée apporter la validation ou l'invalidation d'une hypothèse du physicien, a sa valeur épistémologique propre. À l'inverse, en tant que suggestion de physicien dans le cadre de pratiques artisanales qu'il connaît par ailleurs comme technicien, l'utilisation de l'aimant pour différentier les métaux est une incursion technologique dans le monde l'atelier :

> … si l'on avoit, par exemple, limé du fer & de l'or ensemble, on pourroit par ce moyen séparer ces deux métaux. Il seroit à souhaiter que les Fondeurs eussent cette attention lorsqu'ils ont acheté du cuivre en limailles ; les ouvrages fondus en seroient plus épurés ; on ne rencontreroit pas dans la fonte, en la travaillant, des grains de fer ou d'acier qui gâtent les outils, & qui ne permettent pas qu'on puisse finir certaines pieces, dont la matiere doit être absolument d'une dureté uniforme[94].

La fabrication des aimants artificiels a particulièrement éveillé l'intérêt de Nollet : « L'histoire des aimants artificiels, la maniere de les construire & de s'en servir, pour toucher les aiguilles de boussoles, c'est ce qu'il y a de plus intéressant & de plus nouveau dans cette matiere[95] ». La place que prend dans le texte cet *art* est significative[96] : le récit d'expériences menées par l'anglais Knight, puis par Duhamel, leur poursuite par Michell et Canton en Angleterre, Antheaume en France, avec une très longue citation de ce dernier[97], le commentaire sur les aimants naturels qu'envoya Bazin à l'auteur, signalent une activité scientifique autour de cette fabrication particulièrement ouverte à l'innovation et à l'ingéniosité.

L'unique champ d'application de l'aimantation, l'orientation, désigne le seul objet appartenant à la technique référentielle, la boussole : « La curiosité seule auroit fait de cette double question [quelles sont les causes du magnétisme, et pourquoi seuls l'aimant et le fer y sont-ils soumis ?] un sujet de recherches ; l'intérêt s'y est joint lorsque l'on découvrit la direction de l'aimant, & que l'on apperçut l'avantage qu'on en pouvoit tirer pour la navigation principalement[98]. » Si la boussole est au rang de ces grandes inventions qui ont eu sur la conduite des hommes des conséquences

---

94   *Idem* p. 172.
95   *Idem* p. 195.
96   *Idem* voir p. 184-195.
97   *Idem* voir p. 191-193.
98   *Idem* p. 161.

incalculables, sa simplicité technique appelle dans la leçon finalement assez peu de commentaires. Pour l'origine et la généalogie des progrès de la boussole, Nollet renvoie le lecteur au *Spectacle de la Nature* de Pluche, et son descriptif technique de l'appareil n'atteint pas deux pages[99]. On remarquera surtout le passage sur les « Perfections à desirer dans la boussole », portant sur la stabilité de la position indiquée par l'aiguille, et qui ouvre la perspective d'un projet technoscientifique autour de la boussole :

> La boussole recevroit donc un grand degré de perfection, si l'on pouvoit faire ensorte que l'aimant qui anime sa rose, ne déclinât jamais d'un certain point de l'horizon en quelque lieu qu'on la portât ; c'est un projet qui a été conçu par d'habiles gens, mais qui n'a point encore été exécuté ; malgré les tentatives inutiles qu'on a faites sur cela, il ne faut point désepérer : le temps qui voit naître un dessein, est quelquefois bien éloigné de celui où il doit être mis en exécution[100].

Au regard des contradictions apparues dans les précédentes leçons sur l'optique et la mécanique céleste autour de la portée épistémologique de l'instrumentation, on peut voir ici une réaffirmation de la confiance dans les progrès cumulatifs de la technique. Mais cette confiance n'est univoque que dans la mesure où la boussole n'est pas un instrument scientifique, et où son usage courant n'engage pas les modalités de la connaissance.

La relative simplicité des dispositifs expérimentaux mobilisés pour mettre en évidence les propriétés de l'aimant libère un espace que Nollet emploie pour mettre à l'honneur des objets figuratifs assez détonants dans l'ensemble de l'appareillage expérimental des *Leçons*. La première propriété de l'aimant, qui est d'attirer le fer, donne lieu à une expérience dont la très succincte préparation devient une petite mise en scène : « La *Figure 3* représente une cuvette pleine d'eau, sur laquelle on fait flotter un petit Cygne d'émail qui est creux, & qui tient dans son bec un bout de fil de fer plié en plusieurs sens comme une petite anguille[101]. » L'expérience suivante, montrant que deux aimants se repoussent et s'attirent, consiste à faire naviguer sur l'eau un aimant posé sur « une petite gondole de cuivre[102] ». L'emploi de la première figurine fait immédiatement penser

---

99 *Idem* voir p. 200-201.
100 *Idem* p. 206.
101 *Idem* p. 165-166.
102 *Idem* p. 174.

au passage de l'*Émile* dans lequel Rousseau relate l'initiation de son élève aux phénomènes magnétiques. Après leurs échanges avec le « joueur de gobelets », Émile et son maître se lancent dans la reproduction de la machine du forain : « Ayant appris que l'aimant agit à travers les autres corps, nous n'avons rien de plus pressé que de faire une machine semblable à celle que nous avons vue : une table évidée, un bassin très plat ajusté sur cette table, et rempli de quelques lignes d'eau, un canard fait avec un peu plus de soin, etc.[103] » Si l'*Émile*, paru deux ans avant les *Leçons*, ne peut avoir pour source l'écrit de Nollet, le cours public de ce dernier était alors assuré depuis plus de vingt-cinq ans et Rousseau a pu s'en inspirer. La ressemblance est en tout cas trop frappante pour être fortuite, et l'on peut légitimement voir dans la dévaluation du cygne en canard et de l'expérimentateur en amuseur de foire l'expression de la défiance de Rousseau pour une science-spectacle qui lui semble étrangère à une véritable initiation scientifique[104]. Le parallèle avec la foire peut ici avoir un certain degré de pertinence dans la mesure où Nollet, outre ses figurines, attire l'attention du lecteur sur certaines « applications curieuses » et spectaculaires de l'aimant :

> Cette propriété du magnétisme d'agir ainsi à travers les corps solides & opaques, comme à travers les matieres fluides & transparentes, en impose souvent aux yeux lorsqu'elle est employée avec adresse ; j'ai vu des horloges de chambre qui n'avoient point d'autre aiguille pour marquer les heures, qu'une petite mouche d'acier poli & devenu bleu, qui glissoit sur une feuille de laiton fort mince & fort unie, qui faisoit le fond du cadran, sans que l'on vît ce qui la faisoit mouvoir ainsi[105].

Et il met en perspective bien d'autres « merveilles » envisageables : « On peut juger, par ce petit artifice, de tous ceux qu'on peut imaginer dans ce genre[106]. »

Les choix picturaux qui guident la représentation des planches apportent ici une confirmation de cette tendance à une créativité spectaculaire prenant le pas sur l'édification proprement technique de l'expérience. La planche 1 de la leçon 19 impose d'emblée un style

---

103 Rousseau, *Émile ou De l'éducation*, dans *Œuvres de J. J. Rousseau*, Werdet et Lequien, 1826, p. 296.
104 Dans notre septième et dernier chapitre, nous reviendrons sur les rapports entre les orientations pédagogiques de Nollet et de Rousseau.
105 *LPE*, tome 6, p. 178.
106 *Ibid.*

marqué par la richesse ornementale et l'élégance d'un mobilier de salon nettement mis en évidence. Le lecteur apprécie jusqu'aux motifs du parquet sur lequel il repose. L'organisation symétrique de l'image ajoute encore à la stylisation de la représentation. Cette composition très agencée se retrouve dans la planche suivante, dans laquelle l'unique pièce de mobilier, un présentoir qui semble spécifiquement conçu pour les appareils qu'il supporte, s'affiche avec une frontalité marquée. La planche 4, enfin, moins axée sur les effets de symétrie, met en évidence l'impressionnant travail d'ébénisterie réalisé sur le guéridon où repose l'appareil expérimental. L'œil est dans cette dernière figure plus attiré par le meuble que par l'objet qu'il présente, ce qui est d'une certaine manière révélateur de la démarche suivie par Nollet dans l'ensemble du discours technique de la 19e leçon. La relative modestie du matériau expérimental lui permet de mettre au premier plan des ouvrages d'artisanat d'art, qu'il s'agisse de figurines d'émail ou de cuivre, de patères richement ornées ou de pièces de mobilier de salon. L'examen du discours technique de *L'Art des expériences* nous montrera que cet élargissement vers l'artisanat d'art est une tendance contenue par un certain dépouillement du style instrumental, mais néanmoins latente dans l'ensemble de la production de Nollet.

La valorisation des techniques de l'artisanat d'art reste l'apport le plus original de la leçon sur les propriétés de l'aimant. Insistons sur la double orientation de ce savoir-faire : d'une part vers le réalisme figuratif du cygne et de la gondole, d'autre part vers l'ornementation du mobilier. D'un côté le défi de la reproduction fidèle de la réalité, de l'autre la recherche esthétique autour de l'objet fabriqué. L'approche paradoxale de la réalité intime du milieu naturel par l'artifice de l'expérience, mais aussi du phénomène physique étudié dans l'espace confiné du salon, nous paraît être désignée par ces deux applications opposées du savoir-faire artisanal.

L'EXPOSITION DE MÉTHODES
DE FABRICATION ARTISANALES
DANS *L'ART DES EXPÉRIENCES*

L'ouverture sur l'atelier n'est pas le but de l'ultime ouvrage de Nollet. Le titre n'annonce pas une investigation auprès des arts mécaniques et nulle part le physicien ne tente d'attirer le lecteur par la promesse d'être initié à des *secrets* d'artisans. Le mot est d'ailleurs très peu employé. Le véritable but est plutôt de tracer un itinéraire qui oblige à prendre pour point de départ la pratique artisanale pour atteindre l'art des expériences.

La première partie de l'ouvrage livre ainsi les conditions préalables à la mise en œuvre des dispositifs expérimentaux. Elle contient la description des équipements fondamentaux de l'atelier contigu au cabinet de physique, avec leur guide de construction (l'établi, le tour... sont à réaliser soi-même), présente l'outillage nécessaire et expose son utilisation en détaillant les gestes des artisans qui l'emploient. C'est la partie qui nous rapproche le plus de la description encyclopédique ou académique des arts. Au regard des quelque deux-cent cinquante métiers qui composent la *Description des arts* de l'*Encyclopédie*, la première partie de *L'Art des expériences* n'offre cependant qu'une vue très partielle sur les arts mécaniques. La triple composante technique bois-métal-verre réduit en effet le spectre, le grand domaine du textile étant principalement celui dont les références encyclopédiques (on pense bien sûr, entre autres, au métier à bas dont la description a tant éveillé l'intérêt de Diderot) ne trouvent quasiment aucun écho dans l'ouvrage de Nollet (les teinturiers seront néanmoins mentionnés à plusieurs reprises dans la deuxième partie). Moins d'une trentaine de métiers sont explicitement désignés dans la première partie, la « manière de travailler le bois » concernant *Menuisiers*, *Tourneurs*, *Ébenistes* et *Tablettiers*, la « manière de travailler le verre », *Miroitiers*, *Fayanciers*, *Vitriers*, *Lunetiers* et *Émailleurs*, tandis que la « manière de travailler les métaux » mobilise l'éventail le plus large : *Doreurs*, *Cartisanniers*, *Batteurs* et *Fileurs d'or*, *Orfèvres*, *Chaudronniers*, *Fondeurs*, *Forgerons*, *Cizeleurs*, *Bijoutiers*, *Plombiers* et *Ferblantiers*. Quelques autres métiers s'ajoutent à cette liste, comme les *Horlogers*, *Chapeliers*, *Armuriers*, *Boisseliers*, *Sculpteurs* ou *Serruriers*. Encore tous ces arts n'entrent-ils pas avec la même importance dans le discours technique de Nollet ; *Menuisiers* et *Tourneurs* occupent une place majeure quand d'autres ne font qu'une brève apparition. En outre, aucun ne fait l'objet d'un exposé méthodique à la manière d'un article encyclopédique. Au contraire, certains procédés techniques sont indistinctement rattachés à différents arts, ici aux Ébénistes et Tablettiers[107], là aux Menuisiers et aux Ébénistes[108]... Plusieurs arts sont ainsi souvent mobilisés successivement aux fil des différentes phases d'un même travail technique, parfois en détournant leur savoir-faire, comme lorsque Nollet emprunte aux Lunetiers une technique pour la découpe de l'écaille ou de la corne[109].

L'Art des expériences ne contient par ailleurs que de rares éléments permettant de « circonstancier » les pratiques artisanales, au sens où l'on trouve très peu d'indices permettant de se représenter le nombre, la répartition et les spécificités des ateliers. À ce titre, l'ouvrage ne répond pas aux attentes des projets académiques de recensement des arts dans leur visée statistique. Il y aura ici une mention de la fabrique de miroirs du faubourg Saint-Antoine, là une autre des verreries de Saint-Gobain, etc., mais guère plus.

La vue sur les arts offerte par Nollet est donc fragmentaire et composite, favorisant l'imbrication des savoir-faire dans un discours essentiellement synthétique qui porte l'empreinte du génie polytechnique de son auteur. Ce sont en fait les *procédures techniques* qui forment le fond de l'ouvrage, et non le répertoire des métiers sollicités par l'expérimentateur. Les intitulés « Manière de travailler... » remplacent ainsi les désignations permettant d'identifier un art, comme c'était le cas pour « L'art de faire les chapeaux », ou, une fois inséré dans le *Dictionnaire* académique, « L'art du chapelier ». Les intertitres marginaux qui accompagnent le corps du texte relayent cette attention prioritaire portée aux procédures techniques : « Maniere de corroyer le bois », « Maniere de façonner le bois », « Maniere de tourner le bois tendre », « Maniere de percer le bois sur le tour », etc., l'acte technique s'exprimant parfois au travers de la forme à produire : « Champfrain », « Moulure », « Chantournement », etc. L'outillage lui-même, signalé également par certains intertitres, est expressément resitué dans le fil de la procédure technique : outre des

---

107 *Idem* voir p. 89.
108 *Idem* voir p. 85.
109 *Idem* voir p. 90.

intitulés explicites comme « Usage de la hache, de la plane, & du fermoir », qui mettent l'action en priorité, « L'établi & la presse » ou « Le tour à pointes » annoncent moins la description d'un organe élémentaire de travail que la notice de sa construction.

Ce mode d'exposition prépare évidemment la mise en œuvre des dispositifs expérimentaux de la dernière partie de l'ouvrage : chaque machine formera un univers technique composite nécessitant des procédures techniques empruntées à différents savoir-faire.

La troisième partie de l'ouvrage, contenant les « Avis » sur chacune des *Leçons*, contient en effet toutes les notices de fabrication des appareils de démonstration. Les gestes techniques présentés dans la première partie se combinent dans la réalisation d'une instrumentation impliquant la synthèse des savoir-faire, chaque machine intégrant souvent plusieurs matériaux. On remarque surtout un élargissement « optionnel » vers le travail artistique. On pourra solliciter le ferblantier pour apporter quelque ornement à la fontaine de la première leçon[110], introduire des moulures sur les colonnes de telle ou telle machine[111], sur telle autre « si l'on peut employer un Ciseleur, on rendra la machine plus élégante, en faisant fondre ces pieces sur des modeles de bois sculptés, & en les faisant mettre en couleur d'or[112] », etc. Si l'ornementation reste de l'ordre de l'éventualité, les machines qui apparaissent dans les planches (des *Leçons* ou de *L'Art des expériences*) indiquent la validation chez Nollet du choix artistique. En outre, ses expériences mobilisent des techniques artistiques. Pour illustrer la porosité des corps, il emploie par exemple la peinture sur marbre, empruntée à une pratique artistique délicate :

> J'ai vu faire sur des marbres blancs, d'assez jolis ouvrages avec des cires diversement colorées & formées en crayon, ou bien avec des couleurs étendues dans l'huile de thérébentine : mais ces couleurs sont sujettes à s'étendre, on a de la peine à les contenir dans des traits d'une certaine finesse : c'est un art à étudier, quand on veut le pratiquer[113].

Auparavant, Nollet a également décrit la technique de la gravure sur cuivre[114].

---

110 *Idem* vol. 2, p. 26.
111 *Idem* voir p. 75, 83…
112 *Idem* p. 105.
113 *AE*, vol. 2, p. 41.
114 *Idem* voir p. 39-40.

Par cette double dimension d'ornementation de l'instrumentation scientifique et d'intégration de la technique artistique au corpus expérimental, Nollet élargit le spectre des arts sollicités par la philosophie naturelle, en décloisonnant un peu plus les domaines techniques : physique, arts mécaniques et artisanat d'art forment ici un *continuum*.

LA MACHINE DANS LA CONSTRUCTION
DE LA CONNAISSANCE

La lecture en parallèle des *Leçons* et de *L'Art des expériences*, par laquelle s'éclaire l'ensemble du cheminement qui mène de la pratique d'atelier au protocole expérimental, fait en outre apparaître les détours qu'emprunte régulièrement l'expérimentateur par les voies techniques les plus complexes. Trois cas nous le montrent nettement dès les premières leçons sur les propriétés des corps : la fontaine intermittente, l'emploi de la machine pneumatique, la réalisation de la presse pour la dernière expérience. Pour faire appréhender au lecteur-spectateur la solidité des corps, y compris des fluides, Nollet recourt à deux expériences. La première ne nécessite qu'un vase rempli d'eau et un morceau de liège, dans un dispositif dont la simplicité fait d'autant mieux ressortir la complexité de l'appareillage exigé pour la seconde expérience. La table des matières présente pourtant deux expériences concourant au même but : « I. EXP. Que les Matières les moins compactes sont capables de résister à d'autres Corps. II EXP. Qui prouve la même chose[1]. » C'est donc une expérience « gratuite » qui fait entrer en scène la fontaine représentée dans la figure 16 de la planche 4. Ce curieux appareil de démonstration est inspiré, comme indiqué dans *L'Art des expériences*, par un appareil de foire[2]. Cinq pages décrivent la réalisation de cette fontaine composée de trois parties, la tête, la tige et le bassin. « Ordinairement on fait ces trois parties de fer blanc, ou de laiton plané ; mais autant qu'il est possible, il faut faire les machines de Physiques transparentes[3] ». Il y aura donc un globe de verre à deux goulots, des tuyaux de laiton, une boule de laiton aplatie et percée de sept orifices sur lesquels se raccordent d'autres tuyaux, le tout assemblé par emboutissage, soudures et collage

---

1   *LPE, op. cit.* tome 1, p. 374.
2   *AE, op. cit.* tome 2, p. 31 : « … c'est ce qui lui a fait donner aussi le nom de Fontaine *de commandement*, qui convient mieux à la Foire qu'en Physique ».
3   *Idem* p. 23.

au mastic doux. Du façonnage des pièces, de la précision de leur mesure et de leur disposition va dépendre le bon cheminement du liquide, et Nollet attire encore l'attention sur la qualité des raccords pour prévenir les risques de fuites. L'aspect esthétique exige d'autres soins : l'un des tuyaux « est évasé, & découpé en festons ou en feuilles de persil, pour recevoir le goulot du globe de verre qui fait la tête de la fontaine[4] » ; il est prévu que sur une douille de métal « le Ferblantier fera quelques ornements[5] » ; d'autres parties attendent un vernissage, des rehauts d'or et d'argent, de la rocaille... « Voilà pour la construction de la fontaine, il s'agit maintenant de la rendre intermittente[6]. » Nouveaux aménagements de la machine, deux pages d'explications supplémentaires. Ne reste plus qu'à expliquer la manière d'utiliser l'appareil... La porosité des corps se vérifie par des expériences mettant en jeu un autre appareil, la machine pneumatique. Dans l'ordre méthodologique des *Leçons*, cette machine semble faire une entrée précoce : « Nous nous abstiendrons de rien dire ici de sa construction & de ses différents usages, parce que c'est une chose étrangère à notre objet présent, & qui trouvera naturellement sa place dans les leçons qui traiteront des propriétés de l'air[7]. » Trois expériences sur les quatre de la section vont pourtant y recourir, sans que le spectateur ait encore acquis les notions de pression atmosphérique et de vide. Un autre impératif que celui de l'acquisition progressive des connaissances impose donc l'emploi de la machine pneumatique. Est-elle absolument nécessaire à l'expérience de la porosité ? On peut en douter. Quatre corps font successivement observer la porosité : le bois, le cuir, la coquille d'œuf, le papier en grande épaisseur (cette dernière expérience sans la machine pneumatique). Pour le bois et le cuir, il semble manifeste qu'il serait tout à fait possible de faire apparaître leur porosité sans la machine pneumatique, utilisée ici pour créer une dépression de manière à ce qu'un liquide répandu à leur surface les transperce et s'écoule sous forme de pluie par-dessous. Appareil à faire le vide, la machine pneumatique est d'ailleurs utilisée *a minima*, uniquement pour produire une force par aspiration permettant d'accélérer ou de déclencher la pénétration du liquide. Aux côtés de l'appareil de démonstration que constitue la fontaine, la machine pneumatique semble

---

4   *Idem* p. 25.
5   *Idem* p. 26.
6   *Idem* p. 28.
7   *LPE, op. cit.* tome 1, p. 83.

en fait participer de l'illustration d'un aboutissement proprement mécanique des conditions techniques de l'expérimentation, au travers cette
fois d'un authentique instrument scientifique. Rappelons par ailleurs
que les machines pneumatiques de Nollet, si l'on en croit Jean-François
Gauvin, figurent parmi les instruments les plus aboutis (techniquement
et esthétiquement) de son catalogue[8]. Enfin, ce qui nous est apparu dans
les deux cas précédents comme une volonté délibérée de favoriser l'entrée
en scène d'objets techniques complexes, trouve son prolongement dans
les détours techniques auxquels Nollet invite le démonstrateur pour
certaines opérations des plus simples n'impliquant à proprement parler
ni instrument scientifique ni appareil de démonstration. La première
expérience destinée à montrer la compressibilité des corps demande ainsi
une préparation d'apparence sommaire : « Une boule de métal dont on
a mesuré exactement la capacité, assez mince pour être flexible, remplie
d'eau entièrement, & bouchée de façon qu'elle ne puisse rien perdre par
l'orifice, s'applique à une petite presse[9] ». Le façonnage de la boule de
métal par laquelle sera mise en évidence l'incompressibilité de l'eau
sera d'autant plus important que ladite boule sera soumise à une forte
contrainte, et *L'Art des expériences* donne en effet des recommandations
à cet effet. Mais l'ouvrage technique s'attarde également sur la presse,
qui est une fois encore le choix de la difficulté :

> Il y a bien des moyens dont on pourroit se servir pour presser fortement cette
> boule remplie d'eau ; un simple levier monté sur une planche, arrêté par un
> bout avec un mouvement de charniere, comme le couteau du Boulanger, &
> chargé d'un poids par l'autre bout (…) On la comprimeroit encore autant
> qu'on voudroit entre les deux mâchoires d'un grand étau (…) Mais cette
> expérience se fait d'une manière plus élégante, par le moyen d'une petite
> presse dont voici la description[10].

S'ensuivent quatre pages de descriptif détaillant l'assemblage d'une planche
et de pilastres de chêne chantourné, de vis de bois de poirier traversées
de broches de fil de fer terminées en pointe carrée, de roues de cuivre à
quarante-huit dents, de pignons de fer, de plaques et de carrés de cuivre
incrustés dans le bois… bref le compte rendu d'une réalisation technique
bien éloignée de l'apparente simplicité du dispositif décrit dans les *Leçons*.

---

8   Voir L. Pyenson et J.-F. Gauvin, *L'Art d'enseigner la physique, op. cit.* p. 185.
9   *LPE, op. cit.* tome 1, p. 119.
10   *AE, op. cit.* tome 2, p. 44.

Le choix de la complexité technique, qui permet à Nollet de convoquer le plus largement possible le savoir-faire des arts mécaniques dans l'appareillage expérimental, nous invite à considérer l'instrumentation scientifique autrement que comme une simple médiation entre l'expérimentateur et le phénomène physique. L'esthétisation du matériel de laboratoire est un autre signe. Nollet emploie par exemple le *verd-de-gris*, qui « vous donnera une belle couleur verte pour les enluminures[11] » ; il prépare des moulures, « qui s'appliquent ensuite avec un peu de soudure, pour orner certains ouvrages », suggère pour sa fontaine qu'« Un Amateur qui aura du loisir & de l'adresse, la rocaillera avec de petites coquilles de mer[12] » ; il donne une « Instruction sur la composition des vernis & sur la manière de les employer tant sur le bois que sur le métal, avec des couleurs et des ornements[13] »… L'épitre adressée à Monseigneur le Dauphin annonce par ailleurs « la description de tous ces Instruments que j'ai fait passer sous vos yeux pendant l'espace de dix années[14] », avec pour intention affichée de mettre ces instruments sous protection royale :

> Le premier acte de cette protection qu'elle désire avec tant d'empressement, permettez-moi de vous le dire, MONSEIGNEUR, c'est la conservation, & même l'augmentation de cet appareil d'Instruments à l'aide desquels elle a mérité votre attention[15].

Le legs d'une instrumentation à laquelle Nollet a attaché des soins qui dépassent de loin la simple recherche de fonctionnalité attire notre attention sur sa valeur intrinsèque.

Pour apprécier cet aspect technique dans son contexte historique, il nous faut nous écarter un peu de l'œuvre de Nollet. Considérons l'instrument scientifique tel que le conçoit Diderot lorsqu'il livre en 1753, après avoir consacré tant de travail et d'énergie à la *Description des Arts*, ses *Pensées sur l'interprétation de la nature*, qui sont, rappelons-le, une méditation sur la méthode expérimentale. Seules deux *pensées*, 52 et 53, sont explicitement consacrées à l'instrumentation sous l'intitulé

---

11   *Idem* p. 282.
12   *AE*, tome 2, p. 29.
13   *AE*, tome 1, p. 13.
14   *Idem* p. III.
15   *Idem* p. V.

« Des instruments et des mesures ». Et elles ne reflètent pas exactement l'investissement passionné de l'abbé Nollet pour la réalisation des instruments. Diderot en reconnaît pourtant l'importance :

> Nous avons observé ailleurs que, puisque les sens étaient la source de toutes nos connaissances, il importait beaucoup de savoir jusqu'où nous pouvions compter sur leur témoignage : ajoutons ici que l'examen des suppléments de nos sens, ou des instruments, n'est pas moins nécessaire. Nouvelle application de l'expérience ; autre source d'observations longues, pénibles et difficiles[16].

Mais tandis que chez le physicien la pratique expérimentale s'appréhende comme une continuité depuis la fabrication des instruments jusqu'à la mise au point du dispositif de l'expérience, Diderot sépare ces deux phases en dévalorisant la première : « Combien d'industrie, de travail et de temps perdus à mesurer, qu'on eût bien employés à découvrir[17] ». Lecteur de récits d'expériences, bientôt spectateur de celles de Rouelle (à partir de 1754), mais non praticien, il ne semble pas avoir mesuré l'importance de ces « coulisses » de l'expérience que Nollet dévoilera en 1770 dans *L'Art des expériences*. Il en mesure la charge sans en évaluer toute la portée. Laurent Versini signale pourtant comme décisive l'orientation de la pensée de Diderot qui « promeut, comme dans l'*Encyclopédie*, le "manœuvre ou ouvrier", l'*homo faber* qui fait des découvertes utiles un peu au hasard[18] ». Sans doute se réfère-t-il à la *pensée 30* : « La grande habitude de faire des expériences donne aux manouvriers d'opérations les plus grossiers un pressentiment qui a le caractère de l'inspiration ». Leur principal mérite serait celui de l'habitude : « Ils ont vu si souvent et de si près la nature dans ses opérations, qu'ils devinent avec assez de précision le cours qu'elle pourra suivre dans les cas où il leur prend envie de la provoquer par les essais les plus bizarres[19] ». Diderot voit ainsi l'*habitus* comme source de l'*inspiration* de l'ouvrier, ce que l'on peut transposer, chez l'expérimentateur investi dans les arts mécaniques comme l'est Nollet, en une anticipation intuitive des résultats expérimentaux.

Un autre éclairage nous vient d'un philosophe qui a mis l'objet technique au cœur de sa pensée. Dans un texte de 1961, Gilbert Simondon

---

16 Diderot, *Pensées sur l'interprétation de la nature* (1753), *Œuvres*, tome I Philosophie, Paris, Robert Laffont, 1994, pensée 52, p. 591.
17 *Ibid.*
18 *Idem*, Introduction aux *Pensées...*, p. 556.
19 *Idem*, pensée 30, p. 570-571.

s'interrogeait sur les caractéristiques de la « mentalité technique[20] » en avançant l'hypothèse de « schèmes cognitifs » qui lui seraient propres. Il montre par exemple que l'activité technique portant sur des sous-ensembles relativement détachables de l'ensemble dont ils font partie (par opposition à un organisme indivisible), « la distinction des sous-ensembles et des modes de leur *solidarité relative* serait ainsi le premier travail mental enseigné par le contenu cognitif de la mentalité technique[21] ». D'une certaine manière, Diderot cherche lui aussi les *schèmes cognitifs* du manouvrier détenteur de l'*inspiration* : « Il faudrait que celui qui en est possédé descendît en lui-même pour reconnaître distinctement ce que c'est, substituer au démon familier des notions intelligibles et claires[22] ». Mais Simondon nous oriente beaucoup plus précisément vers l'origine « artisanale » des *schèmes cognitifs* et des *modalités affectives* qu'un expérimentateur comme Nollet a pu acquérir par sa pratique des arts mécaniques :

> … dans l'artisanat, toutes les conditions dépendent de l'homme ; la source de l'énergie est la même que celle de l'information. C'est dans l'opérateur humain que se trouvent l'une et l'autre ; l'énergie y est comme la disponibilité du geste, l'exercice d'une force musculaire ; l'information y réside à la fois comme apprentissage, tiré du passé individuel enrichi par l'enseignement, et comme exercice actuel de l'équipement sensoriel, contrôlant et régulant l'application des gestes appris au concret matériel de la matière ouvrable et aux caractères particuliers de la fin[23].

Les détours par lesquels nous avons vu Nollet cheminer pour introduire des objets techniques complexes nous amèneront aussi à interroger le rôle des *machines* dans sa démarche scientifique. On sait l'importance du *mécanisme* depuis Descartes, et la large résonance du mot *machine*, qui au XVIIIe siècle désigne tout dispositif complexe, du corps humain à l'outil de production élaboré. L'objet technique *machine* ouvre donc de vastes perspectives, et les leçons sur la dynamique vont permettre de poser plus clairement les enjeux « rationnels » de la machine.

20 Gilbert Simondon, « La mentalité technique », dans *Sur la technique (1953-1983)*, Paris, P.U.F., 2014.
21 *Idem* p. 300.
22 Diderot, *Pensées…, op. cit.*, pensée 31, p. 571.
23 G. Simondon, « La mentalité technique », *Sur la technique, op. cit.*, p. 302.

ÉPAISSEUR THÉORIQUE ET COMPLEXIFICATION
DU DISPOSITIF EXPÉRIMENTAL

L'ensemble sur la statique et la dynamique (leçons III à VIII) est beaucoup plus volumineux que le précédent, et présente surtout une organisation discursive plus complexe. Les six leçons peuvent se ramener à quatre unités principales (les troisième et quatrième leçons posent les lois du mouvement simple et réfléchi[24], la cinquième porte sur le mouvement composé, la sixième sur la pesanteur, les septième et huitième sur l'hydrostatique), divisées comme les leçons précédentes en *sections* (treize). Certaines sections s'organisent à partir de l'énoncé de *lois* : la troisième section de la leçon III énonce les trois lois du mouvement simple, la première section de la leçon V s'ouvre sur la loi du mouvement composé. La première loi du mouvement simple (sur la conservation du mouvement) s'accompagne elle-même de deux *articles* sur la résistance des milieux et des frottements, développés chacun en plusieurs expériences. On retrouve cette subdivision par articles dans la troisième section de la leçon IV sur la « Communication du Mouvement dans le Choc des Corps » et dans la deuxième section de la leçon VI sur « les Phénomenes où le mouvement est composé de la pésanteur & de quelque autre puissance ». Mais, dans ce dernier cas, les deux articles (« Du Choc des Corps non-Élastiques » et « Du Choc des Corps à ressort ») sont eux-mêmes subdivisés en *propositions*, chacune donnant lieu à plusieurs expériences. Les trois sections de l'hydrostatique sont enfin directement subdivisées par propositions (treize). Nollet adjoint encore une présentation des usages de la balance hydrostatique, une autre sur l'araeomètre (ou pèse-liqueur), une table alphabétique des matières indiquant leur « pesanteur », un appendice « touchant les tuyaux capillaires » organisé en *articles* et *propriétés*. On le voit, la structure complexe d'un discours à la ramification asymétrique désigne une « épaisseur » théorique bien supérieure à celle de la partie sur les propriétés des corps.

Notre premier constat est que la complexification du dispositif expérimental « répond » en bien des points à celle de l'exposé théorique. Le corpus expérimental, riche de plus de quatre-vingts expériences, s'accroit

---

24   La continuité est établie par le titre de la quatrième leçon : « Suite des lois du mouvement… »

en premier lieu par un étalement discursif en de multiples *effets* correspondant à des variantes dans la manipulation : la quatrième expérience sur la chute des corps par des plans inclinés se décline en quatre « effets[25] », comme la huitième expérience sur l'équilibre des solides plongés dans les liqueurs[26], etc. En outre, si une partie des expériences ne nécessite qu'une mise en œuvre assez simple, notamment dans les leçons sur l'hydrostatique, la complexité d'autres dispositifs expérimentaux n'en est que mieux mise en valeur. La vérification de la résistance des milieux se fait en observant un mouvement d'horlogerie sous la cloche de la machine pneumatique (le mouvement est accru en milieu raréfié) ou grâce à un instrument à moulinets dont les différentes inclinaisons des ailes mettent en évidence la résistance de l'air. Plus complexe apparaît le dispositif réalisé à l'aide de la machine pneumatique dans les deux premières expériences sur l'action de la pesanteur seule sur un mobile[27]. Le mouvement composé de la pesanteur et d'une autre force s'observe par un dispositif tout aussi ingénieux, et déclinable pour mettre en évidence de nombreux effets[28]. Ici, Nollet désigne d'ailleurs son dispositif comme une *machine*, et la moitié des expériences fait intervenir des machines. Dans son sens d'objet fabriqué composé d'organes formant système en vue d'obtenir un effet, le mot *machine* peut s'appliquer à des réalisations assez sommaires. Mais l'étude des forces centrales mobilise une machine très élaborée, la centrifugeuse que L. Pyenson et J.-F. Gauvin ont reproduite en couverture de leur ouvrage[29] comme témoignage de l'ingéniosité du démonstrateur. La machine compliquant

---

25 Voir *LPE*, *op. cit.* tome 2, leçon 6, p. 201.

26 *Idem* p. 218.

27 « On établit solidement sur la platine d'une machine pneumatique, un châssis qui contient un tuyau de verre qui a six pieds de longueur, deux pouces de diamètre, plus large & ouvert par ses deux extrémités A, B. On joint en-haut par le moyen d'un anneau de cuir mouillé, une platine de cuivre sous laquelle est fixée la chappe d'une piece qui tourne verticalement, & qui se divisant en six rayons, forme autant de pinces à ressort [...] Son axe porte un pignon à lanterne qui engraine une roue à chevilles F, en-arbrée sur une tige de cuivre bien cylindrique qui traverse la platine & un colet G rempli de cuirs gras. Le bout de cette tige est fixé à un rouleau H au-dessus duquel est un anneau qui répond à un levier I, & ce levier se meut par le moyen d'un cordon ; K est un barillet garni d'un ressort de montre, pour contretirer le cordon qui envelope & qui fait tourner le rouleau H [...]. », deuxième expérience de la Leçon VI sur la gravité, *LPE*, *op. cit.* tome 2, p. 128-129.

28 *Idem* voir p. 188 à 201.

29 *L'Art d'enseigner la physique*, *op. cit.*

l'expérience de Descartes pour donner à son globe de cristal deux sens de rotation est également complexe, comme les suivantes de la section[30]. Dans l'ensemble des dispositifs expérimentaux relativement simples de l'hydrostatique, la machine de la septième expérience de la première section « De la pésanteur & de l'équilibre des liqueurs dont les parties sont homogènes » est d'autant plus remarquable[31]. *L'Art des expériences* apporte évidemment sur ce point un éclairage précis.

Le détour technique par les voies les plus complexes[32], que nous avions déjà observé dans le chapitre précédent, s'il continue à revêtir le caractère d'un stimulant des schèmes cognitifs, assume ici une fonction nouvelle dans son articulation à l'épaisseur théorique que Nollet se donne la charge de restituer. En outre, un vaste ensemble « machiniste » s'étale dans le cadre référentiel des *applications*, depuis les machines d'opéra[33] aux pompes de Papin[34] et autres machines hydrauliques[35], encore élargi par le renvoi au recueil des machines de l'Académie des Sciences et à celui de Ramelli[36]. En ouvrant sur le discours technologique de ces derniers recensements savants, Nollet ne fait que souligner la synthèse qu'il présente partout dans ses leçons entre la rationalité technique des

---

30 Expériences IV, V, VI et VII sur les forces centrales, *LPE*, *op. cit.* tome 2, leçon 5, p. 63-97.
31 « Sur les deux petits côtés de la cuvette AB, s'élèvent deux montans A C, B D, creusés par dedans en coulisses, pour recevoir les deux pieds de la piece E F, qui par ce moyen, hausse & baisse, & se fixe où l'on veut avec les deux vis C, D. En E & en F, sont deux petits piliers ouverts par le haut en fourchettes, pour recevoir deux leviers GH, terminés de part & d'autre par deux portions de poulies, dont les gorges ont pour centre celui du mouvement dans la fourchette. Au fond de la cuvette est attaché un trépied de fer, qui porte un cylindre creux de métal K, dans lequel glisse un piston qui a peu de frottements. […] Le cylindre reçoit à vis plusieurs vaisseaux de verre […] garnis par le bas, d'une virole de cuivre, & par le haut, d'une large cuvette. La hauteur de tous ces vaisseaux est égale, mais leurs figures & capacités sont […] fort différentes. Quand un de ces vaisseaux est adapté au cylindre […] deux poids L, M qui tirent sur les leviers, tendent à élever perpendiculairement le piston, par le moyen d'une verge de métal N, & d'un double cordon attaché en G & en H, & qui traverse une mortaise pratiquée dans la piece EF » etc. Septième expérience de la Leçon VII sur l'hydrostatique, *LPE*, *op. cit.* p. 263-265.
32 La première expérience proposée par Nollet dans la Leçon III met d'emblée en œuvre un tel détour technique : « Si l'on ne veut pas, ou si l'on ne peut pas se procurer une machine telle que je la viens de décrire, on fera l'expérience dont il s'agit avec moins d'appareil ; & elle n'en sera pas moins concluante », *L'Art des expériences*, *op. cit.* tome 2, p. 65.
33 *Idem* voir p. 15.
34 *Idem* p. 50.
35 *Idem* p. 271-276.
36 *Idem* p. 50.

machines (expérimentales ou utilitaires) et la rationalité scientifique qui s'efforce de dégager les lois cinétiques. Il est à ce titre intéressant de noter l'argument par lequel Nollet justifie sa longue description des machines hydrauliques : « il est à propos d'en connoître au moins les principales parties [...] afin de n'être point la dupe de son imagination, ou des fausses promesses de certaines gens, dont le génie naturel n'est point assez éclairé par les lumières de la théorie[37] » : l'exposition technologique de la machine est en soi un condensé théorique éloignant ces chimères de l'imagination contre lesquelles la méthode expérimentale lutte farouchement[38].

LA MACHINE,
ENJEU THÉORIQUE FONDAMENTAL

L'entrée en scène massive des machines dans le cadre de l'expérience nous invite d'autant plus à examiner ici leur rôle dans la physique expérimentale, que la *mécanique rationnelle* des leçons sur la statique et la dynamique nous désigne, en point de fuite, les machines qui seront analysées par Nollet dans sa neuvième leçon. C'est précisément la possibilité d'une liaison intime entre technique et pensée théorique que nous voulons à présent vérifier.

Il semblerait que la catégorie « machine » recouvre plusieurs ensembles d'appareils dont il peut être problématique de confondre les caractéristiques. P. Brenni distingue ainsi des instruments purement didactiques, inutilisables pour la recherche, une autre classe permettant d'accroître les connaissances et n'excluant pas les découvertes, enfin les instruments d'observation (microscopes, lunettes astronomiques[39]...). Au titre du dispositif expérimental permettant de provoquer le phénomène, et

---

37   *Idem* p. 272.
38   Le *Programme* refuse les « raisonnements non fondés », les « systêmes chimériques » (Préface *PIGCF*, 1738, p. IV), les *Leçons* écartent la science qui n'embrasse que des questions « qui paroissent être de quelque importance que par des probabilités, & s'appuyant sur des hypothèses » (Préface *LPE* tome 1, 1743, p. III), dans un rejet de l'imagination comme source interprétative.
39   « Jean-Antoine Nollet... », dans *L'Art d'enseigner...*, *op. cit.*, voir p. 18.

dans le cadre exclusif de la dynamique, seules les deux premières classes d'appareils nous intéressent ici. Or, comme le remarque A. Turner, « la méthodologie qu'emploie Nollet pour ses recherches en physique est, en définitive, une copie conforme de celle qu'il utilise dans ses cours[40] ». Si l'instrument didactique reste figé dans sa forme aboutie dès lors qu'il apporte entière satisfaction dans l'exposition d'un phénomène, alors que l'instrument proprement scientifique évolue et se perfectionne au gré des attentes théoriques qui le stimulent, appareils de *démonstration* et appareils de *recherche* expérimentale forment une continuité généalogique, les premiers n'étant le plus souvent que des formes primitives des seconds. Dans le cadre de cette première approche de l'ensemble *machinique* présent dans les *Leçons*, nous n'aurons en tout cas pas besoin de distinguer ces deux ensembles.

Le détour par l'*Encyclopédie* permet une fois encore de cerner les enjeux qui investissent la machine dans la pensée du milieu du XVIIIᵉ siècle, si l'on considère ce que Martine Groult appelle « la mécanique de la vérité[41] » à propos de la pensée déployée par d'Alembert dans l'*Encyclopédie*. L'expression est empruntée au mathématicien-philosophe lui-même, quand il fait part à Gabriel Cramer de certaines « réflexions métaphysiques » : « elles avaient pour objet la marche de l'esprit dans ses raisonnements, la manière dont il va d'une connaissance à une autre et pour ainsi dire la mécanique de cette opération[42] ». Si l'emploi métaphorique de la référence mécanique peut faire douter de la solidité du lien entre machine et raisonnement, Diderot confirme sans équivoque l'analogie en question, dans son article « Bas » : « Le métier à faire des bas est une des machines les plus compliquées & les plus conséquentes que nous ayons : on peut la regarder comme un seul & unique raisonnement, dont la fabrication de l'ouvrage est la conclusion ». Toute machine est un raisonnement avant d'être un objet technique. Et on sait le degré d'excellence auquel atteint parfois selon Diderot ce raisonnement :

> Dans quel système de physique ou de métaphysique remarque-t-on plus d'intelligence, de sagacité, de conséquence, que dans les machines à filer l'or,

---

40 Anthony Turner, « Les sciences, les arts et le progrès. Jean-Antoine Nollet : de l'artiste au savant », dans *L'Art d'enseigner la physique…*, *op. cit.* p. 29.

41 Martine Groult, *D'Alembert et la mécanique de la vérité dans l'Encyclopédie*, Paris, Champion, 1999.

42 D'Alembert, Lettre à Gabriel Cramer du 21 septembre 1749.

faire des bas, dans les métiers de passementiers, de gaziers, de drapiers ou
d'ouvriers en soie ? Quelle démonstration de mathématique est plus compliquée
que le mécanisme de certaines horloges [...] ? (article « Art »).

Après tout, Diderot ne fait ici qu'apporter la légitimation de l'assise pri-
mitive de l'entreprise encyclopédique de recensement des connaissances
universelles qu'est la *Description des arts*, en prolongeant une tradition
intellectuelle marquée par l'influence de Descartes.

La section sur « les forces centrales » fait intervenir une machine
destinée à l'étude de la force centrifuge liquide que J.-F. Gauvin et
L. Pyenson distinguent comme l'une des plus imposante de la collection
du Musée Stewart de Montréal[43]. C'est la fameuse machine permettant
de mettre en rotation un globe de cristal contenant deux liquides de
masses différentes. Elle illustre bien les liens intimes qui se nouent
entre technique et théorie scientifique. Nollet, qui puise aux sources de
Descartes, rappelle en premier lieu que cette machine n'a d'abord été
qu'une vue de l'esprit dans un cadre expérimental fictif : « Ce Philosophe,
cherchant à appuyer son raisonnement sur quelques faits, pour donner
plus de vraisemblance à son hypothése, indiqua une expérience fort
curieuse, qu'on n'a pas lieu de croire qu'il ait jamais exécutée de son
tems[44] ». Galilée aurait lui aussi recouru à des dispositifs expérimentaux imaginaires pour justifier ses hypothèses. La machine que nous
annonce Nollet est ici de double nature : elle est une attente de preuve
expérimentale, un projet non réalisé, et qui le sera par les successeurs de
Descartes ; elle est aussi une modélisation abstraite qui, dans la même
intention que les « fausses » preuves expérimentales parfois avancées par
Galilée, fournit une représentation rationnelle, épurée et crédible d'un
phénomène entièrement guidé par la pensée théorique de l'hypothèse.
Nollet rapporte que Huyghens, toujours sans le secours de l'expérience,
rectifia l'hypothèse de Descartes en imaginant que la force centrifuge
du liquide le plus lourd contenu dans le globe contraindrait le liquide
le plus léger à se répartir sous la forme d'un cylindre le long de l'axe
de rotation, et non sous celle d'une sphère autour du centre. Bulfinger,
en 1728, propose à l'Académie des Sciences d'examiner la cause et le

---

43   Voir « Les instruments scientifiques de Jean-Antoine Nollet. Introduction, inventaire
     et description de la collection du Musée Stewart », dans *L'Art d'enseigner la physique...*,
     op. cit. p. 135.
44   *LPE*, tome 2, *op. cit.* p. 62-63.

mécanisme de la gravité à partir d'une machine mettant en rotation le globe autour de deux axes perpendiculaires. Nollet rapporte cette proposition, en indiquant, pour l'avoir expérimentée lui-même, que les effets obtenus ne confirment pas l'hypothèse qu'y associait Bulfinger. Dans un mémoire remis à l'Académie des Sciences en 1741, Nollet laisse d'ailleurs entendre que celui-ci n'avait réalisé qu'une ébauche de machine : « il s'assûra de la double rotation du Globe de verre par un modèle en petit, mais nous ne voyons pas qu'il ait été plus loin[45] ». L'appareil à simple rotation qu'utilise Nollet, s'il n'est pas le premier du genre, appartient à une série de modèles qui concrétisent tardivement le dispositif expérimental de Descartes ; l'appareil à double rotation est une réalisation peut-être exclusive de Nollet. Issu d'une conception *ingénieuse* selon celui-ci, le passage du concept à l'*engin*, malgré l'importance des hypothèses à vérifier puisque le système cartésien des tourbillons était ici en question, permet de mesurer l'ampleur de la généalogie qui mène de l'idée « curieuse » de Descartes au raisonnement figuré sous la forme de machine virtuelle, puis à l'appareil scientifique construit par Bulfinger et à sa complexification en modèle réduit, enfin à l'appareil de démonstration de Nollet et à sa construction « en grand » du modèle à double rotation. « Un unique raisonnement » dont la machine ne serait que « la conclusion », la formule de Diderot pourrait à bien des égards s'appliquer à cette centrifugeuse. Si ce n'est que la visée scientifique n'est pas le but exclusivement productif de la machine à bas, que le raisonnement n'est pas unique mais suit le cours de la controverse théorique, et que la conclusion reste ouverte puisque la machine n'apporte pas l'explication de la gravité[46]…

Nous voudrions enfin rappeler l'attachement de Nollet pour l'ensemble de ses appareils de démonstration et de son instrumentation, comme l'indiquent les souhaits qu'il exprime sur leur conservation dans son épître à Monseigneur le Dauphin dans *L'Art des expériences*. Le dispositif expérimental revêt pourtant un double caractère aléatoire et transitoire qui pourrait faire douter de l'intérêt de la conservation de ces machines. Aléatoire dans la mesure où, comme le signale lui-même Nollet quand

---

45   « Mémoire dans lequel on examine par voie d'expérience, quelles sont les forces & les directions d'un ou de plusieurs fluides… », *HARS*, 1741, p. 197.

46   Ainsi se conclut l'expérience : « Il me paroît plus raisonnable de croire que d'autres pourront faire ce que nous n'avons pas fait, que de regarder comme absolument impossible ce que nous avons tenté inutilement. », *LPE, op. cit.*, tome 2, p. 80.

il réalise plusieurs expériences montrant le même effet, un phénomène physique peut être provoqué par différents dispositifs, dont on peut imaginer des expressions techniques infiniment variées ; transitoire dans la mesure où les secrets de la nature sont évidemment loin d'être tous percés, et que les découvertes envisageables impliquent le renouvellement des dispositifs expérimentaux. La distinction entre appareils de démonstration, ensemble figé, et appareils de recherche, sujets aux innovations et aux améliorations, serait ici évidemment efficace pour isoler un ensemble de machines légitimement placé sous protection royale. Mais Nollet lui-même ne fait pas cette distinction et demande le même traitement pour tous ses appareils. Leur destinée sera par ailleurs en partie conforme aux vœux de leur concepteur, puisqu'ils intégreront quelques décennies plus tard la collection du Conservatoire National des Arts et Métiers. Cette conservation hors de toute pratique et de tout enseignement de la physique est-elle pour autant celle qu'espérait Nollet ? En bref, l'attachement de Nollet à ses machines pose la question de leur obsolescence. À vrai dire, le physicien n'est pas le seul à manifester un attachement aux machines *en dépit* de leur obsolescence, et Diderot confesse une étonnante préférence dans son article « Bas » : « j'ai préféré le métier tel qu'il étoit anciennement, au métier tel que nous l'avons ». Y aurait-il un état mécanique antérieur préférable à celui qui présente des perfectionnements ? Cela revient à concevoir un stade d'achèvement et de perfection mécanique ultime qui, dans le cas du physicien, et plus particulièrement dans le domaine de la dynamique, correspond à un fixisme légitimé par la normalisation du paradigme newtonien, mais aussi par la nature de ce paradigme : « La pensée newtonienne était de prime abord un type merveilleusement net de pensée fermée[47] ».

---

47   G. Bachelard, *Le Nouvel Esprit... op. cit.* p. 46.

LA TECHNIQUE COMME PRINCIPE STRUCTURANT
DE LA CONNAISSANCE

La technique présente dans les leçons 10 et 11 sur l'air un apparent désordre. Ces leçons nous font d'abord remarquer la présence intermittente des arts mécaniques, qui avaient été réintroduits dans l'étude de la mécanique pratique après avoir été évincés dans les leçons sur la dynamique : ils sont à nouveau écartés. En outre, avec l'éclatement des aspects théoriques de l'air – compressibilité, respiration, transmission du son, météorologie –, les procédures expérimentales se séparent nécessairement en corpus distincts : la machine pneumatique est largement utilisée pour étudier l'air respirable, les dispositifs mettant les cordes en tension permettent d'observer les phénomènes vibratoires à l'origine du son, un ingénieux anémomètre est présenté dans la dernière partie sur le vent... On note encore des applications appartenant à des sphères techniques peu compatibles. Les fontaines artificielles trouvent encore leur place dans des applications ludiques[48] qui se distinguent de la recherche de l'utile qui anime les inventeurs de pompes portatives pour éteindre les incendies[49], de ventilateurs[50] pour renouveler l'air vicié ou de la machine à « laver l'air » mise au point par Nollet lui-même[51]. La technique peut inversement s'apparenter au néfaste quand l'expérimentateur invite à la restriction de l'utilisation des armes « à vent », signalant le danger que représente une arme silencieuse comme l'arquebuse à air comprimé[52]. On pourrait encore s'attarder sur la mention faite de l'invention ratée d'un sous-marin[53] pour souligner le manque d'unité du corpus technique, entre les objets véritablement fonctionnels, les simples prototypes et les échecs.

On distingue pourtant les linéaments d'un ordre technique qui émerge à la faveur des multiples liens établis entre les leçons sur l'air et les leçons précédentes, et qui participe aussi bien à l'intelligibilité du réel qu'à la

---

48 *LPE*, tome 3, voir p. 235 et suivantes.
49 *Idem* voir p. 241.
50 *Idem* voir p. 281 et suivantes sur l'invention d'un ventilateur par Hales et Desaguliers.
51 *Idem* voir p. 284.
52 *Idem* voir p. 233 et suivantes.
53 *Idem* voir p. 283.

structure d'ensemble du discours. Dans le prolongement de la neuvième leçon, les machines restent ainsi inscrites dans l'horizon technique du cours, la leçon 11 s'achevant sur l'éloge d'un *crible*, machine permettant de nettoyer le blé[54]. Au seuil de la première expérience, Nollet retrace par ailleurs l'histoire de la machine pneumatique, en expliquant les progrès qu'il y a lui-même apportés, et livre le descriptif de celle qu'il utilise pour son cours[55]. Précocement introduite dans les premières leçons sur les propriétés des corps, la machine pneumatique y figurait donc comme l'annonce d'un dévoilement ultérieur, différé jusqu'à ce qu'une initiation plus globale à la machine ait été faite. À une utilisation d'abord énigmatique, mettant à profit la fascination devant l'instrument complexe, succède une utilisation raisonnée de la technique, dans une démarche de démystification de la « science-spectacle ». Un autre passage illustre bien cette progression, lorsque Nollet livre le secret d'une manipulation permettant de remplir les thermomètres de mercure :

> Dans la première leçon j'ai fait mention d'une petite cassolette de verre que j'ai supposé être en partie pleine d'une liqueur odorante, mais je n'ai point dit alors comment on s'y prend pour emplir ce petit vase, dont le col & l'orifice sont tellement étroits, qu'il n'y a pas moyen de faire usage d'un entonnoir (...) C'est aussi de cette manière qu'on emplit les thermomètres[56]…

L'utilisation de la pression atmosphérique participe à la fabrication de l'instrument, ce qui permet de faire coïncider le dévoilement des secrets de l'objet technique avec celui du phénomène physique. Les compréhensions de l'un et l'autre se retrouvent ainsi imbriquées. C'est aussi pourquoi la description de la machine pneumatique est laissée en suspens dans l'attente des expériences qui permettront de comprendre certaines propriétés de l'air : « Les autres fonctions de cette machine dépendent des propriétés mêmes de l'air que je dois faire connoître ; c'est pourquoi je diffère d'en parler jusqu'à ce que j'aye donné une idée assez étendue de ce fluide sur lequel elle agit[57]. »

---

54   « …ce crible qui vient originairement d'Allemagne, a été perfectionné, & à Paris & aux environs, par les soins de M. d'Hecbourg, ancien Officier d'Artillerie ; je sçais par moi-même, et par le grand débit que je lui ai vû faire de cette machine, combien elle est utile à ceux qui ont beaucoup de grain à conserver et à nettoyer », *idem* p. 501.
55   *Idem* voir p. 187 et suivantes.
56   *Idem* p. 252.
57   *Idem* p. 188.

L'introduction du vivant, très largement présent dans les leçons sur l'air, correspond également à un stade de maturité tant théorique que technique atteint par le « commençant ». Nollet prolonge l'approche bio-mécanique de la leçon 9 par celle des fonctions vitales, la respiration principalement, mais aussi la digestion[58]. L'homme et l'animal entrent dans le champ d'investigation[59], à partir d'expériences menées à l'aide de la machine pneumatique et de la pompe foulante : pigeons et poissons sont asphyxiés[60]. Cet emploi mortifère du dispositif expérimental ouvre de prime abord un espace de confrontation hostile entre l'objet technique et l'être vivant. Nollet envisage néanmoins l'intégration de ce dispositif à l'effort de classification du règne animal :

> Comme les genres & les espéces différent non-seulement par la figure & par les mœurs, mais encore par la conformation, le nombre & la grandeur des parties internes, il est vraisemblable que tout ce qui respire ne respire point de la même façon ; que dans certains animaux la respiration doit être abondante, fréquente ; & que dans d'autres au contraire elle peut se faire plus lentement, & avec un air plus rare, au moins pour un certain tems[61].

Dès lors, le temps d'asphyxie devient une mesure physique permettant de réaliser un échelonnement : « les uns meurent dans l'espace de 30 ou de 40 secondes, comme presque tous les oiseaux, les chiens, les chats, les lapins, les souris, &c. pendant que d'autres soutiennent un vuide de plusieurs heures, comme les poissons, la plûpart des reptiles, & nommément la grenouille, qui résiste quelquefois à cette épreuve pendant un jour entier sans mourir[62]. » Peu enclin à la multiplication de ces expériences, dont il emprunte les résultats à d'autres expérimentateurs, Nollet nous renseigne plus par cette curieuse échelle de mesure sur sa confiance en les ressources structurantes de la technique expérimentale que sur son intérêt pour la classification, dont nous avons vu à propos de la mécanique pratique qu'il y recourait surtout par commodité.

---

58 *Idem* voir p. 324-327.
59 Poissons et oiseaux servent à l'illustration de la respiration, les premiers posant également la question de leur supposée surdité (voir p. 418-420) ; chiens, chats, lapins, souris, grenouilles et autres ont été soumis par d'autres expérimentateurs à l'épreuve du vide (voir p. 271) ; les insectes se signalent par les sons qu'ils émettent (voir p. 406) ; Nollet évoque enfin chez l'homme des cas d'asphyxie (voir p. 281) et signale des cas rares de respiration sous l'eau (voir p. 276).
60 *Idem* voir p. 265-266.
61 *Idem* p. 270.
62 *Idem* p. 271.

SEUIL TECHNIQUE
ET SEUIL DE CONNAISSANCE PHYSIQUE

Nulle part ailleurs que dans les leçons sur l'air, Nollet ne fait plus clairement l'aveu des difficultés que pose la méthode expérimentale. Des difficultés techniques qui obligent à multiplier les soins dans la mise en œuvre des expériences et sont source « d'incertitude dans le résultat[63] » (pour déterminer la pesanteur spécifique de l'air), d'où les importants écarts observés selon les expérimentateurs[64] ; pour sa deuxième expérience, empruntée à Boyle et Mariotte, Nollet met par exemple en garde ses lecteurs sur certains détails du dispositif qui pourraient entraîner un échec[65]. Il donne encore des recommandations pour l'utilisation de la machine pneumatique, après avoir constaté que « bien des gens se dégoûtent de la machine pneumatique simple, par la difficulté qu'ils trouvent à remonter le piston[66] », et fait par ailleurs observer que le vide complet ne peut être atteint par aucune de ces machines[67]. À cela s'ajoute une « petite imperfection des machines pneumatiques » qui empêche l'exacte mesure au baromètre de la pression de l'air raréfié[68]. Le baromètre est d'ailleurs lui-même un instrument de mesure sujet aux approximations :

> … il est très-difficile d'estimer au juste chaque ligne d'abaissement du mercure dans le baromètre ; cependant les plus petites erreurs dans cette estimation sont d'une grande conséquence, lorsqu'il s'agit de juger avec exactitude de la hauteur d'une colonne d'air correspondante. Car puisque le mercure ne s'abaisse que d'une ligne pour un retranchement d'environ 12 toises fait à la colonne d'air, on peut aisément se tromper de quelques toises sur celle-ci ; il suffit pour cela qu'il y ait un mécompte d'un 1/12 de ligne dans l'observation du baromètre. Ceux qui connoissent bien cet instrument, conviendront sans peine que l'observateur le plus attentif peut fort bien commettre de pareilles fautes, non-seulement à cause de quelque défaut de mobilité qui peut empêcher le mercure de se remettre dans un parfait

---

63   *Idem* p. 194.
64   *Idem* voir p. 197.
65   *Idem* voir p. 211.
66   *Idem* p. 220-221.
67   *Idem* voir p. 222.
68   *Idem* voir p. 225.

équilibre avec l'atmosphére après ses balancemens, mais encore à cause de la convexité de sa surface & des petites réfractions occasionnées par l'épaisseur du verre, & qui peuvent tromper l'œil[69].

Le problème est d'autant moins négligeable que l'instrumentation de mesure, thermomètre et baromètre, est très largement utilisée dans l'étude des propriétés de l'air. Nollet tranche néanmoins, à propos des prises de mesure dans la 19e expérience sur la distillation, sur le niveau de précision attendu dans l'étude de la physique : « le Physicien doit souvent se mettre au-dessus des minucies, pour n'être point découragé dans ses recherches[70]. »

Là réside sans doute le seuil technique qui sépare la compréhension des propriétés physiques de l'air de la compréhension de ses propriétés chimiques. Lisons Nollet faisant état des connaissances autour du milieu du siècle sur le phénomène de la respiration :

> La vie animale, comme on sçait, consiste principalement dans le mouvement du cœur & dans la circulation du sang. Or si l'on en croit les plus habiles anatomistes, & si l'on en juge par leurs observations & par leurs expériences, la respiration entretient l'un & l'autre ; soit parce que l'air qui est poussé dans les poulmons par le poids de l'atmosphére, sert d'antagoniste aux muscles que la nature employe pour l'inspiration, & que pressant les vaisseaux où le sang a été porté par la contraction du cœur, il le détermine à refluer vers cette source, pour aller ensuite aux autres parties du corps ; soit parce que l'air divisé & filtré, pour ainsi dire, se mêle avec le sang & circule avec lui en l'animant par son ressort : l'animal qui ne peut pas respirer, ne peut donc pas continuer de vivre[71].

Nollet renvoie sur ce point à un mémoire de l'Académie des Sciences de 1700, ce qui souligne la faible évolution de cette compréhension physique, hésitante qui plus est, de la respiration. Plus loin l'asphyxie est sujette encore à des interprétations incertaines :

> C'est un fait constaté par l'expérience, & que les Physiciens expliquent de diverses façons. Les uns prétendent (& c'est le plus grand nombre) que l'air qui a été respiré, est chargé des vapeurs & des exhalaisons, dont il a purgé le sang ; & qu'il ne peut plus être respiré, en cet état, sans causer une surabondance de ces parties nuisibles qui arrêtent la circulation, & qui suffoquent

---

69   *Idem* p. 346.
70   *Idem* p. 315.
71   *Idem* p. 266-267.

l'animal. Les autres pensant avec raison, que l'air n'est propre à la respiration qu'autant qu'il est élastique, croyent qu'il perd une grande partie de son ressort, par le séjour qu'il fait dans les poûmons, ou dans les vaisseaux sanguins ; & qu'ainsi, pour le respirer sainement, il faut, ou qu'il se renouvelle, ou qu'il soit purgé des parties hétérogènes dont il paroît visiblement chargé au moment de l'expiration[72].

Ces hypothèses sont à rapprocher des « suppositions » qui fondent l'interprétation physique de la combustion :

C'est une opinion reçue en Physique, que la flamme consiste dans un mouvement de vibration imprimé aux parties du corps combustible, qui se dissipent sous la forme d'un fluide extrêmement subtile. Si l'on admet cette supposition, que nous examinerons lorsque nous traiterons de la nature du feu ; on conçoit assez aisément pourquoi les corps ne s'enflamment point dans le vuide, & pourquoi la flamme s'y éteint ; car un mouvement de vibration ne peut durer que dans un milieu à ressort, capable d'une réaction qui l'entretienne : ainsi la chandelle s'éteint peu à peu, à mesure qu'on raréfie l'air du récipient, parce que le ressort du fluide environnant diminue comme sa densité, & que les vibrations de la flamme n'éprouvent plus assez de réaction de sa part[73].

L'élasticité est donc, on le voit, la clé de lecture des phénomènes qui impliquent l'air. À ce titre, le caractère apparemment disparate des leçons 10 et 11 s'atténue nettement : la respiration, plus loin la digestion, mais aussi la fermentation, etc. s'expliquent, comme l'acoustique ou le vent, par les propriétés d'un corps à ressort. Une « clé » dont on mesure l'approximation aux tournures hypothétiques du discours de Nollet, mais qui s'adapte pourtant à tous les phénomènes liés à l'air. C'est sans doute dans l'explication des importants volumes d'«air» (dénomination en fait impropre) dégagés par la distillation ou la fermentation, que l'adaptation des propriétés élastiques de l'air à l'interprétation physique du phénomène observé produit le discours scientifique le plus curieux et sans doute le plus inventif. Il faut dire que Nollet doit rendre compte d'une « extension prodigieuse[74] » de l'«air» difficile à justifier sans le secours de la chimie. Le passage est trop long pour être reproduit ici[75], mais on en retient la forte métaphorisation qui sous-tend l'explication. Nollet imagine ainsi que le corps distillé contient des

---

72 *Idem* p. 279-280.
73 *Idem* p. 288-289.
74 *Idem* p. 323.
75 L'*explication* s'étend des pages 316 à 324.

pores, qui retiennent l'air en « globules, ou pour mieux dire, en petites colonnes[76] », décrites plus loin « comme un fil enroulé en peloton[77] », etc. Il conçoit d'ailleurs l'air comme « composé de parties rameuses, ou de petites lames tortillées[78] », modèle qui supplée à la méconnaissance de la composition chimique de l'air : « on peut croire que les petites lames qui composent une masse d'air, ne sont pas des corps simples, mais des petits composés d'élémens plus courts[79] ». La métaphore apparaît dans ces pages comme l'outil d'exploration d'un monde encore largement inconnu et l'indice des limites de la compréhension purement physique des phénomènes liés à l'air.

Ces limites sont celles de la composition de l'air. Dans son étude « De l'Air considéré comme Atmosphère terrestre », Nollet expose les propriétés d'un constituant élémentaire chargé de corps étrangers : « L'atmosphère terrestre est donc un fluide mixte, un air chargé d'exhalaisons et de vapeurs[80]. » « Fluide mixte » mais non « corps mixte », la physique butte sur la nature intime de la matière dont elle étudie les propriétés. Il reviendra à Lavoisier, trente ans après la parution des leçons sur l'air de Nollet, le mérite d'établir la distinction entre « l'air vital » (oxygène) et « l'air nitreux » (azote). Or on sait ce que doit cette découverte cruciale à la précision des mesures pondérales prises lors des expériences de combustion des métaux[81]. La loi de conservation de la matière qui est à la source des déductions novatrices de Lavoisier doit sa formulation aux nouvelles exigences posées par le chimiste en matière d'instrumentation de mesure[82] : le seuil technique est franchi, et avec lui sont dépassées les suppositions auxquelles devait s'arrêter Nollet. Si celui-ci semblait poser de manière assez lucide les limites de son raisonnement scientifique, il en indiquait en même temps les causes et reconnaissait la fiabilité relative de ses relevés. Mieux encore, il a par

---

76 *Idem* p. 320.
77 *Idem* p. 323.
78 *Idem* p. 333.
79 *Idem* p. 296.
80 *Idem* p. 336-337.
81 Expériences dont les conclusions figurent dans le célèbre *Mémoire de Pâques (Sur la nature du principe qui se combine avec les métaux pendant leur calcination et augmente leur poids)* soumis à l'Académie des Sciences en 1775.
82 Voir M. Daumas, *Les Instruments scientifiques aux XVIIᵉ et XVIIIᵉ siècles*, Paris, P.U.F., 1953, dans « L'industrie des instruments au XVIIIᵉ siècle », chp. IV, point VII, « Les balances de précision » et *Lavoisier théoricien et expérimentateur*, Paris, P.U.F., 1955, chp VI, « Les instruments de précision ».

avance désigné les conditions du dépassement de sa physique de l'air, si l'on considère le cours de construction de la balance de la leçon 9 comme la voie tracée à la recherche proprement technique au sein de la pratique expérimentale. Nouveau lien structurel qui façonne la progression du discours et celle de la connaissance du monde physique. Rappelons ici, pour confirmer la continuité de cette progression hors des bornes de l'ouvrage, que Lavoisier a suivi les cours de Nollet[83].

LE RÉSEAU TECHNIQUE

Si le thermomètre fait dans la leçon sur l'eau sa véritable entrée en scène, on sait qu'il a déjà été mis en perspective dans les leçons précédentes sur les propriétés de l'air, qui ont décrit l'utilisation de la pression atmosphérique pour la fabrication des thermomètres. La procédure demeurait pourtant incomplète, laissée en suspens (la machine pneumatique a été éclairée par une démarche similaire) jusqu'à l'*application* de la deuxième expérience sur l'eau :

> En parlant de l'air dilaté par l'action du feu, & de l'usage qu'on peut faire de ce principe, pour emplir des vaisseaux dont l'orifice trop étroit ne permettroit point qu'on se servît d'entonnoir ; j'ai dit qu'on ne pourroit par ce moyen remplir qu'imparfaitement les verres des thermomètres, & que dans tous les cas où il faudroit que de pareils vaisseaux fussent entiérement pleins, on devoit avoir recours à un autre expédient que j'ai promis de faire connoître ; c'est précisément celui par lequel j'ai fait sortir tout l'air de la boule de verre, dans l'expérience précédente[84].

C'est désormais un « marqueur » de la pédagogie de Nollet : la maîtrise technique de l'instrumentation s'acquiert parallèlement au développement de la connaissance.

La mise en perspective du thermomètre à l'intérieur du cours de physique s'approfondit par l'historicité donnée à l'instrument. Les

---

83 Voir M. Daumas, *Lavoisier théoricien et expérimentateur, op. cit.* p. 93 : M. Daumas cite des notes inédites dans lesquelles Lavoisier rend hommage à la rigueur de ses maîtres de physique, dont Nollet.

84 *LPE*, tome 4, p. 76-77.

modèles de Farhenheit et de Réaumur sont commentés : « … Farhenheit, en construisant ses thermomètres, ne manquoit pas d'avoir égard à la hauteur actuelle du baromètre [...]. Les premiers qui ont été construits sur les principes de M. de Reaumur, ne soutenoient pas [...] la chaleur de l'eau bouillante[85] »… Ailleurs, Nollet explique le choix de la graduation adoptée par Réaumur et montre ce dernier menant des expériences « le thermomètre à la main[86] ».

Dès les deux premières expériences sur l'eau, le thermomètre est également intégré dans un ensemble technique préexistant qui élargit la perspective : l'aréomètre, utilisé pour déterminer, dans la première expérience, la pureté d'une eau, et la pompe pneumatique, dans la deuxième expérience, pour raréfier l'air autour d'une eau soumise à la chaleur. L'aréomètre, instrument de mesure de la densité des liquides qui a déjà fait son apparition dans les leçons sur l'hydrostatique, désigne lui-même d'autres instruments de mesure pondérale, comme la balance sur laquelle Nollet s'est attardé dans la leçon 9. Quant à la machine pneumatique, nous l'avons vu apparaître dès la première leçon, alors que les principes de son fonctionnement n'ont été expliqués que dans les leçons sur les propriétés de l'air. Le *réseau technique* continue de se développer selon sa propre cohérence. On remarquera d'ailleurs l'utilisation étroitement liée du thermomètre et de ces deux appareils, de manière à affermir son ancrage dans la trame du réseau. Pour comparer la « pesanteur » de deux eaux différentes à l'aide de l'aréomètre, il faut en effet vérifier au préalable, au thermomètre, leur parfaite isothermie. Quant à la deuxième expérience, elle met en œuvre un dispositif qui associe machine pneumatique et thermomètre ; la planche faisant apparaître (leçon 12, planche 1) ce dispositif permet ainsi « d'afficher » ensemble les deux appareils. Cette même planche présente par ailleurs une bipartition autour d'une diagonale séparant une instrumentation statique dans le bord supérieur gauche d'appareillages expérimentaux animés par la manipulation dans le bord inférieur droit. Ici, les mains et le visage qui souffle représentent des opérations, quand la machine pneumatique et le thermomètre associés « s'affranchissent » pour gagner une autonomie que leur confère parallèlement le discours.

---

85   *Idem* p. 46.
86   *Idem* p. 150.

Nous remarquerons enfin que, s'il désignait dans les leçons sur l'air les limites techniques du matériel expérimental (notamment la machine pneumatique) et la relative imprécision du baromètre, Nollet se montre plus confiant quant à la capacité du thermomètre à répondre aux exigences des plus délicates expériences sur l'eau. Il note à propos des mesures permettant de vérifier l'isothermie de différentes eau que « Ce n'est [...] qu'avec un Thermomètre très-sensible, & scrupuleusement observé, qu'on peut entreprendre ces opérations ». Ce n'est donc pas, cette fois, de la résolution d'obstacles techniques que Nollet attend un dépassement des difficultés théoriques qui pourraient se présenter au fil de la leçon.

La leçon sur l'eau contient, outre cette mise en perspective de l'usage du thermomètre, un intéressant fragment d'histoire des techniques avec l'introduction des pompes à feu. Tout semble partir d'une curieuse invention de Papin, le *digesteur*, « espèce de marmite » hermétique dans laquelle on fait ramollir des os grâce à de l'eau fortement chauffée. Du digesteur serait sortie l'idée d'utiliser la vapeur pour produire un mouvement :

> Il y a toute apparence que Papin, qui paroît avoir imaginé le premier de faire servir la vapeur de l'eau comme un nouveau principe de mouvement, a été conduit à cette pensée, par l'usage de son digesteur dont j'ai fait mention ci-dessus ; car toutes les fois qu'on lâche la vis qui arrête le couvercle, avant que le vaisseau soit refroidi, la vapeur le chasse très-brusquement, & sort elle-même avec impétuosité[87].

Nollet remarque que l'invention aurait pu être faite bien plus tôt, à partir de l'éolipile : « On appelle *éolipile*, une poire creuse de métal [...] ; on y fait entrer en la chauffant [...] de l'eau ou quelqu'autre liqueur qui remplisse la moitié [...] : on la place ensuite comme une caffetière sur des charbons ardens [...]. Ensuite on renverse l'éolipile [...] ; & aussi-tôt la liqueur en sort en forme de jet qui monte quelque fois à la hauteur de 25 pieds[88]. » Mais une erreur d'interprétation du phénomène physique a retardé l'invention technique :

> ... l'effet de l'Eolipile, si connu long-tems auparavant, auroît dû apprendre plutôt de quelle force est capable une vapeur dilatée, & ce qu'on peut attendre

---

87   *Idem* p. 88.
88   *Idem* p. 89-90.

de son effort, si les Physiciens se copiant les uns les autres ne se fussent fait comme une habitude d'attribuer à la dilatation de l'air ce qui appartient véritablement à celle de la vapeur de l'eau[89].

Le cheminement de pensée de Papin, depuis son digesteur, conduira finalement à l'invention de la pompe à feu : « Il parut en 1695 un petit ouvrage de M. Papin, […] touchant plusieurs nouvelles machines qu'il avoit inventées, & parmi lesquelles il proposoit la construction d'une nouvelle pompe, dont les pistons seroient mis en mouvement par la vapeur de l'eau bouillante, alternativement dilatée & condensée[90]. » Nollet esquisse enfin la descendance de cette première machine, chez les Anglais qui « firent une pompe qu'ils employérent avec succès dans les travaux publics », et en France en renvoyant à Belidor qui « dans son Architecture Hydrolique, fait une ample & élégante description de la manière dont elle est construite, des usages, & de ses produits[91] ». C'est la première fois dans les *Leçons* que Nollet retrace ainsi la généalogie d'une invention technique hors du champ de l'instrumentation.

Cette insertion prend d'autant plus de poids, que les étapes qui mènent à l'invention fournissent une partie de la trame des expériences sur l'eau. Le digesteur est à l'origine du dispositif de la troisième expérience de la première section (à partir d'une « boëte cylindrique de métal ») ; l'association de la vapeur et du mouvement est l'objet de la deuxième expérience de la deuxième section, qui met en œuvre une « petite poire creuse de métal » montée sur un chariot, l'ensemble se déplaçant sous l'impulsion de la vapeur ; enfin, pour clore les *applications* de cette même expérience, Nollet décrit la réalisation d'une « machine toute simple, & sans pistons » inspirée de la pompe à feu. La deuxième planche de la leçon représente cette machine, ainsi que la poire sur chariot. Il est intéressant d'observer que le discours de Nollet appartient lui-même à un nouveau développement de la trajectoire technique de la machine à vapeur : les deux figures présentent de manière disjointe le mouvement global d'un « mobile » et celui des organes mécaniques d'une machine, annonçant une synthèse qui permettra d'utiliser la machine à vapeur pour la locomotion. La représentation mentale de Nollet reflète un

89   *Idem* p. 88-89.
90   *Idem* p. 83.
91   *Idem* p. 83-84.

moment précis du génie technique : le rapprochement intuitif de deux objets techniques qui seront appelés à fusionner.

À Bertrand Gille qui s'étonnait de la faible place accordée dans l'*Encyclopédie* à la machine à vapeur, Jacques Proust répondait qu'il fallait au contraire s'étonner d'y trouver dès 1756 une description de la pompe à feu. Rien à cette époque ne laissait présager le rôle majeur que devait jouer la machine à vapeur dans la Révolution industrielle. L'admiration de Diderot à la fin de son article sur la pompe à feu révèle donc pour J. Proust la remarquable acuité du philosophe : « Le jeu de cette machine est très-extraordinaire, & s'il falloit ajoûter foi au système de Descartes, qui regarde les machines comme des animaux, il faudroit convenir que l'homme auroit imité de fort près le Créateur, dans la construction de la *pompe à feu* ». Nous ferons néanmoins remarquer que le tome 4 des *Leçons*, dans lequel figure l'étude des propriétés de l'eau, paraît en 1748, et que face à l'admiration de Diderot à laquelle J. Proust reconnaît un peu de puérilité, Nollet, tant par l'implication inhabituelle de l'invention technique dans la démarche expérimentale que par sa participation à l'évolution d'une mentalité technique qui conduira à l'utilisation de la vapeur dans la locomotion, devance largement les intuitions du philosophe. Allons plus loin, et insistons sur l'importance de cette leçon qui esquisse toutes les potentialités d'une dynamique technoscientifique dès lors qu'elle s'investit dans la réalisation d'un objet mécanique. La Révolution industrielle, que Paul Mantoux voyait germer dès le milieu du XVIIIe siècle, est incontestablement présente dans ce « fragment » du Cours de Nollet.

Les leçons sur le feu contiennent de nouvelles extensions majeures du réseau technique, qui s'élargit d'abord avec un nouvel appareil conçu par Musschenbroeck, le *pyromètre*. Il apparaît dans la deuxième expérience de la deuxième Section sur « Les effets du feu ». Il importe de signaler que l'appareil n'est pas seulement introduit sous la forme de son *principe* pour mesurer la dilatation d'une barre de métal sous l'effet de la chaleur, mais qu'il fait l'objet d'une procédure descriptive dévoilant ses organes. La *préparation* de l'expérience est exposée de manière assez brève, en trois paragraphes. Le premier, le plus long, contient la description ordonnée et illustrée (planche 1 de la leçon) du pyromètre : « Il est composé premièrement d'une lampe à l'esprit-de-vin [...]. Secondement, de plusieurs leviers renfermés dans une boête cylindrique[92] », etc. Le lecteur est ainsi

---

92   *Idem* p. 354.

en mesure de comprendre le fonctionnement mécanique de l'instrument, qui est moins instrument de mesure que machine expérimentale. On remarquera d'ailleurs que les pièces dont on veut mesurer la dilatation *font intégralement partie* de la machine : « Un tiroir pratiqué dans le pied de cet instrument contient des cylindres de différents métaux, tous égaux en longueur[93] », etc. Présenté comme instrument de mesure (« on s'en sert pour mesurer en quelque façon l'action du feu[94] »), le pyromètre est en fait un appareil autonome de démonstration. La mise en scène de l'appareil, telle qu'elle apparaît dans la planche, est à ce titre éclairante. Le pyromètre est posé sur une table. Une draperie, qui découvre l'ornementation des pieds de la table, forme une diagonale favorisant la symétrie entre le riche ouvrage d'ébénisterie du mobilier de salon et la machine. Le tout forme alors un ensemble spectaculaire dans lequel se dissout la fonction proprement scientifique de l'appareil de mesure. Machine ouverte au regard *à l'intérieur* de laquelle s'observe la dilatation, le pyromètre prépare l'enchaînement presque nécessaire des *applications* : la machine de Marly, « Cette machine immense qui frappe d'étonnement tous ceux qui la voient, par l'énormité de sa construction[95] », n'est qu'un changement d'échelle. Nouvelle illustration de la continuité entre la technique expérimentale et la technique référentielle.

Mais l'effacement de la frontière entre instrumentation et dispositif expérimental est décidément l'apport original des leçons sur le feu, puisque le thermomètre est utilisé selon la même méthode dans l'expérience suivante : « L'instrument représenté par AB, fig. 9, est composé d'un verre de thermomètre […]. On emplit la boule & un peu plus que le quart du tuyau, de plusieurs liqueurs successivement[96] »… L'instrument n'est plus, une fois encore, instrument de mesure en tant que tel mais appareil de démonstration.

Prolongeant son entrée en scène après la leçon sur l'eau, l'*objet technique* thermomètre occupe par ailleurs une place encore centrale. Un peu à la manière du « cours de construction » de balance donné dans la leçon 9, Nollet glisse, dans une note qui est la plus longue des *Leçons* (elle s'étend sur trois pages), un précis de construction du thermomètre :

---

93 *Idem* p. 355.
94 *Idem* p. 354.
95 Diderot, *Encyclopédie*, article « Hydraulique » (– architecture hydraulique).
96 *LPE*, tome 4, p. 375-376.

« Quoique j'aie résolu de renvoyer à un autre Ouvrage qui suivra de près celui-ci, tout ce qui concerne la construction des instruments [...] je ne puis m'empêcher d'indiquer ici un moyen dont on pourra s'aider pour avoir un verre de thermomètre, mesuré & gradué de la manière que le requiert notre expérience[97] ». La justification est apportée plus loin, dans la rubrique *Applications* : « ... cet ouvrage n'est point fait pour apprendre à construire des instruments de Physique, si je m'écarte quelquefois pour en montrer, pour ainsi dire, l'esprit & les principes, ce n'est qu'autant que ces digressions ont un rapport assez marqué avec la matière que je traite[98] », confirmation de l'emploi de l'instrument comme condition expérimentale. Le principal effet est ici d'introduire dès la phase de préparation de l'expérience la technique des arts mécaniques : « ... vous y ferez souffler une boule par un Émailleur[99] », etc.

Enfin, les *applications* de la même expérience sur la dilatation des liquides font réapparaître le thermomètre : « De tous les exemples que je pourrois encore citer, comme ayant rapport à notre expérience, il n'en est pas qui convienne mieux, & qui mérite plus notre attention que le thermomètre. L'instrument même que j'ai décrit dans la *préparation*, en est un[100] ». Cette nouvelle illustration de la circularité entre technique référentielle et technique expérimentale bénéficie surtout d'une vaste contextualisation de l'instrument scientifique, dont Nollet dresse l'éloge, donne un aperçu historique, présente des variantes et indique les modalités d'utilisation, sur vingt pages. Aux avantages que procure le thermomètre, autant au physicien qu'au « bon citoyen [...] mieux éclairé sur les variations qui intéressent la santé des hommes, & les productions de la terre[101] », Nollet ajoute ainsi une généalogie de l'instrument depuis son invention – par un paysan hollandais – jusqu'aux améliorations apportées par Amontons puis Réaumur. Outre la fréquentation de ce dernier, « sous la direction duquel je travaillois alors », Nollet signale son implication personnelle comme fabricant de thermomètres en parlant de « ceux qui sortent maintenant de mon laboratoire[102] »... Son expertise technique est donc particulièrement engagée dans son exposé.

---

97 *Idem* p. 376-377.
98 *Idem* p. 411.
99 *Idem* p. 377.
100 *Idem* p. 384.
101 *Idem* p. 386.
102 *Idem* p. 408.

Outre les traditionnelles « machines », qui comme partout ailleurs dans le Cours de Nollet peuplent les leçons sur l'optique, ces dernières reposent essentiellement sur l'exploitation de deux objets techniques, le premier étant le miroir. Les miroirs sont de deux sortes, l'une, ancienne, rassemble ceux qui sont faits de métal – « de cuivre allié d'étain, & d'arsénic ou d'antimoine » –, l'autre de ceux qui sont l'association d'un verre et d'un tain – « les glaces enduites par derrière d'une amalgame d'étain & de mercure[103] ». Si ces dernières ne sont pas utilisées comme miroirs de petite dimension dans les instruments de catoptrique[104], elles sont d'un usage tel, tant dans le reste de l'instrumentation que dans la vie quotidienne, que Nollet s'attarde sur leur fabrication. La réalisation difficile des miroirs concaves attire particulièrement son attention. Une première technique consiste à conserver l'une des surfaces d'un verre épais plate, et à « étamer » l'autre pour la rendre convexe. Le tain répandu sur cette deuxième surface prend alors une forme concave et il suffit de retourner le morceau de verre pour en faire un miroir concave. La forte épaisseur du verre au milieu du miroir a fait préférer une autre technique :

> On en fait de plus réguliers & de plus grands avec des morceaux de glaces arrondis circulairement, auxquels on fait prendre une forme convenable, en les mettant à plat sur un moule sphériquement concave, dans un four fait exprès, & que l'on chauffe jusqu'à ce que la glace amollie se soit exactement appliquée au creux préparé dessous pour la recevoir[105].

On relèvera à cet endroit la remarque de Nollet sur son expérience personnelle : « Cet art a commencé en Angleterre : on me fit voir à Londres il y a vingt ans, des glaces courbées de cette manière, qui avoient deux pieds de diamètre[106] ». Pour expliquer le procédé permettant de répartir uniformément le tain sur la surface convexe, il relate plus loin sa proximité avec les ouvriers anglais : « je dirais seulement en gros, comment s'y prennent les ouvriers Anglois, qui ont bien voulu m'en faire confidence, car ç'en étoit une alors[107]. »

---

103 *LPE* tome 5, p. 179-180.
104 « … elles ont un défaut qui ne permet pas qu'on les employe dans les instruments de Catoptrique, où l'on a besoin d'une grande précision ; c'est que presque toujours elles donnent deux images de l'objet, l'une par la surface antérieure, l'autre par le teint qui couvre la dernière », *idem* p. 180.
105 *Idem* p. 229.
106 *Idem* p. 229.
107 *Idem* p. 230.

La passion de Nollet pour le geste technique s'exprime encore dans une note sur la « belle découverte » par M. de Bernière d'un amalgame permettant d'enduire uniformément de grandes surfaces[108], ou dans un passage sur la fabrication d'un autre objet technique, finalement très complémentaire du précédent, la lentille. Si Nollet ne signale à son propos que les difficultés pratiques qui empêchent de fondre des lentilles de grandes dimensions[109], on retiendra de ces quelques « fragments » glissés dans les leçons sur l'optique l'ouverture sur le monde de l'atelier. Rappelons ici que le remarquable technicien que fut Nollet a débuté dans les arts mécaniques par l'émaillage à la lampe, pour réaliser ses premiers tubes et récipients de verre. Cette pratique de longue date ne peut que trouver écho dans un domaine de la physique où le verre est l'accessoire essentiel de l'expérience. Nous insisterons une dernière fois sur le questionnement indirect de la méthode expérimentale qu'on peut lire dans ces leçons, en mentionnant par ailleurs la cinquième règle pour la construction des machines que Nollet édictera dans son *Art des expériences* : la transparence du verre doit inciter à l'employer de préférence à tout autre matériau dès qu'on peut, pour faciliter l'observation, « faire voir le mécanisme des opérations ». Il n'y a peut-être nulle part ailleurs dans les *Leçons* de rencontre plus étroite entre l'habileté native, la pratique artisanale, la technique expérimentale et la pédagogie de Nollet.

Le corps de la leçon sur la mécanique céleste est précédé d'une présentation de la machine qui sera régulièrement utilisée, sous l'intitulé « Description d'un instrument nommé *Orrérie*, ou PLANETAIRE artificiel[110] ». On remarque d'emblée la valeur que donne Nollet à la dénomination de l'appareil ainsi qu'à la paternité de cette dénomination : « je ferai usage d'un instrument que je nomme Planétaire & que j'ai imité des Orreries des Anglois[111] ». Cet apport personnel se complète en effet par la note qui explique le nom curieux donné par les Anglais à cette machine : « Le feu Docteur Desaguilliers qui faisoit construire de ces instruments pour les amateurs, m'a dit qu'il les nommoit ainsi, parce que Milord Orreri, seigneur Anglois, qui avoit du goût pour

---

108 *Idem* voir p. 231-232.
109 *Idem* voir p. 313.
110 *Idem* p. 9.
111 *Ibid.*

l'Astronomie, étoit un des premiers qui en eût fait faire, & qui les avoit mis en vogue[112]. » Ces considérations lexicales accompagnent la mise en évidence à la fois des filiations et de l'originalité techniques de la machine qui sera employée. Un peu plus loin, Nollet défend en effet le choix de son appareil par rapport aux « Spheres mouvantes qu'on a faites en France & ailleurs depuis 50 ou 60 ans[113] », en vantant les mérites d'un « instrument qui exécute en particulier chaque espece de mouvement & de révolution, & qui ne met sous les yeux du spectateur, que ce qu'on a dessein de lui faire comprendre[114] ». L'efficacité pédagogique est donc ici étroitement liée à l'ingéniosité technique d'une machine d'apparence assez simple : « c'est une espece de tambour à douze faces ou côtés dans l'intérieur duquel est un assemblage de roues & de poulies, que l'on met en jeu par le moyen d'une manivelle[115] ». La présentation générale de la machine se précise et se développe néanmoins par la mise en rapport d'éléments proprement descriptifs et de renseignements techniques éclairant le fonctionnement du mécanisme :

> Le dessus de ce tambour est une platine de métal ordinairement peinte en bleu ; elle est mobile sur son centre, qui est traversé par une tige d'acier forée, longue d'un pouce & demi ou environ, & revêtue de deux canons de cuivre, l'un plus court que l'autre. Ces deux canons qui tournent librement l'un dans l'autre & sur la tige d'acier, reçoivent successivement différentes pieces qui sont mises en mouvement par le rouage mentionné ci-dessus[116], etc.

Mais les potentialités de la machine ne vont se révéler qu'au fil des neuf *opérations* qui articulent la leçon. À titre d'exemple, nous avons choisi la septième opération (la première de la deuxième section). Six paragraphes courts énoncent les manipulations successives, qui portent d'abord sur la préparation matérielle de l'appareil :

> Il faut faire descendre la tige de la manivelle par les trous qui traversent les grands cercles au signe du Bélier, pour saisir le quarré d'acier qui excède un peu le plan du second de ces cercles.
> Prenez ensuite dans le coffret un petit globe terrestre, armé d'un méridien & d'un horizon de cuivre ; & dont l'axe prolongé au-delà du pole antarctique,

---

112 *Ibid.*
113 *Idem* p. 11.
114 *Idem* p. 12.
115 *Idem* p. 8.
116 *Ibid.*

tourne librement dans le milieu d'une espece de cadran divisé en 24 parties égales, & sous lequel est une roue dentée.

Faites entrer cette roue, qui est percée au centre, sur une tige d'acier qui excede le plan du cercle[117].

La suite des manipulations permet de créer la configuration de l'appareil en vue de mener les observations nécessaires :

Faites tourner la platine bleue jusqu'à ce que le globe terrestre réponde au premier degré du Capricorne, & tournez le petit cadran au centre duquel est implanté son axe, de maniere que l'hémisphere austral réponde à ce même point du Zodiaque.

Ayez soin d'incliner aussi le petit horizon suivant le degré de latitude d'un lieu quelconque, par exemple, de Paris.

Mettez le globe doré qui représente le Soleil au centre du planétaire : faites passer dans un trou qui traverse diamétralement cette boule, une aiguille de cuivre[118], etc.

La fin de ce dernier paragraphe contient néanmoins de nouvelles indications sur la préparation matérielle de l'appareil, et il ne faut donc pas voir dans ces deux phases une démarche systématique. Nous retiendrons plutôt que le planétaire s'anime par le biais de pièces interchangeables qui tendent à le rapprocher du jeu de construction, de même que la miniaturisation qu'il représente n'est pas sans l'assimiler à un jouet mécanique. S'imaginer une assemblée de « gens du monde » s'affairer autour de cette machine pour en changer les éléments miniatures et en régler le mécanisme est assez plaisant, et l'on ne peut s'empêcher d'y voir une scène enfantine. Peut-être n'est-ce là que le versant le plus visible d'un enseignement de la physique qui s'exerce toujours dans un esprit ludique, pour satisfaire avant tout la curiosité d'un public insouciant livré à l'oisiveté. Mais cet aspect est ici accentué par la médiation mécanique qui s'interpose entre les observateurs et les astres. La fascination originelle des hommes pour la voûte étoilée – que Nollet ne manque pas de rappeler dans les premières pages – ramenée aux manipulations d'un planétaire dans l'espace confiné d'un salon devient presque nécessairement un enfantillage. Le démonstrateur n'en retient pour sa part que la représentation « par défaut » que permet la machine.

117 *Idem* p. 76.
118 *Idem* p. 76-77.

Dès la première opération, il reconnaît expressément qu'il donne une représentation « imparfaite » du ciel et ajoute en note que « ceci ne doit être pris que comme une esquisse grossiere[119] ». C'est pourquoi il appelle son public à s'abstraire par l'imagination de la miniaturisation mécanique des astres : « Imaginez alors que vous avez sous les yeux une coupe diamétrale de notre Univers[120] »... La disproportion entre la brièveté de l'exposé des *Opérations du planétaire* et la longueur des *Applications* souligne cette volonté de transposer rapidement la représentation concrète dans la représentation mentale. Une lecture symbolique de la première planche est à ce titre possible. La planche représentant le planétaire n'est pas la première de la leçon. D'une manière qui nous semble significative, Nollet a préféré mettre en tête des gravures sur le mouvement des astres une planche contenant plusieurs figures. Son organisation verticale se fait sur trois niveaux : sur un plan de travail, une caisse et une boîte contenant le planétaire et ses accessoires ; au milieu de la planche, un mobile – comme échappé de son contenant – semble flotter dans l'espace ; en partie haute, deux figures circulaires dont l'une est un tracé géométrique. Le regard est invité à suivre un mouvement d'élévation depuis le socle de la réalité pratique jusqu'à la simple trace de l'abstraction mathématique. On comprend que la figure massive du planétaire ait été « sortie » (son insertion est largement différée par rapport au discours) de cette représentation dont les effets de symétrie accentuent l'expression d'une recherche contemplative. La quatrième planche, glissant les figures correspondant aux positions de certaines parties du planétaire parmi les figures géométriques, confirme cette volonté de « dissoudre » le mécanisme dans la légèreté des formes abstraites.

On aurait cependant tort de penser que Nollet cherche ici la rupture avec la mécanique qui est partout ailleurs l'aliment principal de la physique expérimentale. Les opérations du planétaire demeurent la base de son cours d'astronomie. Il serait plus juste de dire que Nollet aspire à une « projection » du principe mécanique dans la conception du mouvement des astres. S'il rend un hommage appuyé à la rigueur méthodologique de Newton et renvoie ses lecteurs à la lecture des *Principes*[121], il n'en reste pas

---

119 *Idem* p. 14.
120 *Idem* p. 13.
121 *Idem* voir p. 152-155.

moins réfractaire à une hypothèse de l'attraction « qui ne tient en rien au Méchanisme[122] ». Mais le cartésianisme de Nollet est ici à rectifier par son égale défiance à l'égard des constructions mentales qui rompent le fil avec la source technique. À propos du système de Ptolémée, il observe ainsi : « Cette maniere d'expliquer les irrégularités des planetes est tout-à-fait ingénieuse ; c'est dommage qu'elle manque de cette simplicité qui caractérise tout ce que fait la nature, & qui exige que nous donnions la préférence aux hypothèses qui s'en écartent le moins[123]. » L'ingéniosité d'une construction théorique ne vaut finalement pour Nollet que si elle permet une modélisation mécanique. La « simplicité » du planétaire renvoie à celle que l'expérimentateur suppose à l'œuvre dans la nature. Le *Catalogue des Instrumens* qui accompagne le *Programme* de 1738 précise d'ailleurs que l'appareil préféré par Nollet à celui des Anglais se borne « au simple nécessaire[124] ».

La projection imaginaire qui doit naître des opérations du planétaire est une orientation originale de la modélisation théorique dans le Cours : dans la leçon sur le mouvement des astres, la modélisation *est* une machine, quand elle était auparavant une construction imaginaire inscrite dans un horizon mécanique. Dans cette nouvelle fonction de l'appareil de démonstration, on peut donc lire un élargissement spécifique du réseau technique, impliquant une autre transposition des techniques d'atelier : nous avons vu celles-ci, dans les leçons sur le feu, s'introduire dans l'interprétation métaphorique de la structure de la matière ; nous les voyons à présent concourir à la réalisation du modèle réduit de la voûte céleste. En effet, nous ne pouvons perdre de vue le fait que le planétaire est un produit d'artisan-physicien. Nous avons rapproché *L'Art des expériences* du Cours dès les premières leçons, pour ouvrir le nécessaire arrière-plan artisanal de la physique expérimentale de Nollet, toujours dans cette idée de l'arrière-plan technique, il est important de le réintroduire en perspective de la leçon sur le mouvement des astres. Nous y découvrons l'étroite collaboration avec le menuisier[125], le chaudronnier[126] ou l'horloger[127], en plus de laquelle il faut intervenir soi-même pour la

---

122 *Idem* p. 156.
123 *Idem* p. 65.
124 Catalogue reproduit dans *L'Art d'enseigner la physique…*, *op. cit.* p. 198.
125 « Que le Menuisier corroye du bois de chêne bien sec, & qu'il forme de deux pièces croisées […] un parquet à jour & rond », etc. *AE*, tome 3, p. 361.
126 Pour « faire planer » une plaque de laiton, *idem* voir p. 380.
127 Pour diviser les roues dentées, *idem* voir p. 383.

construction et l'assemblage des petites pièces de bois[128], fabriquer toutes les pièces métalliques du mécanisme[129], et bien sûr peindre et vernir l'ensemble. La trentaine de pages qui exposent le plan de construction du planétaire nous rappellent à quel point l'appareillage du Cours est tributaire des savoir-faire des arts mécaniques. Ici, le rapprochement des *Leçons* et de *L'Art des expériences* dévoile un lien inattendu entre l'imaginaire de l'atelier et celui qui éclot à partir de la modélisation du mouvement des astres, avec l'objet technique qu'est le planétaire comme interface de ces deux imaginaires.

Un lien beaucoup plus intime unit enfin le phénomène physique et l'objet technique dans la partie sur l'acoustique de la leçon 11, à l'intérieur de l'article II « De l'Atmosphère considérée comme un Fluide en mouvement », le son et le vent étant deux manières distinctes de mettre en mouvement l'atmosphère.

Nollet établit en premier lieu la continuité physique du son : « On peut donc considérer le son, 1e. dans le corps sonore ; 2e. dans le milieu qui le transmet ; 3e. dans l'organe qui en reçoit l'impression[130]. » Les expériences sur le milieu transmetteur figurent parmi les plus répandues de l'enseignement scientifique du XVIIIe siècle, comme l'« expérience du timbre ou d'une sonnette dans le vuide, si connue & tant répétée dans les collèges[131] », mais aussi parmi les plus originales, comme lorsque Nollet s'immerge pour évaluer la transmission du son dans l'eau. Cette dernière expérience le pousse à s'interroger sur la prétendue surdité des poissons et à faire valoir le léger frémissement éprouvé sur l'ensemble du corps lors de l'émission d'une onde sonore[132]. La réflexion sur la surdité mène surtout à un questionnement auquel Diderot donnera toute son ampleur philosophique : Nollet signale l'« Histoire d'un sourd & muet de naissance qui commença à entendre & à parler à l'âge de 24 ans[133] » et

---

128 « Entaillez le bord supérieur de chaque piece par les deux bouts, pour loger une languette de bois », etc. *Idem* p. 364.

129 « Toutes les roues peuvent se faire de cuivre coulé, sur des modeles en bois ; mais quand vous les aurez ébarbées & nétoyées après la fonte, vous ferez bien de les battre à froid sur un tas ou sur une enclume pour les dresser, & leur donner plus de consistance. Les deux faces du milieu & des croisillons étant au moins dégrossies à la lime, vous monterez la pièce sur un arbre pour la tourner », etc. *Idem* p. 371.

130 *Idem* p. 395.

131 *Idem* p. 413.

132 *Idem* voir p. 417-420.

133 *Idem* p. 439. Nollet renvoie à l'*Histoire de l'Académie des Sciences* de 1703.

s'interroge sur les conséquences de la privation d'un sens sur le partage
« des idées communes[134] ».

Mais la dimension proprement technique se dessine beaucoup plus
nettement dans l'approche physique du corps sonore. Nollet s'attache
à montrer le phénomène vibratoire à l'origine du son, en distinguant
les vibrations « totales » qui animent l'objet sonore en entier et les
vibrations « particulières » qui entraînent la déformation de la matière
même du corps sonore. Il établit que, contrairement à l'idée reçue, ce
sont les vibrations particulières qui produisent le son, les vibrations
totales modulant la force et la durée du son dont elles peuvent aussi
altérer la tonalité[135]. Les vibrations particulières s'éclairent à la lueur
des propriétés des corps dégagées dans les deux premières leçons, principalement ce qui touche à l'élasticité, tandis que les vibrations totales
renvoient à l'étude de la dynamique. Comme l'illustre la planche 1 de
la leçon figurant les mouvements successifs d'une cloche en vibration
ou le quadrilatère formé par une corde vibrante, cette dynamique des
corps sonores implique toujours une forte abstraction géométrique.
Cette géométrisation s'applique à l'intensité sonore[136], à l'écho[137], ou
encore aux variations de tonalité selon le diamètre, la longueur et la
tension d'une corde vibrante[138]. L'approche de l'objet sonore est donc
une nouvelle synthèse physico-mathématique qui capitalise les acquis
précédents du cours et en renforce la cohérence.

Il est intéressant d'observer la place qu'occupe la musique au cœur de
cette synthèse : « Ce sont ces différentes nuances de son, qui procèdent
de la fréquence plus ou moins grande des vibrations dans les parties du
corps sonore, que l'on appelle *Tons*, & dont la combinaison harmonieuse
fait l'objet de la musique, de cet art merveilleux qui a tant de pouvoir
sur l'ame[139] ». Ces nuances sont abordées dans un développement distinct, « Des Sons comparés », qui prolonge un aspect déjà développé
à propos « Du Milieu qui transmet les Sons », à savoir l'utilisation de
la résonance dans le clavecin et la basse de viole[140]. Les sons comparés

---

134 *Ibid.*
135 *Idem* voir p. 401.
136 *Idem* p. 428-430.
137 *Idem* p. 436-438 et planche 2.
138 *Idem* voir p. 460-461.
139 *Idem* p. 453.
140 *Idem* p. 435.

ouvrent le vaste champ des variations subtiles que permettent les corps sonores. Ce sont ces variations qu'exploite « l'art merveilleux » dont Nollet définit les notions élémentaires d'*accord* ou *consonance*, d'*unisson*, d'*octave*, de *quinte*, *quarte*, *tierce majeure* et *tierce mineure*[141]. Les instruments de musique retiennent particulièrement l'attention de Nollet : la vielle, le violon, le clavecin sont en effet des applications directes de la sixième expérience relatant l'utilisation d'un « sonomètre », appareil permettant de faire varier avec précision les accords entre deux cordes tendues. Les effets de l'expérience donnent l'explication physique des notions musicales signalées plus haut : « Les deux cordes étant de même grosseur, & tendues avec des poids semblables, donnent l'unisson lorsqu'elles sont également longues ; l'octave, quand l'une des deux est moitié plus courte que l'autre[142] », etc. Le sonomètre est d'ailleurs lui-même inspiré par l'instrument de musique : « C'est une caisse longue montée sur un pied qui est composé de deux montans & d'une traverse ; la table qui est de sapin peut avoir trois pieds de longueur sur 4 pouces de largeur ; & elle est percée de trois rosettes à peu près semblables à celles d'une guitare ou d'un tambourin[143]. » La rencontre entre l'instrument scientifique et l'instrument de musique se remarque également au travers du vif intérêt porté par Nollet aux expériences d'un « ingénieux & sçavant Académicien », M. Sauveur, dont la valeur des travaux en acoustique est encore aujourd'hui reconnue. Le diapason, dont on fait remonter l'invention, en 1711, à un luthier anglais, semble alors inconnu à Nollet et son usage n'est pas encore répandu :

> C'est un inconvénient considérable en musique de n'avoir pas un ton fixe & invariable, que l'on puisse toujours retrouver, et auquel on rapporteroit tous les autres. Cette espéce de sifflet dont on se sert pour déterminer le ton des voix & des instruments dans un concert, ou ces flûtes que l'on dit être au ton de l'Opéra, ne sont point des moyens sûrs pour éviter toute variation[144].

Les travaux de Sauveur sont particulièrement attachés à la détermination de ce point fixe. C'est à partir de l'entrée en résonance de deux tuyaux d'orgue qu'il a fait aboutir ses recherches, avec le choix d'un point fixe à

---

141 *Idem* p. 455.
142 *Idem* p. 463.
143 *Idem* p. 462.
144 *Idem* p. 456.

100 vibrations par seconde. Le tuyau d'orgue devient ainsi instrument de mesure et d'étalonnage des autres instruments de musique. Sauveur s'en sert également pour identifier les vibrations audibles la plus basse et la plus haute et de là en « conclure que l'oreille est susceptible de 512 degrés de sensations[145] ». La technique des recherches acoustiques se trouve ainsi investie par l'*art merveilleux*, et la prédilection de Nollet pour la musique semble précisément tenir à sa dimension instrumentale, la physique expérimentale et la musique partageant une pratique centrée sur l'objet technique. Le grand manipulateur et fabricant d'instruments de physique qu'est Nollet ne peut en effet manquer d'être fasciné par l'instrumentation musicale, à la fois exploration la plus subtile du phénomène sonore et expression de sa maîtrise esthétique et sensible. Quelle autre instrumentation offre les mêmes ressources face aux phénomènes naturels, si ce n'est peut-être l'outillage des arts mécaniques, si familier de Nollet ? Rappelons d'ailleurs que malgré l'attribution à Rousseau de nombreux articles sur la musique, c'est bien Diderot qui, dans la foulée de la *Description des arts*, rédigera les articles relatifs aux instruments de musique[146]…

Ce n'est pas s'écarter beaucoup de Nollet que d'observer la portée que donne Diderot à l'instrument de musique au travers de son utilisation philosophique du clavecin. Elisabeth de Fontenay soulignait la valeur historique de son analogie : « L'harmonie en même temps que l'acoustique permettent de construire une représentation mécaniste de la sensibilité et de cette *organisation* qui constitue désormais, pour les médecins et pour les philosophes, la propriété de la vie[147] ». Ce sera la fameuse comparaison des fibres de nos organes à des cordes vibrantes sensibles, dans l'*Entretien entre d'Alembert et Diderot* (1769). On peut à ce titre considérer que l'introduction chez Nollet du vivant, par le biais de la respiration, conduit à l'étude du phénomène sonore, quand on supposait d'abord une simple juxtaposition de propriétés distinctes de l'air. Bien sûr, les considérations de Diderot, près d'un quart de siècle après la première publication des leçons 10 et 11, appellent une connaissance de la matière plus proche de Lavoisier que de Nollet :

---

145 *Idem* p. 459.
146 « M. Diderot s'étoit chargé de cette partie dans l'*Encyclopédie* », justifie Rousseau pour l'absence d'articles sur les instruments dans la préface de son *Dictionnaire de musique* (1768), dans *Œuvres complètes*, tome V, Paris, Pléiade, 1995, p. 609.
147 Voir Elisabeth de Fontenay, *Diderot ou Le Matérialisme enchanté* (1981), Paris, Grasset, 2001, le chapitre « la merveilleuse machine ».

... c'est la technologie qui inspire Diderot, et peut-être même ces instruments à cordes sympathiques dont raffolait son époque, et qui, lui offrant la notion de *sympathie*, déportaient déjà sa pensée vers la vieille, la chère, la prometteuse chimie, vers une science plus proche de la vie et plus apte à rendre compte des phénomènes de sensibilité et de mémoire[148].

Nous avons d'ailleurs déjà vu que Nollet semble aspirer, dans sa connaissance des propriétés de l'air, à son propre dépassement. Mais la physique du corps sonore telle que l'exposent les *Leçons* ouvre également des perspectives dont Diderot a pressenti l'extraordinaire étendue :

> Si une corde d'instrument est tendue, et qu'un obstacle léger la divise en deux parties inégales, de manière qu'il n'empêche point la communication des vibrations de l'une des parties à l'autre, on sait que cet obstacle détermine la plus grande à se diviser en portions vibrantes, telles que les deux parties de la corde rendent un unisson, et que les portions vibrantes de la plus grande sont comprises chacune entre deux points immobiles [...] j'ai pensé [...] qu'il en serait de même de tout corps élastique sonore ou non[149]...

En imaginant « la partie frappée d'une corde vibrante infiniment petite, et conséquemment les ventres infiniment petits, et les nœuds infiniment près[150] », Diderot donne une lointaine préfiguration du modèle d'analyse de la physique quantique. La récente théorie des cordes montre à quel point l'analogie de la corde vibrante est féconde et contient en germe une interprétation de la matière universelle[151]. Dès lors, les liens intimes que tisse Nollet entre la physique des corps sonores et la musique dépassent très largement le cadre de l'analogie à valeur didactique ; ils sont une affirmation de l'harmonie universelle. En ce sens, la physique de l'air rappelle les caractéristiques de la musique théorique étudiée par les philosophes antiques et qui comprenait l'astronomie et l'arithmétique – harmonies du monde et des nombres –, l'harmonique, la rythmique et la métrique. On pourrait encore considérer l'*Abrégé de la musique*, le

---

148 *Ibid.*
149 Diderot, Cinquièmes conjectures des *Pensées sur l'interprétation de la nature* (1754), *Œuvres*, tome 1, Paris, coll. Bouquins, 1994, p. 575.
150 *Idem* p. 576.
151 Pour comprendre les enjeux de la réflexion musicale au milieu du XVIIIe siècle, on se reportera à l'ouvrage d'Alain Cernuschi, *Penser la musique dans l'Encyclopédie*, Paris, Champion, 2000.

premier écrit de Descartes, comme une partie intégrante de sa physique[152]. Dans cette tradition, le principal apport de Nollet serait de faire entrer l'instrumentation musicale dans le cadre technique de la procédure expérimentale.

L'INSTAURATION D'UN SYSTÊME D'INSTRUMENTS ET DE RÈGLES DANS *L'ART DES EXPÉRIENCES*

Dans l'Avertissement du *Programme* de 1738, qui précède le Catalogue des instruments, Nollet énonçait quatre principes fondamentaux pour la construction des appareils de physique :

> 1° Que les instrumens fussent très-exacts, afin que la dépense n'en fût point inutile, & qu'ils ne fussent point occasion d'erreur.
>
> 2° Que leur prix ne fût point augmenté par des ornemens superflus : afin d'en rendre l'usage plus fréquent, en les mettant le plus possible à la portée des fortunes médiocres.
>
> 3° Que leur construction fût la plus simple, la plus aisée & la plus solide qu'elle pourroit l'être, afin qu'on pût les imiter ou réparer avec moins de frais, moins d'étude, & moins d'adresse.
>
> 4° Qu'ils fussent applicables à un plus grand nombre d'opérations, quand l'étendüe de leur usage ne nuiroit point à leur simplicité, afin de ne point multiplier les êtres sans nécessité, pour épargner les dépenses, & pour donner les moyens de varier utilement & agréablement les expériences d'un même genre[153].

Exactitude, dépouillement, simplicité et solidité des assemblages, polyvalence. La préface de *L'Art des expériences* s'achève sur le rappel de ces principes fondamentaux. L'exactitude y est un peu plus argumentée : « Évitez dans vos opérations, un appareil superflu toujours dispendieux, & souvent capable d'induire en erreur : car plus on emploie de moyens, plus il est difficile de déterminer celui à qui l'on doit attribuer l'effet

---

152 Chez Descartes, « La musique est limitée à un simple phénomène physique », Brigitte Van Wymeersch, « L'esthétique musicale de Descartes et le cartésianisme », *Revue philosophique de Louvain*, Année 1996, vol. 94, p. 276.

153 *Programme... op. cit.* p. 115-117.

qui se présente[154]. » La solidité est toujours défendue, mais n'est plus associée à la simplicité d'assemblage : « Appliquez-vous à faire vos instruments solides, afin qu'ils conservent plus long-temps la justesse qui doit être toujours regardée comme leur qualité essentielle[155]. » Dans la suite de l'ouvrage, Nollet privilégie néanmoins les options de réalisation permettant le démontage des grandes machines[156]. Aux deux autres principes inchangés du dépouillement et de la polyvalence s'ajoute enfin celui de la « transparence » :

> Enfin préparez toujours vos Expériences de façon à pouvoir montrer les moyens aussi-tôt après qu'on aura vu les effets : songez que s'il vous est permis de fixer l'attention de vos Auditeurs par des phénomenes qui les surprennent, il n'est pas de la dignité d'un Physicien de leur laisser ignorer les causes, quand il peut les leur faire connoître ; ainsi, quoique le verre soit fragile, il faut le faire entrer dans la construction des machines de Physique, préférablement au métal & aux autres matieres opaques, toutes les fois qu'on pourra s'aider de sa transparence pour faire voir le méchanisme des opérations : car je le répete, notre premier point de vue doit être d'enseigner, d'éclairer, & non de surprendre ou d'embarrasser[157].

Ce dernier principe, sur lequel Nollet insiste particulièrement, apporte un éclairage précieux sur la force du lien qui unit le travail du verre et l'enseignement de la physique dans une même passion technico-pédagogique. On sait en effet que Nollet s'est initié à la technique du verre en même temps qu'il créait son premier cabinet de physique à l'Hôtel de Ville de Paris.

L'énoncé de ces principes fondamentaux nous montre surtout que la démarche expérimentale repose sur une production technique entrant dans un cadre *régulier* que nous allons essayer de préciser.

Toute la première partie de l'ouvrage, synthèse d'un apprentissage d'atelier, expose un premier système d'instruments et de règles qui est celui des arts mécaniques, système a priori étranger à celui qui définira plus loin, dans la troisième partie, l'art des expériences proprement dit. On observe pourtant un assujettissement du premier par le second.

---

154 *AE*, vol. 1, p. XV-XVI.
155 *Idem* p. XVI.
156 « ... si les machines sont grandes, on peut y apporter des tenons en vis (...) outre que cela fait un assemblage solide, on a encore l'avantage de pouvoir le démonter, pour la facilité du transport », *idem* p. 84-85.
157 *Idem* p. XVI-XVII.

Rappelons d'abord la protection sous laquelle Nollet place son œuvre technique dans son épître au Dauphin : « Le premier acte de cette protection [...], c'est la conservation, & même l'augmentation de cet appareil d'Instruments[158]... ». Si la *conservation* désigne la valeur intrinsèque de l'instrumentation, l'*augmentation* implique la transmission, outre le patrimoine matériel, d'un savoir-faire. La préface précise cette double vocation de l'ouvrage à valoriser machines et démarches techniques :

> ... une collection générale de tous les instruments imaginés jusqu'à présent par les Physiciens, & une instruction complette sur tout ce qui concerne l'Art des Expériences ; ce vaste objet qui seroit sans doute très-utile, s'il étoit bien rempli, n'est pas celui que je m'étois proposé ; je me suis borné à l'état actuel de nos Écoles ; mais j'ose assurer, que quiconque aura fait ou vu pratiquer, tout ce que j'ai compris dans mes *Avis*, sera en état après cet apprentissage, de construire lui-même ou de faire exécuter par des ouvriers un peu intelligents & passablement adroits, presque toutes les machines qui se trouvent représentées ou décrites, dans les Mémoires Académiques, dans la Physique de s'Gravesande, dans celle de Desaguilliers, &c. & qu'il n'y aura guere d'Expériences qu'il ne puisse tenter avec succès[159].

Nollet définit donc l'horizon des pratiques artisanales qu'il décrit *d'après* un ensemble d'objets techniques validé par le large consensus du monde de la physique expérimentale. On remarquera néanmoins qu'il borne ses références aux machines en usage chez les expérimentateurs qu'il a directement fréquentés. C'est un ensemble clos, connu, familier, certes susceptible de certaines évolutions. Outre les nouvelles machines qui sont décrites dans la troisième partie, Nollet indique ainsi que « plusieurs de celles qui sont décrites & gravées dans le premier Ouvrage [Leçons], reparoissent, dans celui-ci, simplifiées ou perfectionnées[160] ». Mais, comme nous l'avons déjà remarqué, la stabilité de l'ensemble instrumental ne s'en trouve pas menacée et permet bien la formation d'un *système technique*. Il y a en effet, grâce au *système* instrumental, instauration d'un *système* de règles dès la première étape d'acquisition des savoir-faire artisanaux, et ce en fonction de l'usage parfaitement défini pour lequel les machines sont produites : à propos du choix des métaux, Nollet rappelle que « non-seulement nous devons employer

---

158 *Idem* p. v.
159 *Idem* p. x.
160 *Idem* p. xiii.

de préférence, celui qui est de la meilleure qualité dans chaque espece ; mais nous devons encore avoir l'attention, de ne point mettre en œuvre tel ou tel métal, dans certaines circonstances où nous pouvons prévoir qu'il sera d'un mauvais usage[161] ». Le choix dans la qualité d'un étain est également déterminé par les exigences du miroir utilisé « soit pour les télescopes, soit pour les autres expériences de catoptriques[162] ». Car la fabrication d'instruments doit s'adapter aux conditions de l'expérience :

> Dans les ouvrages ordinaires de menuiserie, où l'on peut prévoir que les pièces se démonteront un jour, on ne colle point les languettes dans les rainures ; mais dans nos machines nous n'usons point de cette précaution ; nous collons toujours les joints pour en être plus sûrs ; & afin de contenir les pieces plates, sur-tout si elles sont minces, je les faits encore emboîter par les deux bouts[163].

La rencontre dans *L'Art des expériences* des deux discours techniques, artisanal et expérimental, se traduit donc par une inflexion de la pratique des arts mécaniques pour l'adapter aux contraintes des conditions expérimentales. Cette inflexion a des conséquences importantes, quoique plus implicites, sur la *sélection* qu'opère nécessairement Nollet dans les savoir-faire artisanaux. Comme nous le remarquions plus haut à propos du rapport à la matière, il y a une sorte de resserrement, à partir duquel arts mécaniques et expérimentation peuvent communiquer plus étroitement. Ici, c'est le système des instruments de physique qui imprègne déjà la représentation des techniques d'atelier par la valorisation et l'orientation de certaines règles artisanales, quand l'étroitesse du corpus des matières traitées par l'artisan déterminait une imprégnation de la modélisation théorique par les techniques d'atelier.

Qu'en est-il du système d'« instruments », ou plutôt d'outils, des arts mécaniques ? Nous savons déjà que Nollet ne cherche pas l'exhaustivité et que chaque outillage relatif à une pratique artisanale est réduit à celui qui répond aux besoins de la production des appareils de physique. Il y aura certes à chaque fois un outillage de base : « il est nécessaire que votre laboratoire soit pourvû des principaux outils du Tourneur[164]. » Mais l'emploi d'une gamme d'outils pour former les pas de vis, les *filières*, nous montre le

---

161 *Idem* p. 94.
162 *Idem* p. 97.
163 *Idem* p. 75-76.
164 *Idem* p. 40.

choix qu'opère Nollet dans l'outillage : « il y en a principalement de deux sortes », or si pour l'une il affirme qu'« il est de toute nécessité qu'il y ait dans votre laboratoire de quoi en faire [les vis] de toutes les grosseurs », pour les autres « je ne vous conseille pas d'en faire les frais[165] ». Si l'on juge par là d'une inflexion du système d'outils artisanaux parallèle à celle du système des règles d'ateliers, on remarquera néanmoins que l'outillage ne subit aucune altération, et que Nollet n'envisage aucune amélioration ou modification des outils en usage chez les artisans, ce qu'il a trouvé dans les ateliers lui apparaissant parfaitement adapté aux tâches nécessaires à la réalisation de ses instruments. On peut y voir une confirmation de cet état de perfection de l'outillage traditionnel du XVIIIe siècle que constatait Pierre Chaunu, et cela peut avoir deux répercussions bien différentes sur le système des instruments de physique : créer une césure entre un ensemble a priori non évolutif car ayant atteint son stade d'aboutissement ultime et un autre qui l'est (Nollet envisageant l'*augmentation* continuelle de l'instrumentation de physique) ; tendre à ralentir les évolutions de l'ensemble des instruments en l'alignant sur celui des outils artisanaux, ce qui revient à supposer une porosité entre les deux ensembles. Cette dernière tendance s'exprime dans l'attachement de Nollet pour ses instruments, qu'il n'imagine pas de considérer comme de simples et éphémères médiations vers les phénomènes naturels, condamnées à l'obsolescence par le progrès de la science. Elle se confirme encore par le fait que dans son domaine de prédilection, l'électricité, Nollet n'ait pas été, comme nous l'avons déjà constaté, l'inventeur d'instruments majeurs. Remarquons d'ailleurs comme une curiosité la continuité effective entre l'outil et l'instrument au travers de l'utilisation de la grande roue des expériences électriques pour la découpe du verre[166]…

Un autre indice nous incite à penser qu'il n'y a pas de véritable césure entre l'outil artisanal et l'instrument scientifique, c'est le flottement sémantique entretenu par l'emploi du mot « laboratoire » pour désigner l'espace artisanal qui jouxte le cabinet : « … je crois qu'il est à propos de dire ici ce que vous devez rassembler dans votre laboratoire, avant d'entreprendre de meubler votre cabinet de Physique[167] ». L'*Encyclopédie* a familiarisé le lecteur avec un autre paradigme lexical :

---

165 *Idem* p. 127-129.
166 *AE*, vol. 1, voir p. 186.
167 *Idem* p. 7.

ATTELIER, boutique, magasin, chantier : l'*attelier*, la *boutique*, & le *chantier*, sont l'un & l'autre des lieux où l'on travaille ensemble & séparément : mais l'*attelier* se dit des peintres, des sculpteurs, des fondeurs, & de quelques autres ; le *chantier*, des charpentiers, marchands de bois, constructeurs de vaisseaux ; & la *boutique*, de presque tous les autres arts méchaniques. Le *chantier* est ordinairement plus grand que l'*attelier*, & l'*attelier* plus grand que la *boutique* : l'*attelier* & la *boutique* sont couverts ; le *chantier* ne l'est pas toûjours, ni presque jamais en entier : l'*attelier* & le *chantier* son des bâtimens séparés ; la *boutique* & le *magasin* sont des lieux particuliers d'un bâtiment ; le premier a communément une ouverture sur la rue. Les ouvrages se font dans l'*attelier* & dans la *boutique*, se renferment dans le *magasin*, & restent au contraire sur le *chantier* jusqu'à ce qu'ils soient employés ou vendus[168].

Si Diderot emploie « laboratoire » dans l'article « Fayence », le mot désigne partout ailleurs l'espace dévolu aux opérations de la chimie. Le *Dictionnaire de l'Académie française*, dans toutes ses éditions du XVIIIᵉ siècle, donnera la définition suivante : « LABORATOIRE. s. m. Lieu où les Chimistes ont leurs fourneaux et leurs vaisseaux pour travailler. » Dans ses *Leçons*, Nollet ne parle d'ailleurs que de « laboratoires de chymie[169] ». Concevoir le lieu de fabrication des instruments de physique comme un *laboratoire*, c'est donc déjà intégrer le travail artisanal dans la démarche scientifique. La structure d'ensemble de l'ouvrage s'éclaire alors sous un jour nouveau : la deuxième partie sur les drogues, ouvrant sur des préparations qui se déroulent traditionnellement dans un *laboratoire* au sens le plus conventionnel, participe à l'unification entre pratique d'atelier et protocole expérimental de cabinet.

L'insertion d'une partie sur les *drogues*, et surtout sur leur composition (chapitre II : « Sur la maniere de préparer ou de composer les Drogues qui doivent servir aux Expériences »), est d'ailleurs une nouveauté dans l'œuvre de Nollet. Nouveauté bien tardive dans cet ouvrage ultime qu'est *L'Art des expériences*, et qui peut à ce titre traduire une volonté de combler un manque en dévoilant un pan important de son travail d'expérimentateur et d'artisan. Si le lecteur des *Leçons* et des ouvrages sur l'électricité s'est déjà largement familiarisé avec l'instrumentation (y compris avec leur construction, qu'on songe par exemple à la digression sur la construction des balances dans la leçon 9 sur les machines), et avec la préparation des conditions expérimentales (les ouvrages

---

168 ARTFL, 1 : 839.
169 *LPE*, tome 2, p. 330, et tome 3, p. 327.

sur l'électricité, surtout, relatent en détail les procédures suivies), sa connaissance pratique ne s'est jusque là pas ouverte sur le domaine de la préparation des *drogues*. C'est un ensemble de tâches dévolues aux droguistes et aux chimistes qui vient accroître le système de règles et d'instruments de Nollet. Les procédures de composition des drogues complètent en effet celles qui encadrent la pratique des arts mécaniques et la conduite des expériences, les drogues composées servant à la fois, comme nous l'avons déjà signalé, à la protection et à la décoration des instruments, et à la mise en œuvre expérimentale.

Nollet ouvre cette deuxième partie en recommandant à son lecteur de recourir le plus possible aux *artistes* spécialisés dans la préparation des drogues, pour s'économiser du temps et de l'argent. Puis il justifie la fabrication des drogues composées par ses propres moyens en supposant l'accumulation des circonstances les plus défavorables : « Mais je conçois que vous pourrez y être forcé par les circonstances ; que placé dans le fond d'une Province & éloigné des grandes villes, vous n'aurez peut-être auprès de vous qu'un revendeur de drogues les plus usuelles, mal assorti d'ailleurs, mal outillé & peut-être avec des connoissances bornées à la pharmacie la plus commune[170] ». Un amateur de physique si isolé et si mal entouré se retrouve bel et bien dans la situation du « Physicien dénué de secours[171] » auquel l'ouvrage est destiné… Pour le lecteur placé dans ce cas-limite, « …il faudra mettre la main à l'œuvre vous-même, au risque d'essuyer les dégoûts d'un apprentissage, & de gâter plusieurs compositions avant d'en faire une bonne[172] ». On peut néanmoins s'interroger sur le fait que Nollet soit en mesure de communiquer cet apprentissage, alors qu'il a toujours eu pour sa part la possibilité de recourir aux plus habiles droguistes et apothicaires. En envisageant un autre profil de lecteur, « celui qui, par goût pour cette espece de travail, voudra bien y donner une partie de son temps[173] », Nollet nous éclaire évidemment sur lui-même et nous apporte, s'il était besoin, la preuve que le geste technique satisfait un *goût personnel* et qu'il est sa propre justification. Nous avons déjà constaté comment dans ses *Leçons* Nollet multipliait parfois inutilement les expériences

---

170 *AE* vol. 1, p. 285-286.
171 *Idem* p. 286.
172 *Ibid.*
173 *Ibid.*

produisant les mêmes effets, ou comment il employait des procédures techniques délibérément complexes ; la préparation des drogues est une nouvelle expression de la valeur intrinsèque du geste technique. L'article premier, « Des Instruments nécessaires pour la préparation des Drogues ; & des opérations en général », constitue par ailleurs une réactivation du discours technique dans sa dimension « instrumentale » la plus classique chez Nollet.

À l'intérieur du vaste espace qu'est le « laboratoire de physique », lieu de rencontre entre les pratiques artisanales et la phase de préparation des conditions expérimentales, Nollet crée donc – création uniquement discursive puisque Nollet dévoile en fait une matrice technique qu'il a instituée depuis des décennies – un nouvel espace, le laboratoire de chimie. Espace central à en juger par sa situation stratégique dans l'ouvrage, il l'est encore par la place qu'il accorde au feu : « Le principal agent en Chymie, c'est le feu[174] ». Le fourneau, précisément décrit et dont la construction est minutieusement exposée, constitue ainsi « l'hyper-centre » de ce que nous serions tenté d'appeler une *physique du feu*, si nous nous souvenons du modèle du *feu élémentaire* et de la prépondérance du feu dans la théorie électrique de Nollet. N'oublions pas non plus que la pratique artisanale qui lui est la plus chère est le travail du verre au feu de la lampe d'émailleur…

La contigüité, l'imbrication de l'atelier artisanal, du cabinet de physique et du laboratoire de chimie – pour former le *laboratoire de physique* –, définissent le cadre de toutes les pratiques et de tous les instruments, et produisent un espace qui est à ce titre le premier *système* de règles à faire émerger de *L'Art des expériences*. Ce système prend corps au fil de l'ouvrage. Des détails apparaissent çà et là, comme « un gros clou que vous attacherez sous une poutre ou une solive du laboratoire[175] », ou une note recommandant, pour le travail du verre, « un endroit couvert comme un angard, ou bien un laboratoire où il y ait une cheminée avec un large manteau[176] », et le volume occupé par l'établi, le tour, l'enclume, le fourneau, la table d'émaillage, etc. donnent une idée des vastes dimensions nécessaires. Néanmoins, l'ouvrage ne comporte pas de description d'ensemble de l'atelier ou du cabinet de physique.

---

174 *AE*, vol 1, p. 288.
175 *Idem* p. 44.
176 *Idem* p. 217.

Seul le laboratoire de chimie fait l'objet d'une présentation précise, confirmant par là son importance dans l'ouvrage :

> Il est à souhaiter avant toutes choses que vous puissiez disposer d'un endroit un peu spacieux, au rez-de-chaussée, bien éclairé, qui ne soit point parqueté, mais carrelé ou pavé & fermant à clef; que cette chambre ait une cheminée avec un manteau de six à sept pieds de longueur, avancé de trois pieds en forme de trémie renforcée, & sous lequel vous puissiez aisément passer, étant debout. Sur un des plus grands côtés, vous ferez régner d'un bout à l'autre, une table de deux pieds de largeur, élevée sur des trétaux ou autrement, à la hauteur de vingt-huit à trente pouces ; & au-dessus, vous ferez mettre deux ou trois rangs de tablettes larges de huit à dix pouces, & à treize ou quatorze pouces de distance l'une de l'autre. Vous pourrez aussi faire régner une tablette de six à sept pouces de largeur autour du manteau de cheminée, & attacher sur la partie inclinée, des rateliers pour accrocher des matras & autres vaisseaux à long col[177].

L'abondance des données concernant les dimensions indique une importante optimisation de l'espace et une rigoureuse précision dans son équipement. Protégeant des matières dont certaines sont coûteuses et d'autres dangereuses, la fermeture à clef ajoute encore au caractère singulier du laboratoire de chimie au regard des autres parties du laboratoire de physique. La réalisation du fourneau montre également les exigences de Nollet, puisque pour composer des drogues qui sont généralement affaire d'apothicaires et de droguistes, il a équipé son fourneau en tenant compte des avis des meilleurs chimistes, comme à propos de trous d'aération dans la partie du foyer : « je pense comme un de nos meilleurs Chymistes, qu'on peut s'en passer[178] ».

Nous avons déjà signalé l'ouverture du discours de Nollet sur la technique artistique, tant par les possibilités d'ornementation des appareils qu'il suggère que par l'intégration de procédés issus de l'artisanat d'art dans le dispositif expérimental. Le système qui unit pratiques, instruments et espace comprend des règles qui permettent à présent de définir l'esthétique de l'instrumentation expérimentale :

> Je n'employe sur les bois de nos machines que des moulures fort simples, parce qu'étant presque tous couverts d'une peinture ou vernis, il en sont plus susceptibles des enjolivements qu'on y peut faire avec des peintures

---

177 *AE*, vol. 1, p. 286-287.
178 *Idem* p. 293.

différentes, & avec le cuivre qui imite l'or en feuilles. D'ailleurs cela coûte moins en façons, & les instruments en sont plus faciles à essuyer, soit qu'ils ayent été mouillés ou que la poussière s'y soit mise[179].

Ce choix, énoncé tôt dans la première partie, est à considérer comme un principe de base, qui limite la portée du travail décoratif apporté à certains éléments figurant sur les planches, comme les pieds de la machine pneumatique ou la potence de la machine de Mariotte pour l'étude sur le choc des corps, améliorée par Nollet. Celui-ci, par ces décorations qui empruntent les codes esthétiques du mobilier de salon, facilite l'insertion de son instrumentation dans l'environnement familier de ses élèves aristocratiques ou royaux, et l'on peut les considérer comme un vecteur de diffusion.

Si la décoration entre dans une stratégie à la fois pédagogique et sociale, Nollet n'en est pas moins réellement attentif à des détails qui soulignent une forte exigence esthétique, comme le rendu de certains assemblages. À propos de l'assemblage à queue d'aronde, il constate par exemple que « Cet assemblage qui est très-bon & très-solide, laisse cependant quelque chose à désirer : les queues qui traversent entièrement, se font voir à bois de bout sur une surface à bois de fil[180] », défaut esthétique qu'il faut prendre soin de rectifier. Les règles esthétiques revêtent d'ailleurs chez Nollet un caractère de première importance. Les principes fondamentaux sur la construction des instruments, énoncés dans l'Avertissement du *Programme* de 1738, y étaient déjà « couronnés » par une défense de choix stylistiques :

Qu'on ne me reproche pas un air de propreté qui ne déplaît à personne, mais que l'on veut quelquefois distinguer de la dépense absolument nécessaire. Il me convenoit mieux qu'à tout autre de sacrifier cette élégance à ma fortune, mais elle s'est trouvée inséparablement jointe à des qualités indispensables, & j'ai été bien aise d'être obligé de lui faire grace.

En effet, toute la décoration de mes Instruments consiste dans la forme & le poli, pour les pièces qui sont de métal, & de plus dans un vernis coloré qui couvre la surface du bois.

Tout le monde sçait que le bois se déjette & perd sa forme quand il séche, ou qu'il devient humide ; lorsqu'il est verni, il cesse d'être susceptible de ces inconvéniens qui sont capables de renverser toute l'économie d'une machine ; cet ornement n'est donc pas superflu, mais une précaution nécessaire. Le poli

179 *Idem* p. 30.
180 *Idem* p. 83.

plait tant aux yeux, & rend le métal d'un entretien si facile, qu'il pourroit être mis au rang des qualités les plus avantageuses. S'il étoit besoin de le défendre davantage, je l'authoriserois par la figure des pièces. Je fais tourner tout ce qui peut l'être. Le tour, comme l'on sçait, est un Instrument qui donne à une matière la forme & le poli en peu de tems & avec éxactitude ; ainsi, l'une & l'autre dans la plûpart de mes machines est une pratique d'économie[181].

L'esthétique de Nollet, qui est donc inscrite dès l'origine dans l'ordre de la *nécessité*, est fondamentalement celle de la simplicité : « une belle simplicité coûte moins de travail & a plus de graces[182] », insiste-t-il dans *L'Art des expériences*. Facilité d'entretien ou souci d'économie s'accordent ici à l'orientation stylistique majeure de l'appareillage scientifique, ce qui tend à faire admettre que l'utilité a sa propre esthétique. C'est pourquoi Nollet « propose » régulièrement dans sa troisième partie une ornementation des machines, celle-ci restant de l'ordre du superflu pour des appareils ayant déjà leur grâce dans leur expression la plus simple. On pourrait ici trouver l'amorce d'un débat esthétique dans lequel le design industriel trouvera plus tard la justification de la pureté formelle et du dépouillement décoratif. L'uniformisation des machines de Nollet par l'emploi de la peinture noire accentue la portée de cette préfiguration du produit « standard ». On ne doit d'ailleurs pas oublier que Nollet s'est à l'origine tourné vers la commercialisation de ses instruments à cause de l'habitude qu'il avait de fabriquer plusieurs fois le même appareil.

Notons enfin que si la troisième partie signale régulièrement « l'option décorative » pour les machines présentées, cette ouverture n'est pas, *en soi*, inutile. C'est une nouvelle illustration – après les procédures techniques délibérément multipliées ou complexifiées des *Leçons* et après le difficile travail de composition des drogues qui pourrait être laissé aux artisans spécialisés – de la valeur intrinsèque du geste technique. Nollet ne perd donc pas l'occasion de développer cette extension de l'apprentissage vers l'art décoratif :

Voilà, en général, comment les Vernisseurs appliquent les couleurs & les métaux ; voyons maintenant l'usage que l'on peut faire des uns & des autres, pour orner les machines, quand elles sont peintes, & commençons par les ornements les plus simples, afin que les personnes qui me prendront pour

---

181 *Programme...*, *op. cit.* p. 117-120.
182 *AE*, vol. 1, p. 34.

guide, s'accoutument par une espèce d'apprentissage aux pratiques de cet Art, & puissent parvenir sans dégoût à faire des choses plus difficiles[183].

Spécifique au regard du reste des pratiques artisanales puisque requérant d'une part les techniques de l'artisanat d'art et répondant d'autre part à des attentes exclusivement esthétiques, l'option décorative ouvre le champ d'une dextérité manuelle propre à faire émerger de nouveaux schèmes cognitifs. L'élargissement des apprentissages est sans doute la règle la plus dynamique du *système technique* de Nollet.

Le travail du verre est l'occasion pour Nollet de faire de son discours technique un « discours second », par l'énoncé « en abîme » des instructions pour rédiger un *Mémoire* que le lecteur devra remettre à l'artisan verrier en charge de la réalisation de certains « vaisseaux ». Nollet indique en effet la possibilité de donner des « modeles pour la Verrerie » qui doivent s'accompagner de recommandations portant sur : la qualité du verre, l'ouvrier à qui sera confié le travail, l'homogénéité et l'épaisseur des pièces, les défauts nécessitant la mise au rebut, la protection des pièces fabriquées et les conditions atmosphériques dans lesquelles certaines pièces doivent être fabriquées. Nollet insiste également sur la précision des données devant accompagner le tracé des modèles :

> Tous les modeles que vous préparez pour la Verrerie, il faut les faire de grandeur naturelle ; & comme toutes les pieces se tournent au bout de la canne, il suffira que vous les représentiez par une coupe sur une feuille de gros papier blanc. Supposez, par exemple, que ce soit un récipient de machine pneumatique ; vous prendrez la feuille de papier *c d e f, Pl. VI. Fig. I*, de grandeur convenable à votre dessein, vous la plierez en deux sur la ligne *AB* ; vous dessinerez le demi-contour *ADG*, & vous couperez avec des ciseaux sur cette ligne le papier tout doublé ; vous l'étendrez ensuite, & votre feuille découpée comme *HIK*, représentera la coupe d'un récipient, suivant son axe[184], etc.

Outre la consolidation du système régulier qui sous-tend l'apprentissage artisanal, Nollet introduit un nouveau savoir-faire propre à la rédaction du « Memoire instructif[185] ». La formalisation de consignes verbales et visuelles est un exercice de transmission plus délicat qu'il n'y paraît au premier abord. Elle implique d'abord une identification claire des

---

183 *Idem* p. 458-459.
184 *Idem* p. 167-168.
185 *Idem* p. 168.

besoins expérimentaux et de l'objectif matériel à atteindre. Elle implique ensuite une connaissance première des techniques artisanales, car même si le travail est délégué, l'initiation délivrée par Nollet dans le reste de la première partie est supposée former le socle sur lequel peuvent se formuler des attentes techniques précises. Elle implique enfin la capacité à traduire ces attentes par une représentation discursive et graphique. Ces exigences ne sont-elles pas, dans les grandes lignes, celles que Nollet tente lui-même de satisfaire dans son ouvrage ? Ce « discours dans le discours » que représente le court passage sur le « mémoire instructif » porte donc en lui la quintessence de sa démarche, et un lecteur ayant achevé son initiation dans l'art de expériences devra être capable de fournir aux ouvriers des mémoires parfaitement rédigés. Peut-être sera-ce même son *chef d'œuvre*. Dans des proportions plus modestes, le « mémoire instructif » n'est pas sans rappeler le contrat de chantier public des ingénieurs, devis qui selon Hélène Vérin synthétise tous les enjeux de leur mission[186]. Le système de règles de *L'Art des expériences* intègre en tout cas, même si on ne la considère pas comme un couronnement, la mise en discours technique du lien entre artisanat et physique expérimentale.

---

186 « … la particularité du contrat, c'est qu'il ne s'agit pas simplement d'anticiper, mais de mettre d'accord sur une anticipation. Or on ne se met d'accord qu'en usant de mots, et, dans le cas du contrat, sur un texte. La publication du contrat contribue *de facto* à une nouvelle obligation sociale : celle de délivrer textuellement un savoir qui, jusqu'alors, ne se transmettait que dans le secret des ateliers, dans l'espace privé des manufactures, de le rendre public, de le rendre au public. Or c'est là un des thèmes majeurs des encyclopédistes du XVIIIᵉ siècle. Ce qu'ils aperçoivent, du point de vue de l'application des sciences aux arts et aux manufactures, a pour ressort social le développement du travail par entreprises et du contrat. Coup double : les connaissances ainsi acquises non seulement sont applicables, mais encore cumulables et perfectibles. Dans l'ordre des productions, le souci administratif de toujours "envisager l'avenir" y gagne le moyen de transformer la simple prévoyance en prévision calculée, ce qui garantit formellement le devis de l'ingénieur », Hélène Vérin, *La Gloire des ingénieurs. L'intelligence technique du XVIᵉ au XVIIIᵉ siècle, op. cit.* p. 229.

MATHÉMATISATION
ET CONTRAINTE PHYSIQUE

L'épaisseur des enjeux théoriques n'est pas restituée uniquement par la complexité qu'elle induit, comme nous avons pu le voir dans les leçons sur la dynamique, dans l'organisation discursive ou par sa projection analogique dans l'organisation mécanique. Nollet s'efforce encore de multiplier les arrière-plans scientifiques. Dès la première section sur la mobilité des corps de la troisième leçon, Newton est convoqué au travers de son expérience sur l'inertie ; dans la section suivante, c'est Leibniz, à propos de sa distinction entre force morte et force vive ; on rencontre ensuite le système des tourbillons de Descartes[1], sa rectification par Huyghens[2], l'analyse de l'évaporation par Musschenbroeck ; il faut encore ajouter de nombreux renvois à Galilée, Mariotte, Désaguliers, Halley, Richer, Toricelli, Pascal... La multiplication des références savantes a valeur d'avertissement, comme le signalent les synthèses de controverses scientifiques qui parsèment les sections : les réticences de Mme du Châtelet et de Mairan face à la théorie de Leibniz sur les deux forces, la question métaphysique ouverte de la nature du mouvement[3], les interprétations contradictoires de l'expérience cartésienne du globe de cristal, le désaccord des « Philosophes » sur la nature de la pesanteur[4], la discussion autour de la théorie de la Lune de Newton[5] ou autour du mouvement continuel d'un liquide[6]... Pour servir sa visée pédagogique, Nollet déploie des stratégies permettant au lecteur de ne pas s'enliser dans les épineux problèmes théoriques soulevés : mise hors débat des enjeux « métaphysiques[7] », controverse tranchée par la pratique

---

1   Dans la leçon 5, tome 2, p. 62.
2   *Idem* p. 75.
3   Dans la leçon 4, tome 1, p. 321.
4   Dans la leçon 6, tome 2, p. 100-101.
5   *Idem* p. 141-143.
6   Dans la leçon 7, tome 2, p. 253.
7   Sur la nature de la gravité.

de la mécanique qui fixe les limites du débat théorique[8], ajournement d'un questionnement auquel l'avenir apportera peut-être des réponses[9] ; les obstacles théoriques n'en sont pas moins posés. Là encore, le « schéma » expérimental est étroitement lié aux perspectives ouvertes par la pensée théorique. Nollet, en même temps que ses arrière-plans scientifiques, ouvre en effet des arrière-plans techniques. L'expérience de Newton sur le choc des boules de plomb suspendues, qui ouvre la troisième leçon, est en toile de fond de celle qu'il réalise avec sa machine disposant de marteaux heurtant des billes d'ivoire. Dans la section sur la « Communication du Mouvement dans le Choc des Corps » (leçon 4), il annonce l'utilisation d'une machine empruntée à Mariotte « dont j'ai étendu les usages, & que j'ai rendue plus commode[10] ». La section sur les forces centrales (leçon 5) décrit une machine de Désaguliers ; elle relate surtout l'expérience majeure du globe de cristal par Descartes, puis sa complication par d'autres physiciens dont Nollet lui-même. On pourrait encore mentionner le récit d'une expérience de Désaguliers sur la pesanteur[11], celui des expériences de Galilée, Toricelli et Pascal sur la pression atmosphérique[12]...

Ce que Nollet introduit ici dans ses *Leçons* est l'*historicité* de la science expérimentale. Nous avons déjà signalé une première formulation de sa conscience historique dans sa préface des *Leçons*, où il expose la rupture méthodologique avec une science héritée de la tradition[13]. Nollet se voyait alors comme l'introducteur en France[14] d'une démarche scientifique dont la transformation radicale était achevée : « La Physique est devenüe *expérimentale*[15] ». Les deux premières leçons ont commencé à esquisser les jalons de cette mutation, en faisant une large place à la transmission entre Réaumur et Nollet. Celui-ci continue dans les leçons sur la dynamique et la statique à exposer sa filiation, directe ou indirecte, avec les représentants de la physique expérimentale qui l'ont

---

8   Sur les deux forces distinguées par Leibniz.

9   Sur l'interprétation de l'expérience de Descartes.

10   *LPE*, tome 1, leçon 4, p. 319.

11   Dans la leçon 5, tome 2, p. 78.

12   Dans la leçon 7, tome 2, p. 292-309.

13   « Pendant près de vingt siècles, cette science [la physique] n'a été presque autre chose, qu'un vain assemblage de systêmes appuyés les uns sur les autres, & assez souvent opposés entre eux », Préface *LPE*, tome 1, 1743, p. III.

14   Nollet mentionne néanmoins son prédécesseur M. Polinière dans la préface du *Programme* (voir p. XXXIII).

15   Préface *PIGCP*, *op. cit.* p. VI.

précédé. Sa rencontre en Angleterre avec Désaguliers, l'année même où il commence ses cours de physique (1734), celle des Musschenbroek en Hollande en 1736, sont des événements marquants de la carrière scientifique de Nollet, qui continue à rendre hommage à ses maîtres au travers de ses références savantes. Par delà son expérience personnelle, il invite plus généralement ses lecteurs à reconnaître les origines étrangères de la méthode expérimentale. P. Brunet a depuis longtemps éclairé les sources anglaise et hollandaise de celle-ci[16] ; nous renvoyons à son chapitre sur « L'influence en France de la physique expérimentale hollandaise au XVIIIᵉ siècle », mais aussi au chapitre précédent sur le développement de la méthode expérimentale en Hollande, dans lequel il montre l'influence déterminante de la physique newtonienne sur Boerhaave[17], s'Gravesande[18] ou Pierre van Musschenbroek[19]. La généalogie de la physique expérimentale montre ainsi sa participation au glissement fondamental qui s'opère en France au cours de la première moitié du XVIIIᵉ siècle autour de « l'idée de nature » : si, selon Jean Erhard, la vision mécaniste cartésienne règne autour de 1715, « Vers 1740 le newtonisme a gagné la partie[20] ». Nollet appartient donc à ce que Thomas S. Kuhn[21] appelle une *science normale* en plein essor, ce moment qui consiste, après une révolution scientifique, à consolider, explorer et parachever le *paradigme* qui s'est imposé.

La mise en perspective par Nollet de la théorie et de la pratique expérimentale, dans le cadre des leçons sur la dynamique, nous invite donc à situer sa démarche dans l'histoire de la mécanique rationnelle, en prenant la mesure de ce que la technique apporte comme contribution à cette *science normale*. Il faut ici faire remarquer la particularité française avec cet effet de superposition des deux modèles de pensée cartésien et newtonien analysé par Jean Ehrard. Or que véhicule, sous l'angle technique qui nous intéresse, la persistance mécaniste ? Elle perpétue ce qui, d'après Gérard Simon, définissait l'horizon commun, au XVIIᵉ siècle, de la technique, de la science et de la philosophie, *les machines* :

---

16   Pierre Brunet, *Les Physiciens hollandais et la méthode expérimentale en France au* XVIIIᵉ *siècle*, Paris, Albert Blanchard, 1926.
17   *Idem* voir p. 46.
18   *Idem* voir p. 48.
19   *Idem* voir p. 62.
20   J. Erhard, *L'Idée de nature…*, *op. cit.* p. 158.
21   Thomas S. Kuhn, *La Structure des révolutions scientifiques* (1962), Paris, Flammarion, 2008.

> On peut [...] distinguer en elles trois grandes catégories (elles-mêmes diffé-
> renciées), selon qu'elles transforment par des procédés mécaniques des forces
> naturelles préexistantes, qu'elles mettent en œuvre des énergies physiques
> ou chimiques d'origine artificielle, ou enfin que comme les horloges et les
> automates elles soient déjà systématiquement construites pour stocker de
> l'énergie et la restituer en suivant un programme prédéterminé. La technique
> est en train de perfectionner les premières, la science commence à concevoir
> les secondes, la philosophie spécule sur les dernières, mais toutes imposent
> leur marque à l'image qu'on se fait alors du monde[22].

Dans le domaine de la dynamique, où Nollet fait intervenir si largement
les machines, ces dernières pourraient donc, sous l'impulsion du mécanisme cartésien jouant ici un rôle d'adjuvant, participer à leur manière
à la stabilisation du paradigme newtonien, en favorisant l'actualisation
cinématique de la nouvelle représentation du mouvement. G. Bachelard
attire notre attention sur la transformation qui s'opère dans la démarche
expérimentale, en partie à son insu : « il faut que le phénomène soit
trié, filtré, épuré, coulé dans le moule des instruments, produit sur
le plan des instruments. Or les instruments ne sont que des théories
matérialisées. Il en sort des phénomènes qui portent de toutes parts la
marque théorique[23] ». Dès lors, les machines de Nollet participent à la
matérialisation de la cinétique newtonienne dans ce que G. Bachelard
appelle une *phénoménotechnique*[24].

LE MÉCANISME D'HORLOGERIE ET LES LIMITES
DE LA MATHÉMATISATION CINÉTIQUE

En quoi les machines que nous décrit Nollet peuvent-elles jouer un
tel rôle et trouver leur place dans les enjeux *a priori* purement théoriques
que pose la normalisation d'un paradigme scientifique ? Il nous faut ici
envisager une forme de rationalité « techno-scientifique » qui ne s'observe
nulle part mieux que dans la deuxième section de la leçon 6 sur la gravité.

---

22 Gérard Simon, « les machines au XVIIe siècle », dans *La Machine dans l'imaginaire (1650-
    1800)*, *Revue des sciences humaines*, 1982-1983, n° 186-187, p. 14-15.
23 G. Bachelard, *Le Nouvel Esprit scientifique, op. cit.* p. 16.
24 *Idem* p. 17.

Nollet introduit dès le début de la section une présentation du mécanisme d'une pendule[25], poursuivie plus loin par l'application des vibrations du pendule aux horloges par Huyghens (dans l'exposé des deuxième et quatrième expériences[26]), avant de s'épanouir finalement dans la longue description du mécanisme de l'horloge[27]. La régularité du mouvement trouve véritablement son incarnation technique dans ce type de mécanisme. La condition de cette incarnation repose plus précisément sur la possible conversion technique d'une rationalité mathématique. Le premier article de la section s'ouvre sur une explication géométrique de la chute d'un corps par un plan incliné[28]. La planche 3 de la section n'est d'ailleurs qu'un tracé géométrique. Plus loin, à la suite de la troisième expérience, Nollet renvoie son lecteur aux ouvrages de Galilée pour appréhender l'expression mathématique de l'oscillation. Surtout, il décrit la « *cycloïde*, courbe fameuse en Géométrie par le nombre & l'importance de ses propriétés, & en méchanique par l'usage que M. Hughens en fit, lorsqu'il appliqua les vibrations du pendule aux horloges[29] ». Le mécanisme d'horlogerie apparaît ainsi comme le point d'aboutissement d'une mathématisation globale des phénomènes du mouvement (le mouvement simple dans la leçon 3, le mouvement réfléchi dans la leçon 4, le mouvement composé et les forces centrales dans la leçon 5, font l'objet d'une géométrisation identique), le vecteur qui oriente le discours sur la dynamique depuis l'énoncé des lois du mouvement jusqu'à la dernière section sur la pesanteur. On se rappellera d'ailleurs que la dynamique est, à l'époque de la publication des *Leçons* sur cette matière, affaire de mathématiciens comme d'Alembert[30] et Euler.

---

25 *LPE*, tome 2, p. 175.

26 *Idem* p. 191 et 204.

27 *Idem* p. 204-212.

28 « Supposons donc que A P représente la pesanteur, c'est-à-dire, l'espace que parcourrait le mobile A dans le premier tems de sa chute, s'il tomboit librement ; et que A F soit une autre puissance qui le tire en avant & obliquement : en formant sur ces deux premiers côtés le parallélogramme PAF*a*, comme nous l'avons enseigné, la petite diagonale A*a* donnera & la direction & la quantité du mouvement composé. Ainsi l'on voit qu'à la fin du premier tems le mobile sera en *a*, c'est-à-dire, beaucoup moins bas qu'il ne seroit s'il n'avoit suivi que l'impulsion de sa pesanteur. Si l'on veut sçavoir quel sera le produit du second tems, il faut représenter les deux puissances par des lignes trois fois plus longues ; car la pesanteur qui auroit fait tomber le mobile par A F dans le premier tems, lui auroit fait parcourir *ap* trois fois plus long dans un pareil tems pris de suite » etc. *Idem* p. 177-178.

29 *Idem* p. 191.

30 Le *Traité de dynamique* de d'Alembert est publié en 1743, comme les deux premiers tomes des *Leçons*.

Le mécanisme d'horlogerie le plus subtil intègre pourtant des contraintes physiques qui empêchent sa parfaite traduction du modèle mathématique :

> … il paroît évidemment démontré qu'il ne peut y avoir de mouvement perpétuel méchanique dans la nature (…). Ceux qui s'en laissent imposer par l'inspection d'une machine, ou par une prétendue démonstration géométrique, sur laquelle on s'appuie quelquefois, pour établir la découverte du mouvement perpétuel, sont les dupes de la mauvaise foi ou d'un paralogisme qui ne tiennent guéres contre des gens instruits. Le mouvement perpétuel est la pierre philosophale de la méchanique[31].

Nollet a, quelques pages plus haut, expliqué par exemple le ralentissement des mécanismes d'horlogerie par l'augmentation des frottements dus à un échauffement[32]. Cette impossibilité d'atteindre le mouvement perpétuel par le mécanisme le plus proche de l'expression mathématique pure exprime l'irréductible écart entre le résultat théorique et le résultat expérimental que Nollet ne cesse de rappeler à son lecteur dans son enseignement sur le mouvement : il est ainsi impossible de vérifier par l'expérience la loi sur la conservation du mouvement[33] ou d'apporter la preuve expérimentale de l'égalité des angles de réflexion et d'incidence dans le mouvement réfléchi[34] ; après avoir expliqué le mouvement composé, Nollet rappelle que « Quoique ces effets puissent se conclure en toute sûreté de la théorie, on ne doit guéres les attendre dans la pratique[35] » ; l'accélération pendant la chute, la courbe balistique, révèlent les mêmes écarts entre la théorie du géomètre et la pratique du physicien…

Quelque chose de fondamental est en jeu dans cet écart irréductible. G. Bachelard, quand il tentait de prendre la mesure de la révolution scientifique de la première moitié du XXᵉ siècle, faisait remarquer l'effort déployé pour détrôner la géométrie :

> … à partir d'Euclide et pendant deux mille ans, la géométrie reçoit sans doute des adjonctions nombreuses, mais la pensée fondamentale reste la même et l'on peut croire que cette pensée géométrique fondamentale est le fond de

---

31 Leçon 3, tome 1, p. 256-257.
32 *Idem* voir p. 250-251.
33 Dans la leçon 3, tome 1, p. 208.
34 Dans la leçon 4, tome 1, p. 301.
35 Leçon 5, tome 2, p. 36.

la pensée humaine. C'est sur le caractère immuable de l'architecture de la géométrie que Kant fonde l'architectonique de la raison[36].

On rappellera ici, pour souligner la vigueur de la géométrie dans la physique, l'analyse de Koyré sur la révolution scientifique du XVIIᵉ siècle, marquée par la géométrisation de l'espace[37]. Or c'est cet *inconscient géométrique* qui pose les limites de la physique expérimentale :

> On se hâte de dessiner l'expérience dans ses grands traits ; on encadre la phénoménologie dans une géométrie élémentaire ; on instruit l'esprit dans le maniement des formes solides, refusant la leçon des transformations. On prend alors de véritables *habitudes* rationnelles. C'est donc toute une infrastructure euclidienne qui se constitue dans l'esprit assujetti à l'expérience du solide naturel et manufacturé[38].

Nollet, qu'il ne s'agit pas de soustraire à une pensée géométrique dominante, montre néanmoins par ses préventions des écarts entre pratique et théorie, comme par sa lucidité sur l'impossibilité d'obtenir mécaniquement le mouvement perpétuel, que sa maîtrise technique le tient suffisamment à l'écart des expériences faites « à grands traits » pour tenir un certain équilibre entre la rationalité mathématique et l'attention portée à la réalité du phénomène physique. Le « solide manufacturé » même le plus abouti, comme le mécanisme d'horlogerie, exerce certes son pouvoir de fascination sur un physicien marqué par la *pensée géométrique*, mais il ne détourne pas le technicien d'une connaissance intime du mouvement sans cesse entravé par les résistances du milieu et les frottements. G. Vassails rappelle que « lorsque l'*Encyclopédie* paraît, la science a déjà tranché la question du mouvement perpétuel. Le *Dictionnaire* envoie au diable ceux qui gaspillent leur ingéniosité à cette recherche stérile[39] »... Il note quand même que « l'essentiel de l'argumentation remarquable de d'Alembert, c'est que "dans l'état présent des choses la résistance de l'air, les frottements, doivent nécessairement sans cesse retarder le mouvement[40]" », ce qui replace les réflexions de Nollet dans leur actualité scientifique.

---

36   G. Bachelard, *Le Nouvel Esprit... op. cit.* p. 24.
37   Voir A. Koyré, *Du monde clos à l'univers infini* (1957), Paris, Gallimard, 1973, p. 11.
38   G. Bachelard, *Le Nouvel Esprit... op. cit.* p. 41.
39   G. Vassails, « L'*Encyclopédie* et la physique », *op. cit.* p. 300.
40   *Ibid.*

L'ART DU MÉCANICIEN

En préambule de la leçon 9, Nollet insiste sur les qualités fondamentales du mécanicien : la mécanique suppose, « dans celui qui s'y applique, des connaissances suffisantes de Mathématiques & de Physique[41] ». Il doit donc être *géomètre* et *physicien*, double exigence qui empêche de confondre « le Machiniste avec le vrai Méchanicien[42] », celui-ci appartenant à une lignée comportant des noms illustres : « Archytas, Aristote, Archimédes, &c. parmi les Anciens ; MM. Mariotte, Amontons, de la Hire, Varignon, &c. parmi les Modernes[43] ». Tous ont ainsi maîtrisé les quatre principes physico-mathématiques qui interagissent dans une machine : la puissance, la résistance, le point d'appui et la vitesse. Chacun de ces principes est en effet une intégration géométrique ou numérique des contraintes des matériaux ; la résistance, par exemple, « n'est pas toujours une quantité constante comme un poids qu'on veut enlever ; souvent ce sont des ressorts à tendre, des corps à diviser, des fluides à soutenir[44] »... La mathématisation de la machine prolonge celle qui s'est épanouie dans les *explications* des expériences de mécanique rationnelle. On retrouve ainsi l'abstraction liée aux nécessités de l'épure géométrique : « nous ferons abstraction des frottements & de la résistance des milieux[45] ». Les planches traduisent visuellement ce dépouillement géométrique, en combinant les tracés abstraits de trajectoires et les réductions des leviers ou des poulies à des segments ou des cercles : « le levier peut toujours ressembler à une ligne mathématique, inflexible et sans poids[46] ». La mathématisation se fait ici dans le sens d'une simplification qui participe à l'effort pédagogique des leçons : « nous représenterons chaque expérience par des lignes, afin d'écarter de nos explications ce qui est étranger, & de n'occuper l'attention du Lecteur que de l'objet dont il sera question[47]. »

---

41 *LPE*, tome 3, p. 2.
42 *Idem* p. 3.
43 *Idem* p. 4.
44 *Idem* p. 9.
45 *Idem* p. 15.
46 *Idem* p. 21.
47 *Ibid.*

Nollet, en technicien sans cesse confronté aux réalités concrètes, doit néanmoins lutter contre un fort courant d'hyper-abstraction mathématique pour imposer auprès de ses récepteurs le parfait équilibre entre la géométrie et la physique que requiert la mécanique pratique. Le géométrisme cartésien est profondément ancré dans la pensée française de la dynamique, et s'il a pu s'atténuer en un siècle, on sait son caractère originellement radical : « Descartes a conçu le monde comme une géométrie incarnée[48] ». P. Costabel, dans son article sur la mécanique dans l'*Encyclopédie*, a montré comment elle conservait, sous l'égide de d'Alembert, ce puissant caractère géométrique qui tend à fondre la mécanique dans la cinématique : « … D'Alembert a cherché des "démonstrations" des principes fondamentaux de la mécanique, (…) démonstrations de type mathématique ne laissant place à aucune certitude venue d'ailleurs, à aucune intrusion d'éléments hétérogènes à la pensée mathématique[49] ». On sait la réticence de Diderot au recours systématique aux mathématiques comme mode explicatif, les considérant comme « une espèce de métaphysique générale où les corps sont dépouillés de leurs qualités individuelles[50] », au point d'en dresser ce que Jean Ehrard appelle « l'acte de décès[51] ». D'Alembert, dans l'article *Fluide*, confie avoir senti lui-même l'excès auquel l'expose sa démarche : « Je crois pouvoir donner aux géomètres, qui dans la suite s'appliqueront à cette matière, un avis que je prendrai le premier pour moi-même, c'est de ne pas ériger trop légèrement des formules d'algèbre en vérités ou propositions physiques ». Un cas pratique signalé par Nollet, celui des ressorts de montres et de pendules sur lequel il s'est déjà attardé dans la deuxième leçon, nous montre que l'exigence technique implique le maintien du parfait équilibre entre l'appréhension mathématique et la contrainte physique :

> Au lieu d'envelopper sur un cylindre la chaîne qui sert à tendre le ressort, on la reçoit sur une fusée, dont la figure est telle, que les tours vont toujours en

48   R. Lenoble et P. Costabel, « La révolution scientifique du XVIIe siècle », *La Science moderne, op. cit.* p. 211.

49   P. Costabel, « La mécanique dans l'*Encyclopédie* », *Revue d'Histoire des sciences et de leurs applications*, Année 1951, vol. 4, p. 283.

50   Diderot, *Pensées sur l'interprétation de la Nature*, in *Œuvres complètes*, Paris, éd. Assézat et Tourneux, Garnier, 1875-1877, tome 2, p. 19.

51   J. Erhard, *L'Idée de nature en France dans la première moitié du XVIIIe siècle* (1963), Paris, Albin Michel, 1994, p. 184.

diminuant de diamètre, comme la tension du ressort augmente. Tout l'art consiste à trouver ce rapport ; car la théorie ne peut servir qu'à en approcher, les Horlogers sont toujours obligés d'en venir à des épreuves, parce que les ressorts ne sont jamais réguliérement flexibles & élastiques dans toutes les parties de leur étendue[52].

Il apparaît même que la donnée physique peut ne pas être intégrable dans la modélisation mathématique, du moins dans l'état d'aboutissement de celle-ci à l'époque, et en limite fortement la validité, comme c'est le cas pour certaines variantes du plan incliné comme la vis et le coin :

> … j'ai toujours fait abstraction des frottements, pour n'avoir égard qu'aux effets qui naissent de chaque machine considére en elle-même ; il est bon d'avertir cependant que dans l'usage des vis & du coin, il arrive souvent que l'effet principal vient des frottemens, & que si dans la pratique on négligeoit d'avoir égard à cette espéce de résistance, il y auroit bien peu de cas où les forces opposées pûssent se comparer avec quelque justesse[53].

Le choix du titre donné par Nollet à sa neuvième leçon est significatif de l'équilibre qu'il cherche à préserver. Nous avons déjà signalé à propos des leçons précédentes sur la mécanique rationnelle, de quelle manière Nollet avait en quelque sorte « confisqué » l'intitulé de *mécanique* pour le réserver à la mécanique pratique, alors que dans son article *Méchanique* de l'*Encyclopédie*, figurant dans le tome 10 paru en 1765, d'Alembert puisera au contraire largement dans son propre *Traité de dynamique* de 1743 en accordant ainsi la prééminence à la mécanique rationnelle. Paru en 1745, le tome 3 des *Leçons* nous signale donc de quelle manière le choix de Nollet s'écarte d'options majeures qui vont aller se confirmant dans les deux décennies suivantes. Si P. Costabel souligne la fécondité de l'approche cinématique de d'Alembert, il n'en fait pas moins remarquer le retour qui s'opèrera chez son successeur dans l'*Encyclopédie méthodique*, l'abbé Bossut, lequel soulèvera dans son *Discours préliminaire*, à propos de la mécanique, « le problème des informations réciproques de la science proprement dite et de la technique[54] ». Le principal mérite de Nollet serait d'avoir, quarante ans plus tôt, défendu cette réciprocité dans sa

---

52 *LPE*, tome 3, *op. cit.* p. 88.
53 *Idem* p. 136-137.
54 P. Costabel, « La mécanique… », *op. cit.* p. 290.

conception de l'art du mécanicien[55]. On mesure d'ailleurs l'effort de Nollet à l'écart qui sépare sa leçon de l'ouvrage de La Hire à la source duquel il puise : les figures qui parsèment le *Traité de mécanique* sont exclusivement géométriques, La Hire ne développant que la première partie de la mécanique telle que la tradition la livre dans sa dichotomie :

> Les Anciens ont considéré deux parties dans la Mécanique, l'une qui ne regardoit que les raisons de l'augmentation de l'effort des puissances, & qui étoit fondée sur la Géométrie, sur l'Arithmétique & sur les raisonnemens physiques ; l'autre n'avoit pour objet que l'exécution, & demandoit une connoissance parfaite de tous les materiaux qui entrent dans la composition des machines & des differentes applications qu'on en peut faire[56].

La pédagogie expérimentale impose, pour Nollet, de traiter ensemble ces deux parties.

Toutes les rubriques *Applications* de son corpus expérimental constituent un réservoir de références pratiques qui entretiennent ce lien entre la rationalité théorique et la réalité technique de la mécanique. Les trois champs d'application sont définis dès les premières expériences : « Les leviers sont d'un usage si commun, non-seulement dans les Arts, mais même dans la vie civile & dans le méchanisme de la nature, qu'on les rencontre presque par-tout, pour peu qu'on y fasse attention[57]. » Nous reviendrons plus loin sur la mécanique « naturelle ». Les arts mécaniques et les ouvrages d'ingénierie civile alimenterons dans tous les cas la majeure partie de l'ensemble technique convoqué : charpentiers, maçons, boulangers, chaudronniers, ferblantiers, horlogers, bucherons, sculpteurs, menuisiers… peuplent toujours le cours de physique expérimentale ; leurs outils, pince, couteau de boulanger, ciseaux, tenailles, cognée, gouge, burin… sont autant de machines simples dont Nollet commente la manipulation en prenant soin d'adjoindre à ses précisions un vocabulaire technique (*pied de chèvre, badines, tambours, fusées, bobines,*

55 Dans « Pour ou contre l'abstraction mathématique » (*Les Structures rhétoriques de la science, op. cit.*), F. Hallyn fait le point sur la tension entre physique et géométrie au travers des avis de Diderot, d'Alembert ou Buffon, pour conclure : « Le XVIIIe siècle est parcouru (…) par deux tendances "poétiques" opposées, où l'on rencontre de l'après-Descartes et de l'anti-Descartes. L'une rêve à l'inaccessible formule unique, en poursuit, voire exacerbe, la recherche, tandis que l'autre proteste contre tant d'abstraction, qu'elle juge souvent rapide ou inutile. » (p. 21).
56 La Hire, *Traité de mécanique, op. cit.* p. 5.
57 *LPE*, tome 3, *op. cit.* p. 26.

action de *guillocher...*) ; mention est faite des recherches menées par Duhamel du Monceau, qui « travaille actuellement à décrire l'art de la Corderie[58] »... Toute machine décrite par voie d'expérience est ainsi inscrite dans un vaste horizon technique, comme le treuil et le cabestan,

> ... machines employées fréquemment aux puits, aux carrières, dans les bâtiments, pour élever les pierres & autres matériaux, sur les vaisseaux & dans les ports, pour lever les ancres, &c. Et on les retrouve en petit, dans une infinité d'autres endroits où elles ne sont différentes que par la façon, ou par la matière dont elles sont faites[59].

L'échange entre la rationalité théorique, de type mathématique, et la technique ne se réalise pas qu'au travers de la juxtaposition des *explications* géométriques et des *applications* pratiques des expériences. On repère des zones du discours où la réciprocité est posée de manière beaucoup plus immédiate, comme lorsque Nollet suggère des améliorations techniques dans une démarche de science appliquée. C'est le cas lorsqu'il critique l'usage courant qui est fait de deux manivelles opposées : « j'aimerois mieux que les deux manivelles fissent ensemble un angle droit, que d'être opposées directement[60] », préférence justifiée par la répartition de la force dans le temps de rotation. Si le raisonnement mathématique guide dans ce cas l'amélioration technique, ailleurs ce sera le raisonnement physique :

> ... on est dans l'usage de fixer les deux bouts de l'axe dans la chappe, & de faire tourner la poulie dessus ; il vaudroit mieux fixer l'axe à la poulie, & faire tourner le tout ensemble dans les trous de la chappe, parce que le mouvement se faisant sur moins de surface, il y auroit moins de frottements[61]...

On remarquera également l'importante digression technique que constitue le passage *De la Balance commune, & de la Romaine*[62], dans lequel Nollet donne un aperçu d'une machine composée à partir d'un levier, aperçu qui prend finalement la tournure d'un cours de construction d'une balance. Planche à l'appui, il propose d'abord un descriptif le plus concis possible intégrant le lexique technique :

---

58   *Idem* p. 154.
59   *Idem* p. 104.
60   *Idem* p. 45-46.
61   *Idem* p. 79.
62   *Idem* p. 66-72.

Cette machine est composée d'un *fléau AB*, dont la longueur est partagée en deux parties égales par un *axe* ; de deux *bassins, C, D*, suspendus aux deux extrémités des bras du fléau ; & d'une *chasse EF*, qui sert d'appui à l'axe, où est le centre du mouvement[63].

Un paragraphe développe ensuite la double dimension par laquelle la balance s'appréhende : la rationalité abstraite du levier telle qu'elle est apparue dans les pages précédentes[64], et la réalité pratique qui conditionne la réalisation de l'objet technique :

> ... comme la nécessité où l'on est de faire le fleau de quelque matiére dure, telle que du fer ou du cuivre, & de lui donner une figure & des dimensions qui l'empêchent de plier, fait quelquefois perdre de vûe ce que prescrit la théorie ; je crois qu'il est à propos d'examiner en peu de mots ce qui peut rendre une balance juste ou défectueuse[65].

De là, Nollet formule trois exigences techniques : la mobilité du fléau, la symétrie des bras, leur alignement. Chacune est elle-même décomposée ; la mobilité dépend ainsi des frottements qui s'exercent à l'axe, de la position du centre de pesanteur, de la longueur des bras. Cette décomposition réaffirme, on le voit, la double nature physico-mathématique de chaque exigence, et chacun des aspects identifiés donne lieu à une ou plusieurs solutions techniques offrant une parfaite synthèse de théorie modélisée par la géométrie et de pratique orientée par la réalité physique : le correctif apporté à l'extrême et incommode mobilité du fléau, consistant à placer le centre du mouvement au dessus de celui de la pesanteur, est une nouvelle imperfection source de balancements, problématique technique entièrement traduisible mathématiquement ; la longueur des bras induit au contraire le comportement physique de la matière : « un fléau de balance ne peut acquérir une plus grande longueur, qu'en devenant ou plus pésant ou plus flexible[66] ». La justesse du raisonnement géométrique et la précision du calcul n'ont ainsi de validité qu'avec la prise en compte des données physiques :

---

63 *Idem* p. 66.
64 « ... cette balance n'est autre chose qu'un lévier partagé en deux bras égaux par son appui, & chargé des efforts d'une puissance & d'une résistance dont les directions sont parallèles entr'elles, & perpendiculaires à sa longueur, lorsqu'il est horizontal comme *AB* ; ou faisant avec elle des angles égaux de part & d'autre, lorsqu'elle est inclinée comme *ab*... », *idem* p. 67.
65 *Idem* p. 67.
66 *Idem* p. 71.

> La seconde condition que nous avons exigée pour faire une balance exacte, c'est que ses deux bras soient parfaitement égaux ; or ce n'est point assez qu'ils le soient quand on construit l'instrument, il faut de plus qu'ils ne cessent point de l'être dans l'usage. Si le fleau n'a pas toute la roideur nécessaire, il se courbe sous la charge des bassins ; & cette courbure, quelque petite qu'elle soit, diminue la mobilité, & jette l'incertitude sur les effets de la balance[67].

La digression sur la balance offre donc un condensé de la démarche physico-mathématique du mécanicien tel que le conçoit Nollet. Elle est pourtant loin d'éclairer le véritable génie technique dont procède la réalisation de ses machines de démonstration...

UNE MÉCANIQUE EXPÉRIMENTALE
EN DEÇA DE LA REPRÉSENTATION GÉOMETRIQUE
Le cas de l'optique

Dans la 16e leçon, au cœur du cours sur l'optique, Nollet mobilise explicitement, dans les *applications* des expériences 5 à 7 sur la dioptrique, la figure de l'artisan : « Certains Artistes qui ont besoin d'une forte lumière, & qui travaillent long-tems de suite sur de petites pièces, tels que sont les Graveurs & Ciseleurs en bijouterie, les Méteurs en œuvre, les Horlogers, &c. s'éclairent assez communément le soir, avec une lampe dont ils font passer la lumière au travers d'une bouteille de verre mince & ronde[68] »... Ce « portrait » de l'artisan au travail, auquel on peut ajouter, dans la 17e leçon, des éléments de preuve tirés de la pratique des émailleurs[69], prépare d'une certaine manière la perspective historique, dans la dernière section, éclairant la production technique qui marquera les débuts de l'optique moderne :

> Les hommes qui nous ont précédés de quatre à cinq siécles ou davantage, perdoient ainsi l'usage de la vûe, long-tems avant que de mourir ; pendant nombre d'années, ils étoient réduits à ne plus voir que les grands objets, & à

---

67   *Idem* p. 72.
68   *Idem* p. 309.
69   *Idem* voir p. 429, à propos de la première expérience de l'article II « Des couleurs considérées dans les objets & dans le sens de la vûe ».

ne les voir qu'imparfaitement ; mais enfin vers l'an 1300, on fit une heureuse application de la propriété qu'ont les verres convexes, d'amplifier l'image des objets[70].

Les verres convexes permettront par la suite les progrès de l'astronomie[71]. On peut, en revenant à l'article sur la dioptrique, retracer le cheminement qui d'après Nollet a conduit de la maîtrise technique à l'exploration scientifique : « L'invention des lunettes à laquelle la théorie des réfractions nous auroit conduit immanquablement, si le hazard n'eût été plus prompt à nous servir, fit connoître aux Mathématiciens, & sur-tout aux Astronomes, combien il étoit nécessaire d'étudier ce phénomène, & d'en déterminer les loix[72] ». L'objet technique, sorti de l'atelier de l'artisan, a donc été la source « hasardeuse » de la connaissance. Dans la quatrième section, Nollet complète ce cheminement, à propos des premiers télescopes :

> Ces premiers instruments, production du hazard & d'une industrie peu éclairée, n'eussent jamais été d'une grande utilité, si l'on eût abandonné le soin de les perfectionner, aux Artistes qui en avoient fait la découverte : mais dès qu'ils furent connus, les Sçavants s'en emparerent ; entre les mains de Galilée, de Kepler, & de M. Hughens, leur construction fut réglée, suivant les principes bien entendus & bien médités de la Dioptrique ; & le célébre Campani y ajouta l'exécution la plus heureus & la plus régulière[73].

Une note nous renseigne sur Campani, « Artiste de Rome très-habile & très instruit[74] ». On voit donc l'invention à nouveau hasardeuse passer de l'atelier des artisans aux savants qui la perfectionnent, avant de retourner à l'atelier d'un artisan « de pointe » pour une réalisation aboutie. Lorsque Nollet va, toujours dans la dernière section, retracer les étapes successives de l'évolution des télescopes, de celui « des Hollandais » au « télescope Grégorien », en passant par celui de Galilée ou par le télescope par réflexion, il faut imaginer cet incessant va-et-vient du cabinet de physique à l'atelier de l'artisan. La troisième section sur l'étude des

---

70   *Idem* p. 520.
71   « L'invention des télescopes a été d'un grand secours pour les progrès de l'astronomie ; c'est de cette époque qu'il faut dater les plus belles découvertes qui ont été faites dans cette science » etc. *Idem* p. 541.
72   *Idem* p. 244-245.
73   *Idem* p. 543.
74   *Ibid.*

couleurs contient, au début de l'article I, un même éclairage sur cette dimension technoscientifique de l'optique :

> ... dans la vûe de perfectionner les lunettes ou télescopes de réfraction, les Mathématiciens avoient cherché & indiqué d'autres sortes de convexité plus propres à produire cette réunion parfaite [des rayons de lumière] ; mais [...] la difficulté de les faire prendre au verre, avoit empêché qu'on ne mît ces moyens en usage. Newton, après Descartes, s'occupa sérieusement de ces recherches, & du soin de procurer, s'il étoit possible, aux Artistes, des procédés sûrs pour travailler des lentilles qui rassemblassent les rayons de lumière, mieux que ne le peuvent faire des segmens de sphéres[75].

On comprend que Nollet, concepteur d'appareils expérimentaux pour la réalisation desquels il travaillait en étroite collaboration avec des artisans, ait été particulièrement sensible à cette dynamique dans le domaine de l'optique, d'autant plus qu'il se livre lui-même au perfectionnement des télescopes[76].

C'est pourtant précisément dans ce champ de la physique que la rencontre du savant et de l'artisan montre également ses limites, par l'impossible application pratique de certaines connaissances. En effet, Newton « découvrit qu'il étoit impossible de réunir parfaitement, comme on le souhaitoit, les rayons de la lumiére, quand même le corps réfringent employé à cet effet, seroit taillé de la manière la plus convenable pour le produire[77]. » Comme le remarque plus loin Nollet, Newton a su trouver, par le biais de la catoptrique, une solution pratique pour pallier cette impossibilité et mettre au point son télescope par réflexion. Ne nous en est pas moins désignée une perspective théorique qui dépasse le cadre de la réalisation technique.

Cette distance entre la technique et la science s'exprime sous une autre forme dans la construction de la connaissance telle qu'elle se présente dans le Cours de Nollet, à savoir au travers d'une tension entre l'appareillage expérimental et le recours à l'expression géométrique dans les planches.

Les leçons 15 à 17 mobilisent – sans tenir compte des appareils et instruments figurant dans le deuxième article de la dernière section

---

75   *Idem* p. 342.

76   *Idem* voir p. 576 : Nollet affirme avoir apporté des perfectionnements au télescope solaire qui lui a été apporté d'Angleterre. Une note signale encore de nouveaux perfectionnements depuis la première parution du tome 5.

77   *Idem* p. 342-343.

(consacrée aux instruments d'optique) – six dispositifs réutilisés à chaque fois dans plusieurs expériences. Un cercle garni de miroirs, une chambre obscure, l'association d'un tuyau, d'une caisse et de miroirs, forment l'essentiel de ces dispositifs. Si la chambre obscure requiert un volume assez important, les autres appareils, sur pied, sont de proportions plus modestes, et tous d'une conception relativement minimaliste. Ce dépouillement d'une instrumentation déjà modeste en effectif se perçoit mieux encore si l'on regarde dans leur totalité les planches qui illustrent les dispositifs : l'appareil est « incrusté » dans un réseau de tracés géométriques. Comme le signalent les commentaires de Nollet, la lumière est affaire « d'angles optiques », de « points radieux », de « rayons rectilignes », etc. La compréhension des phénomènes optiques passe essentiellement par l'abstraction géométrique, auprès de laquelle les machines ne sont qu'une approximation. C'est ce que concède Nollet dans une note sur la catoptrique :

> Un Géometre qui sçait par expérience, 1°. que la lumiére se meut toujours en ligne droite dans un milieu homogène ; 2°. qu'à la rencontre des miroirs elle fait l'angle de sa réflexion égal à celui de son incidence, peut se passer des moyens que je vais employer pour expliquer les principaux phénoménes de la Catoptrique : tous les cas que j'ai à parcourir & à examiner sont autant de problèmes dont la solution sera pour lui plus facile, plus sûre, plus précise & plus étendue que tout ce qu'on peut attendre des Expériences, où l'imperfection & l'embaras des machines se fait toujours sentir[78].

À côté de la modélisation mécanique de la lumière, sa modélisation géométrique s'impose ainsi en rivale. Si l'on suit par exemple le compte rendu complet de l'expérience 10 de la leçon 16, sur la réfraction, les dix pages contiennent des explications mobilisant trop d'abstraction géométrique pour s'économiser le secours de la figuration. On en vient alors à considérer le rôle spécifique des planches dans les leçons sur l'optique : si partout ailleurs elles « donnent à voir » ce à quoi le lecteur serait confronté s'il assistait au cours public – donc les conditions expérimentales en elles-mêmes –, les planches des leçons sur l'optique semblent indispensables au cours lui-même, et de semblables tracés géométriques devaient déjà être présentés aux élèves du cours public. La représentation géométrique, qui radicalise en ce sens un aspect déjà

---

78 *Idem* p. 168.

présent dans les leçons sur la statique et la dynamique, « interagit » donc d'une manière bien particulière avec le Cours et joue un rôle majeur dans l'acquisition de la connaissance, en concurrence autant qu'en complément avec la méthode expérimentale. C'est donc le rapport entre l'abstraction géométrique et la pratique expérimentale concrète qui est ici « renégocié ».

CORPORÉITÉ ET SENSORIALITÉ

Nous avons déjà évoqué, à propos de la leçon 9 sur la mécanique, le cours de construction d'une balance que propose Nollet en pour illustrer la démarche du mécanicien. Le choix de l'expérimentateur s'est porté sur un objet technique certes particulièrement utile mais dont l'usage remonte à l'antiquité, comme pour désamorcer toute l'inventivité que recèle une machine. Rien n'explicite en revanche l'origine des ingénieux dispositifs mis en œuvre pour mettre en évidence les trois types de machines simples. Or on pourrait bien plus s'étonner de la relative complexité des machines employées par exemple pour faire observer les caractéristiques du levier, que de la rationalité qui s'expose dans les recommandations pour la construction de la balance commune. Ces dernières recommandations forment un écran derrière lequel agit un élan technique irréductible à l'expression rationnelle. L'élargissement encyclopédique va nous permettre une fois encore de saisir cette dualité entre un versant lumineux de la mécanique et un autre versant plus obscur.

Par son étude lexicologique du mot « machine », Jean-Luc Martine a clairement défini les voies divergentes qu'ouvrait l'héritage cartésien dans le contexte encyclopédique[1]. Si « l'intelligibilité du réel » revêt chez d'Alembert les caractères de la géométrisation de la mécanique mathématique, Diderot va s'écarter de cette conception de la connaissance fondée sur l'analogie des mécanismes à l'œuvre dans la nature – résorbable en figures et mouvements – et des mécanismes de la pensée. Une première rupture s'observerait dès l'article « Art », dans lequel Diderot préserve « la structure d'une modélisation "machinique" de la connaissance », mais fondée sur l'héritage d'un premier mécanisme pré-mathématique « par lequel l'esprit de la science cartésienne continue bien souvent

---

1   Jean-Luc Martine, « L'article ART de Diderot : machine et pensée pratique », *Recherches sur Diderot et sur l'Encyclopédie* [En ligne], 39 | 2005. URL : http://rde.revues.org/316.

Épicure et Lucrèce[2] ». Dans le cadre d'une pensée pratique, l'analyse matérielle des arts mécaniques procède néanmoins d'une investigation des « rapports entre les catégories de l'entendement[3] ». Constatant ce qu'il considère comme l'échec de la représentation technique de Diderot lorsque celui-ci tente de dévoiler la machine par l'énoncé de son mécanisme – notamment dans l'article « Bas » –, Jean-Luc Martine met en lumière une seconde rupture, plus profonde, entre les deux fondateurs du projet encyclopédique. L'insuffisance des « plans de description » serait la preuve apportée par Diderot lui-même que la machine n'est pas réductible à son mécanisme, qu'elle est porteuse d'autre chose que la rationalisation abstraite. C'est précisément cet autre sens machinique que le philosophe met au cœur de sa démarche. Tandis que d'Alembert confirme la confiance qu'il accorde au mécanisme en réduisant sa définition du mot *engin*[4] à celle de *machine* pour en évacuer la part de mystère qu'il contient par son étymon *ingenium*, Diderot cherche au contraire à identifier le processus créatif à l'origine de la machine dans le but de libérer une « pensée active » : « Cette pensée active résulte d'une inventivité à laquelle se rapporte toujours la signification que Diderot accorde à *machine*[5] ». La pensée encyclopédique s'apparente chez d'Alembert à l'organisation d'un savoir acquis sur le modèle de la « machine composée », en adéquation avec un monde complexe mais structurellement fixe ; elle est chez Diderot le foyer de l'ingéniosité efficiente sur le triple plan des choses, de la pensée et du langage. Telle est la bipartition, dont on peut concevoir qu'elle est autant conflictuelle que complémentaire, que Jean-Luc Martine établit en éclairant l'éclatement de l'héritage mécaniste dans la conduite du projet encyclopédique. Sous cet éclairage, la leçon de mécanique de Nollet semble exclusivement orientée par la conception dalembertienne de la machine ; seules sa personnalité et sa production techniques nous garantissent sa sensibilité diderotienne en la matière. Elle est particulièrement vivace, dans la mesure où Nollet est lui-même un mécanicien et qu'il connaît intimement l'*ingenium* qui fascine Diderot.

Néanmoins, dès les premières pages de la neuvième leçon, Nollet a rejeté dans l'ombre toute production mécanique qui ne serait pas le fruit

---

2   *Idem* p. 3.
3   *Ibid.*
4   *Idem* voir p. 15-17.
5   *Idem* p. 19.

de la rationalité scientifique : « … celui qui ne seroit ni Géomètre, ni Physicien, travailleroit absolument en aveugle, & ne pourroit se flatter de réussir que par un pur hasard ; souvent après bien des tentatives inutiles, pénibles & presque toujours dispendieuses[6]. » La notion de hasard telle que Nollet l'emploie occupe dans le processus de l'invention technique une place que Voltaire a déjà circonscrite, dans ses *Lettres anglaises* (publiées en France en 1734) ; le philosophe s'y est attaché à montrer que c'est précisément par l'évacuation du hasard que s'ouvrent les voies nouvelles de la *philosophie naturelle* :

> On avait inventé la Boussole, l'Imprimerie, la gravure des Estampes, la peinture à l'huile, les glaces, l'art de rendre en quelque façon la vue aux vieillards par les lunettes qu'on appelle bésicles, la poudre à canon, etc. On avait cherché, trouvé et conquis un nouveau monde. Qui ne croirait que ces sublimes découvertes eussent été faites par les plus grands Philosophes, et dans des temps bien plus éclairés que le nôtre ? Point du tout : c'est dans le temps de la plus stupide barbarie que ces grands changements ont été faits sur la terre : le hasard seul a produit presque toutes ces inventions[7].

Voltaire remonte aux époques « barbares », explore le fond des âges :

> La découverte du feu, l'art de faire du pain, de fondre et de préparer les métaux, de bâtir des maisons, l'invention de la navette, sont d'une toute autre nécessité que l'Imprimerie et la Boussole ; cependant ces Arts furent inventés par des hommes encore sauvages[8]…

Du hasard, nous savons quel parti tirera Diderot : des exemples de la verrerie et de la papeterie, il extrait une hypothétique « expérience fortuite » dégagée à partir de l'observation d'un phénomène naturel (ici la dégradation d'un morceau de tissu ou vitrification d'une brique à grand feu), dans laquelle il voit lui aussi l'origine des arts[9]. Mais Voltaire présente ces voies séparées de la science et de la technique comme le fait d'un âge révolu, depuis Bacon. Il décrit la démarche du Chancelier comme la première incursion du savoir dans la sphère de la technique :

---

6   *LPE*, tome 3, *op. cit.* p. 3.
7   Voltaire, *Lettres anglaises*, J-J Pauvert éditeur, 1964, p. 70-71.
8   *Idem* p. 71-72.
9   Diderot, *Œuvres*, tome 1, Philosophie, *Encyclopédie*, article « Art », Paris, Robert Laffont, 1994, p. 268.

En un mot, personne avant le Chancelier Bacon n'avait connu la Philosophie expérimentale ; et de toutes les épreuves physiques qu'on a faites depuis lui, il n'y en a presque pas une qui ne soit indiquée dans son livre. Il en avait fait lui-même plusieurs ; il fit des espèces de machines Pneumatiques, par lesquelles il devina l'Élasticité de l'air ; il a tourné tout autour de la découverte de sa pesanteur ; il y touchait ; cette vérité fut saisie par Torricelli. Peu de temps après, la Physique expérimentale commença tout d'un coup à être cultivée à la fois dans presque toutes les parties de l'Europe. C'était un trésor caché dont Bacon s'était douté, et que tous les Philosophes, encouragés par sa promesse, s'efforcèrent de déterrer[10].

Cette rupture historique nous montre à quel point l'évacuation du hasard dans la réalisation mécanique renvoie plus profondément aux enjeux originels de la physique expérimentale. Introduire la possibilité du hasard dans la construction des machines, c'est surtout l'introduire dans l'instrumentation scientifique qui n'en est qu'un sous-ensemble, et c'est par ce biais l'introduire, par la voie expérimentale, dans la connaissance du monde physique comme un facteur déterminant. Or Bachelard nous a fait observer, avec un regard critique, le déterminisme fondamental de la physique classique qui affirme le lien entre la cause et l'effet comme universel et nécessaire. Et, comme le résument M. Gagnon et D. Hébert dans leur introduction à l'épistémologie, ce déterminisme découle en partie de l'intervention humaine sur le cours de la nature : « Créer des dispositifs techniques et des machines de toutes sortes, c'est créer des déterminismes[11] ». Nollet, parce que sa leçon est par essence une rationalisation du rapport à la machine, parce que cet exposé sur la mécanique reflète peut-être symboliquement, comme dans l'*Encyclopédie*, la rationalité scientifique elle-même, parce qu'enfin la pleine possession des ressources rationnelles de la production instrumentale conditionne le déterminisme foncier sur lequel la physique expérimentale consolide son paradigme, Nollet occulte, délibérément ou non, l'origine incertaine, hasardeuse, de l'ingéniosité mécanique.

Cette posture constitue une véritable mutilation du discours sur la construction du savoir et du savoir-faire. La procédure expérimentale, ni le dispositif technique qui lui correspond, ne sont de pures projections d'analyses rationnelles préformées. L'hypothèse scientifique qui

---

10   Voltaire, *Lettres anglaises, op. cit.* p. 72.
11   M. Gagnon et D. Hébert, *En quête de science*, Québec, Fides, 2000, p. 190 (à propos de Bachelard).

sous-tend le cadre expérimental est investie par une imagination créatrice qui exploite le hasard : le concept épistémologique de *sérendipité*[12],
introduit dans le vocabulaire scientifique dans les années 1930, est forgé
sur un néologisme de Walpole (*serendipity*, « faculté de découvrir, par
hasard et sagacité, des choses que l'on ne cherchait pas[13] ») qui nous
indique que la notion-clé de hasard dans la découverte est déjà inscrite
dans le contexte intellectuel du XVIIIᵉ siècle. C'est par ce concept qu'est
interrogée une source de la connaissance que la science, avant et après
Nollet, tend à ignorer :

> ... le plus souvent, les scientifiques rationalisent a posteriori le processus de
> découverte. Un résultat scientifique publié doit être obtenu et présenté selon
> un rigoureux formalisme logique. Les éléments inattendus, surprenants ou
> non rationnels, les erreurs, les facteurs inconnus qui ont donné des résultats
> sont passés sous silence. Le processus qui a conduit aux résultats est rationalisé,
> les conclusions sont présentées comme dérivant de façon directe et logique de
> l'hypothèse de départ et toute trace de subjectivité est éliminée[14]...

Sous l'angle purement technique, l'assujettissement de la mécanique
pratique à la rationalité mathématique, et même à la rationalité physique
moins abstraite, se fait aux dépens d'une transmission « naturelle » de
l'organisation physiologique du mécanicien vers sa production mécanique. Voltaire apportait déjà cet éclairage complémentaire à l'origine
hasardeuse des découvertes techniques : « C'est à un instinct mécanique,
qui est chez la plupart des hommes, que nous devons tous les Arts, et
nullement à la saine Philosophie[15] ». Cette donnée instinctive est induite
par l'expression même d'*arts mécaniques* dont les productions sont « plus
l'ouvrage de la main que de l'esprit[16] », ce qui leur vaut le jugement
dépréciatif que déplore Diderot.

---

12   Voir Sylvie Catellin, « Sérendipité et réflexivité », *Alliage*, ne70 – Juillet 2012, mis en
     ligne le 26 septembre 2012, URL : http://revel.unice.fr/alliage/index.html?id=4061.
13   Voir la lettre de Horace Walpole à Sir Horace Mann, 28 janvier 1754, dans *The letters of
     Horace Walpole*, Fourth Earl of Orford, edited by Peter Cunningham, London, Richard
     Bentley and Son, vol. 2, 1891, p. 364-367 (« making discoveries, by accidents and sagacity,
     of things which [you] were not in quest of »).
14   Sylvie Catellin, « Sérendipité... », *op. cit.* p. 13.
15   Voltaire, *Lettres anglaises, op. cit.* p. 71.
16   Diderot, *Œuvres*, tome 1, Philosophie, *Encyclopédie*, article « Art », *op. cit.* p. 266.

LE CORPS ET LA MACHINE

En introduisant l'instinct, l'expression spontanée du corps, dans la production mécanique, nous donnons à notre questionnement sur la démarche de Nollet un infléchissement déterminé par une anthropologie plus récente. L'article fondateur de Marcel Mauss sur « les techniques du corps » formule ainsi le lien entre corps et technique en des termes simples : « Le corps est le premier et le plus naturel instrument de l'homme. Ou plus exactement, sans parler d'instrument : le premier et le plus naturel objet technique, et en même temps moyen technique, de l'homme, c'est son corps[17]. » Mais ce lien intime est déjà tout à fait conforme aux représentations du XVIIIe siècle.

> Le *corps* humain étant considéré par rapport aux différentes motions volontaires qu'il est capable de représenter, est un assemblage d'un nombre infini de leviers tirés par des cordes ; si on le considere par rapport aux mouvemens des fluides qu'il contient, c'est un autre assemblage d'une infinité de tubes & de machines hydrauliques ; enfin si on le considere par rapport à la genération de ces mêmes fluides, c'est un autre assemblage d'instrumens & de vaisseaux chimiques, comme philtres, alembics, récipients, serpentines, *&c.* & le tout est un composé que l'on peut seulement admirer, & dont la plus grande partie échappe même à notre admiration. Le principal laboratoire chimique du *corps* est celui du cerveau[18].

L'article « Corps » de l'*Encyclopédie* illustre une conception du corps qui synthétise l'héritage mécaniste assumé et les nouvelles perspectives ouvertes par les acquis anatomiques contemporains. Le premier volume « De la Renaissance aux Lumières » de l'*Histoire du corps* publié sous la direction d'Alain Corbin, Jean-Jacques Courtine et Georges Vigarello[19], permet en outre de cerner les contours d'une situation historique dans laquelle le corps et la technique tissent des liens étroits. Rafael Mandressi montre, du XVIe au XVIIIe siècle, un transfert du « récit anatomique »

---

17   Marcel Mauss, « Les techniques du corps », *Journal de Psychologie*, XXXII, ne 3-4, 15 mars – 15 avril 1936. Communication présentée à la Société de Psychologie le 17 mai 1934. Édition électronique de l'U.Q.A.C., p. 10.

18   Article « Corps » [Oeconomie animale] rédigé par Tarin, source ARTFL.

19   *Histoire du corps*, dir. Alain Corbin, Jean-Jacques Courtine et Georges Vigarello, 3 vol., Paris, Éditions du Seuil, 2005.

de l'architecture à la machine. « L'édifice, le bâtiment, ses fondements. Ce sont des termes qui reviennent sans cesse dès la première moitié du XVIᵉ siècle, et qui renvoient à une vision structurale du corps, avec l'accent mis sur la forme, la stabilité et le poids[20]. » Dès la première moitié du XVIIIᵉ siècle, l'*Exposition anatomique de la structure du corps humain* (1732) de Jacques-Bénigne Winslow illustre la représentation désormais adoptée : « plutôt que de comparer la charpente osseuse à celle d'un édifice, on le fera avec celle "de quelque Bâtiment mobile" : un vaisseau de mer, un carrosse, une horloge, ou "quelque autre Machine mouvante". Il ne s'agit plus seulement de soutien statique mais aussi de mouvement[21]. » Cette évolution de la représentation anatomique appartient à celle, plus large, du modèle philosophique de la représentation du monde :

> Plusieurs facteurs ont concouru à cette évolution, inscrite dans le principe, qui s'amorce au XVIᵉ siècle et triomphe au XVIIᵉ, d'une mécanisation du monde – l'univers vu comme un immense mécanisme. Dans ce cadre défini par la « philosophie mécanique », le modèle explicatif par excellence est celui de la machine, composée de pièces et susceptible donc d'être démontée[22].

Mais le XVIIIᵉ siècle apporte une orientation nouvelle par rapport au précédent : « le siècle des Lumières sera résolument mécaniste d'obédience fibrillaire. Fibres tendineuses, ligamenteuses, osseuses, charnues. Fibres motrices. Fibres premières[23]. » Diderot en fera un principe élémentaire : « En physiologie la fibre est ce qu'est la ligne en mathématique[24] ». Roy Porter et Georges Vigarello insistent eux aussi sur la transformation de la représentation anatomique à l'âge des Lumières :

> Les anatomistes s'efforçaient de mettre au jour la relation forme/fonction de structures minuscules (parfois microscopiques), à la lumière d'images de l'organisme comme système de vaisseaux, de tubes et de fluides. Ainsi les lois de la mécanique sous-tendaient-elles la recherche en anatomie, confirmant le poids d'un nouvel imaginaire technique sur les représentations du corps[25].

---

20 *Idem* vol. 1, « Dissections et anatomie », p. 327.
21 *Idem* p. 327.
22 *Idem* p. 328.
23 *Idem* p. 330.
24 Diderot, *Éléments de physiologie* (manuscrit 1780), Paris, Didier, 1964, p. 63.
25 *Histoire du corps, op. cit.* vol. 1, « Corps, santé et maladies », p. 354.

À cette représentation, qui traduit le corps en un ensemble technique complexe qui à la fois intègre et dépasse la mécanique, s'ajoute la rencontre du corps et des sciences appliquées. « Le prestige grandissant des sciences physiques éveilla [...] le besoin de mesurer les opérations de la machine corporelle[26] ». Au début du siècle, l'invention par Fahrenheit des thermomètres à alcool et à mercure ouvre la voie aux mesures des températures corporelles, alors que l'anglais Floyer construit une montre permettant de quantifier le pouls. Dans la seconde moitié du siècle, « la médecine interagissait de façon féconde avec la chimie[27] » : à la suite de l'anglais Black, qui a montré la production de dioxyde de carbone par la respiration animale, Lavoisier établit le besoin en oxygène du corps humain. À la fin du siècle, ce sont les avancées dans l'électricité qui rencontrent la médecine, avec les expériences des italiens Galvani[28] et Volta[29]. À l'image de la double activité du chimiste Black qui révèle les réactions chimiques de la respiration et inspire par ailleurs à James Watt le condenseur de sa machine à vapeur, la rencontre des sciences appliquées et du corps intègre celui-ci dans l'espace technique en pleine mutation.

Nollet s'accorde, de façon certes discrète, à cette représentation par les références au corps qui émaillent sa leçon de mécanique. Les applications recensent des utilisations qui mobilisent toutes les ressources physiques : les doigts, les mains, les bras, les épaules, les jambes, les pieds, le dos, les muscles, l'inclinaison de la tête... une anatomie se compose au fil des pages, pour examiner l'effort, la fatigue, la robustesse, l'adresse, l'emploi du poids du corps, parfois le « violent exercice », nécessaires aux manipulations mécaniques. Les postures décrites soulignent l'importance de l'implication physique dans la mise en marche des machines simples : « on fait porter le coude sur quelque corps dur, & alors en appuyant sur l'autre bout de la barre, on soulève le fardeau[30] », « l'endroit du coude qui sert de point d'appui, ou qui reçoit l'effort de la résistance, est toujours fort loin du bout que l'on tient à la main[31] », « lorsque son effort s'affoiblit par une direction

---

26   Roy Porter et Georges Vigarello, dans *Histoire du corps*, *op. cit.* p. 355.
27   *Idem* p. 360.
28   Voir Luigi Galvani, *De viribus electricitatis in motu musculari*, 1792.
29   Voir Alessandro Volta, *Lettres sur l'électricité animale*, 1792.
30   *LPE*, tome 3, *op. cit.* p. 27.
31   *Idem* p. 27-28.

désavantageuse en poussant, il avance son corps, de sorte qu'une partie de son poids se porte dans la direction *bf*, ou *eg*; lorsqu'il tire, il se baisse & se renverse un peu[32] »… La mécanique du corps est surtout explicitement posée : « les bras, les doigts, les jambes des animaux sont encore des léviers ou des assemblages de léviers, par lesquels la force des muscles est employée de la manière la plus convenable & la plus avantageuse[33] ». Nollet recommande dans le même passage la lecture du *De motu animalium* de Borelli[34], aujourd'hui considéré comme le fondateur de la biomécanique. Un assez long passage de réflexion sur les plans inclinés porte d'ailleurs sur la recherche d'équilibre corporel :

> … un danseur de corde gesticule presque toujours des bras; […] lorsqu'il s'apperçoit que le centre de sa pésanteur n'est pas soutenu, il le rappelle dans la ligne de direction, en allongeant le bras du côté opposé, comme un lévier dont le poids est d'autant plus puissant que ses parties sont loin du centre de leur mouvement […] Les enfants qui commencent à marcher, & qui n'ont point encore acquis l'habitude de diriger leur corps relativement aux diffé-rens plans sur lesquels ils passent, évitent, par les mouvements de leurs bras, une partie des chûtes […] Pourquoi les personnes qui ont un gros ventre se penchent-elles en arrière ? […] Un crocheteur au contraire, qui porte un gros fardeau sur le dos, se courbe en avant, parce que sa charge et lui ont un centre de gravité commun[35], etc.

Comment, dès lors, ne pas envisager la transmission immédiate entre cette mécanique naturelle et la mécanique pratique ? Nollet doit admettre que dans la plupart des cas les usagers « suppléent au raisonnement par l'habitude & par le seul instinct de la nature », aveu aussitôt limité par une restriction : « Mais il y a une infinité de cas où l'on a besoin d'être instruit, & de réfléchir, & où l'on ne réussit que par une application rai-sonnée de ces mêmes principes dont nous avons naturellement une idée confuse[36]. » La conduite rationnelle est donc immédiatement réintroduite, mais on doit remarquer l'affirmation de sa conformité avec l'instinct, ce sur quoi insiste Nollet : « Ce n'est qu'en réfléchissant sur ces loix de la nature, qu'on peut se rendre compte d'un nombre infini de précautions & d'usages que nous adoptons dès l'enfance, ou que nos besoins & la

---

32 *Idem* p. 45.
33 *Idem* p. 32.
34 Borelli, *De motu animalium*, Rome, 1680-1681.
35 *LPE*, tome 3, *op. cit.* p. 116-117.
36 *Idem.* p. 61.

seule industrie ont fait naître[37]. » Cette continuité de l'instinct au raisonnement, pour concise qu'en soit l'expression dans la leçon de Nollet,
assure la base d'une conception éducative dont on ne peut sous-estimer
la portée au milieu du XVIIIe siècle. Dans son article « Éducation » de
l'*Encyclopédie*, Dumarsais commence ainsi par souligner l'importance qu'il
y a à éduquer les enfants « pour eux-mêmes, que l'*éducation* doit rendre
tels, qu'ils soient utiles à cette société ». À cette catégorie de l'utile sous
l'auspice de laquelle les arts mécaniques sont revalorisés dans le discours
encyclopédique, l'article ajoute une recommandation plus explicite : « On
devroit faire connoître [aux enfants] la pratique des arts, même des arts
les plus communs ; ils tireroient dans la suite de grands avantages de ces
connoissances. » Et c'est, plus loin, la curiosité pour la mécanique qui
est valorisée : « On trouveroit dans la description de plusieurs machines
d'usage, une ample moisson de faits amusans & instructifs, capables
d'exciter la curiosité des jeunes gens[38] ». On retrouve ici la notion de
schème cognitif favorisé par le comportement technique. Pour expliciter
cette dimension ouverte par Nollet mais si peu développée dans sa leçon,
comment ne pas être tenté de confronter son approche de la mécanique
à l'*Émile* de Rousseau, et particulièrement du livre III ? Là aussi, le corps
impose sa présence : « Surgissent ainsi partout dans ce livre III les "mains"
d'Émile, des mains toujours en mouvement, toujours actives, capables de
toutes les opérations nécessaires à la réalisation des nombreuses tâches
requises pour son apprentissage[39] ». Car Émile fabrique lui-même ses
outils et surtout les instruments qui lui permettent d'observer les lois
de la nature, phase d'élaboration dont précisément Nollet ne livre pas
la genèse. Quand le technicien escamote celle-ci dans la mesure où elle
échappe à l'emprise de la rationalité, l'écrivain en fait le ressort principal
de l'éducation de son élève fictif. Les accents inquiets du rapport aux
machines nous montrent à quel point l'enjeu est crucial pour Rousseau :
« Plus nos outils sont ingénieux, plus nos organes deviennent grossiers
et maladroits ; à force de rassembler des machines autour de nous, nous
n'en trouvons plus en nous-mêmes[40]. » L'externalisation de la mécanique

---

37 *Ibid.*
38 Citations empruntées à l'article mis en ligne sur ARTFL.
39 Anne Deneys-Tunney, *Un autre Jean-Jacques Rousseau. Le paradoxe de la technique*, P.U.F.,
      « Fondements de la politique », 2010, p. 88.
40 Rousseau, *Émile ou De l'éducation*, Paris, GF-Flammarion, 1966, p. 227.

du corps vers la mécanique pratique *par un cheminement personnel* est la garantie d'échapper à cette dépossession par un environnement technique qui laisse le corps dans un état d'inertie fonctionnelle. Rousseau entend ainsi préserver la *matrice* même de la connaissance :

> Émile a peu de connaissances, mais celles qu'il a sont véritablement siennes ; il ne sait rien à demi. Dans le petit nombre des choses qu'il sait et qu'il sait bien, la plus importante est qu'il y en a beaucoup qu'il ignore et qu'il peut savoir un jour, beaucoup plus que d'autres hommes savent et qu'il ne saura de sa vie, et une infinité d'autres qu'aucun homme ne saura jamais. Il a un esprit universel, non par les lumières, mais par la faculté d'en acquérir ; un esprit ouvert, intelligent, prêt à tout, et, comme dit Montaigne, sinon instruit, du moins instruisable. Il me suffit qu'il sache trouver l'*à quoi bon* sur tout ce qu'il fait, et le *pourquoi* sur tout ce qu'il croit. Car encore une fois, mon objet n'est point de lui donner la science, mais de lui apprendre à l'acquérir au besoin, de la lui faire estimer exactement ce qu'elle vaut, et de lui faire aimer la vérité par-dessus tout[41].

Car Rousseau a déjà, pour en arriver là, posé les principes de son éducation technique à l'« âge de force » :

> Lecteur, ne vous arrêtez pas à voir ici l'exercice du corps et l'adresse des mains de notre élève ; mais considérez quelle direction nous donnons à ses curiosités enfantines ; considérez le sens, l'esprit inventif, la prévoyance ; considérez quelle tête nous allons lui former. Dans tout ce qu'il verra, dans tout ce qu'il fera, il voudra tout connaître, il voudra savoir la raison de tout ; d'instrument en instrument, il voudra toujours remonter au premier ; il n'admettra rien par supposition ; il refuserait d'apprendre ce qui demanderait une connaissance antérieure qu'il n'aurait pas : s'il voit un ressort, il voudra savoir comment l'acier a été tiré de la mine ; s'il voit assembler les pièces d'un coffre, il voudra savoir comment l'arbre a été coupé ; s'il travaille lui-même, à chaque outil dont il se sert, il ne manquera pas de se dire : Si je n'avais pas cet outil, comment m'y prendrais-je pour en faire un semblable ou pour m'en passer[42] ?

Néanmoins, autre lien avec le cours de Nollet, Rousseau laisse dans l'ombre le processus d'éveil à la technique : « L'éducation d'Émile, son apprentissage de la science et de la technique sont [...] hautement privés, secrets, même. La mise en scène de l'apprentissage de la technique est initiatique[43] »...

---

41   *Idem* p. 270.
42   *Idem* p. 244.
43   Anne Deneys-Tunney, *Un autre Jean-Jacques Rousseau...*, *op. cit.* p. 95.

LE CORPS DANS L'EXPÉRIENCE ÉLECTRIQUE

L'électricité est un domaine de la physique qui permet au XVIIIᵉ siècle une réappropriation originale de l'instrumentation par la corporéité. L'expérience électrique nécessite en effet dans son déroulement une gestuelle opératoire qui lui est propre. Le mémoire de 1745 familiarise le lecteur avec le « frottement », geste élémentaire de l'électrisation des corps, principalement du verre. De préférence, ce frottement s'exerce à main nue[44], sur un tube ou sur un globe. Dans ce dernier cas, il suffit d'appliquer les mains sur le globe, mis en rotation par la machine actionnée par un autre manipulateur.

Mais ces manipulations simples ne doivent pas nous cacher une forte implication du corps dans la mise en œuvre de l'expérience électrique, au travers du danger auquel il est exposé. La première partie de l'*Essai*, portant sur le cadre expérimental en lui-même, est ainsi en partie justifiée par la recherche de la *sûreté* dans la manipulation : « Je me bornerai donc ici aux articles les plus importants, & sur lesquels il est nécessaire d'être instruit pour opérer avec plus de sûreté, ou avec plus de facilité[45] ». Le risque n'est pas toujours directement lié à l'électricité : la rotation du globe de verre entraîne déjà un risque d'éclatement « avec beaucoup de danger pour ceux qui seroient auprès[46] ». Les *Lettres* mentionnent un tel accident : « je le vis éclater entre les mains de mon valet qui le frottait, & les morceaux dont les plus grands n'avoient pas plus d'un pouce de largeur, furent lancés de toutes parts à des distances considérables[47]. » Mais surtout, dans le mémoire de 1746, « l'entrée en scène » scientifique de la bouteille de Leyde s'accompagne de l'épreuve d'un choc électrique, la « commotion », dont l'intensité fait prendre conscience du potentiel dangereux de l'électricité elle-même. Les manipulations faites à partir de ce courant d'une plus grande force occasionnent par ailleurs des accidents :

> Ayant laissé pendre au bout de la grosse barre un fil de fer dont l'extrémité étoit plongée dans une capsule de verre, en partie pleine d'eau, & qui étoit

---

44   Voir *Essai…* p. 6-7.
45   *Essai…*, p. 3-4.
46   *Idem* p. 15.
47   *Lettres…*, 1753, p. 19.

posée sur un support de cuivre, tout le vase s'enflamma, & éclata de manière que je n'osai achever l'expérience de Leyde, & que je ne le voulus permettre à aucun de ceux qui m'aidoient[48].

L'élargissement à l'électricité « météorique » fera bien évidemment planer le danger de mort sur l'expérience électrique. Nollet ne peut manquer de recommander la plus grande prudence à ceux qui, comme son correspondant De Romas, expérimentent sur la foudre :

> ... je vous réitere les avis que je vous ai déjà donnés, de ne vous point livrer à ces sortes de recherches sans une grande circonspection. Si le trait de feu qui vient d'un carreau de verre électrisé est bien capable de percer une main de papier, & de foudroyer des oiseaux, que ne devons-nous pas craindre d'une pareille matiere, lorsqu'elle vient d'une source immense, sous la forme d'une flamme de huit à dix pieds de longueur[49] ?

Si le danger tend à mettre l'expérimentateur en situation de défiance par rapport aux objets qu'il manipule, on découvre pourtant dès les premiers écrits qu'il est proprement absorbé par l'expérimentation et qu'il se range volontiers parmi les corps électrisables. Le corps entre en effet en interaction, parfois imprévue, avec les matériaux expérimentaux : « je ne m'en apperçu que par les étincelles qui en sortirent, lorsque par hazard j'en approchai la main[50] ». Aussi Nollet classe-t-il la matière vivante parmi les conducteurs, et même parmi les meilleurs, parlant « du corps animé qui abonde plus que tout autre en matière électrique[51] ». Le corps animé est également propre, bien sûr, à recevoir l'électricité orageuse : « vous verrez que ce n'est point un privilége attaché au fer ; que l'eau, le bois, les animaux, & généralement tous les corps électrisables acquierent pareillement cette vertu[52] ». Nollet a donc depuis longtemps intégré la vie végétale et animale dans l'expérience électrique : « J'ai fait, il y a cinq ou six ans, sur les plantes & sur les animaux des expériences d'Électricité que vous trouverez dans mes *Recherches sur les causes particulieres des Phénoménes électriques*[53] ». Il n'en est pas resté là : « j'ai bien reconnu qu'un homme monté sur un gâteau de résine, & tenant en sa

---

48 *MARS*, 1746, p. 22.
49 *Lettres...*, 1760, p. 238.
50 *Lettres...* 1753, p. 135-136.
51 *MARS*, 1745, p. 128.
52 *Lettres*, 1753, p. 165.
53 *Idem* p. 168.

main un poinçon de fer fort aigu devenoit électrique[54] ». Cette posture expérimentale semble usuelle : « un homme debout sur un gâteau de résine s'électrise fort bien en étendant la main à cette distance [un pied] vers le premier conducteur[55] », « On fit monter un homme sur un gâteau de résine & on l'électrisa[56] »… Le corps humain devient rapidement un simple corps conducteur, interchangeable dans l'expérience électrique avec les corps métalliques : « si l'on électrise plusieurs personnes qui se tiennent par la main, ou plusieurs barres de fer qui soient suspendues bout à bout[57]… ». Dès le mémoire de 1745, l'« homme électrisé » est ainsi un élément familier du dispositif expérimental. Les corps se joignent ensuite pour former une chaîne, d'abord « en faisant faire l'expérience de Leyde à deux hommes[58] », puis « sur plus de deux cens personnes à la fois, rangées sur deux lignes paralleles », rappel d'une célèbre expérience de 1746.

Les expériences menées à partir des bas forment un ensemble à part, et qui fait l'objet du mémoire académique de 1761, rappelé dans les *Lettres* de 1767. Nollet reproduit et varie les expériences auxquelles s'était livré Symmer :

> M. Symmer avoit remarqué, comme bien d'autres avant lui, que dans une saison froide, & par un temps sec, des bas tirés nouvellement de ses jambes dans l'obscurité, faisoient entendre une sorte de pétillement, & jetoient des étincelles très-brillantes ; il lui prit envie de suivre ce phénomène, & il reconnut bientôt qu'il étoit du nombre de ceux qui appartiennent à l'électricité. Après avoir éprouvé des bas de toutes sortes de matières & de différentes couleurs, il fixa son choix sur deux bas de soie, l'un blanc, l'autre noir qu'il mettoit tous deux ensemble sur la même jambe, ou sur l'un de ses bras nud […] & c'est avec cet appareil si simple & si commun, qu'il a obtenu des effets qui ne le sont pas[59].

Si à l'emploi du corps dans l'électrisation des bas, Nollet remarque qu'il est possible de substituer d'autres sources de chaleur, « Il m'a semblé cependant que la chaleur animale avoit des effets plus marqués, & de plus longue durée[60] ». Il observe encore que « Ces feux sont de même nature

54 *Idem* p. 134.
55 *Idem* p. 147.
56 *Idem* p. 252.
57 *Idem* p. 118.
58 *Idem* p. 110.
59 *MARS*, 1761, p. 246.
60 *Lettres…*, 1767, p. 15.

que ceux qu'on fait paroître en frottant le poil de certains animaux », et rappelle les expériences de Gordon, qui « se servoit d'un chat électrisé de cette manière, pour allumer l'esprit-de-vin[61] ».

Mais c'est évidemment le mémoire de 1748, qui « a pour objet d'examiner les effets de la vertu électrique sur les corps organisés », qui ouvre le champ le plus vaste à l'électrisation du corps. La visée est à l'origine thérapeutique : « À peine avons-nous été instruit de l'expérience de Leyde, que nous avons pensé à faire usage sur des paralytiques de cette singulière commotion qui remue & qui secoue tout un corps jusque dans ses moindres parties[62] ». Ses espoirs ayant été déçus en cette matière, Nollet a ajourné ses recherches, pour mener des observations sur l'influence de l'électricité sur « l'économie animale » et « la végétation des plantes », en constatant que l'électrisation fait transpirer les corps vivants et aide la végétation. Le point de départ figure dès le mémoire de 1745, puisqu'il s'agit de l'accélération de l'écoulement d'un liquide par électrisation du récipient qui le contient. Un ensemble expérimental consacré à ce phénomène, et relaté dans le mémoire de 1748[63], a permis d'établir que cet écoulement ne s'accélère que si le canal est étroit, de l'ordre du « tube capillaire ».

> Voyant donc, à n'en pas douter, que l'électricité entraîne, pour ainsi dire, les liquides qui sont obligés de passer par des canaux fort étroits, je commençai à croire que cette vertu employée d'une certaine manière pourroit avoir quelque effet sur la sève des végétaux, ou donner aux fluides qui entrent dans l'économie animale, quelques mouvemens qui leur seroient avantageux ou nuisibles[64].

Le corps humain reste dans les expériences qui suivent l'objectif premier des recherches : « Le corps humain tenoit le premier rang & faisoit le principal objet de mes vûes, lorsque j'entrepris d'électriser des corps vivans[65] ». L'incertitude sur les effets d'une électrisation continue de cinq à six heures oblige néanmoins à expérimenter d'abord sur des animaux, pour observer s'il y a ou non perte de poids après électrisation. L'exposition successive de chats, pigeons, pinçons, moineaux, insectes enfin (la dernière pesée se fait sur un bocal contenant 500 mouches),

---

61 *Idem* p. 16.
62 *MARS*, 1748, p. 164.
63 *Idem* p. 166-172.
64 *Idem* p. 172.
65 *Idem* p. 177.

permet d'affirmer la perte de masse. Il apparaît en outre que les pertes sont inversement proportionnelles à la taille des animaux électrisés.

Le mémoire de 1745 expose les sensations les plus courantes par lesquelles on peut faire état d'une manifestation électrique. La plupart des sens sont affectés. Le toucher : « Si j'approche à quelque distance du corps électrisé le visage ou le revers de la main, je sens une impression assez semblable à celle que pourroient faire des toiles d'araignée qu'on rencontreroit flottantes en l'air, & si j'approche de fort près, toute l'impression se réunit comme en un point, & devient une piqûre sensible jusqu'à la douleur[66] ». L'ouïe : « Si l'électricité est fortement excitée, on entend un pétillement assez semblable au bruit que fait un peigne fin quand on passe le bout du doigt d'une extrémité à l'autre sur la pointe de ses dents, fort souvent aussi on entend de petits éclats comme ceux du sel qui décrépite[67]. » L'odorat : « On sent autour des corps électrisez une odeur d'ail ou de phosphore qui commence avec l'électricité & qui ne finit qu'avec elle[68] » Enfin la vue : « Si les expériences se font dans un lieu obscur, le corps qui devient électrique darde de plusieurs points de sa surface des rayons lumineux en forme d'aigrettes[69] ». Les images et les analogies sont employées pour dépeindre avec précision un ensemble de sensations d'autant plus important qu'il apporte une preuve expérimentale : « Or je demande maintenant qu'est-ce qu'une substance que l'on touche, qui se fait entendre, qui a de l'odeur & que l'on voit ? Tous ces caractères n'annoncent-ils pas incontestablement une matière[70] ? » L'interaction du corps avec le phénomène électrique permet ainsi de poser la première pierre de l'édifice théorique de Nollet, en établissant la *matière électrique*. Plus loin, la sensation sera encore placée à la source de la conception centrale des *affluences* et des *effluences* électriques :

> Lorsqu'une personne électrisée approche son doigt d'une autre qui ne l'est point, toutes deux sentent la même piqûre, & souvent il s'ensuit pour l'une & pour l'autre une sorte de douleur qui s'étend fort avant dans le bras, comme si cette double impression venoit de deux filets ou courans de matière électrique, mûs en sens contraires, à qui le choc a fait prendre des directions opposées à

---

66 *MARS*, 1745, p. 110.
67 *Idem* p. 111.
68 *Ibid.*
69 *Ibid.*
70 *Idem* p. 112.

celles qu'ils avoient : ces deux courans de matière qui font ici la base de mon explication & le point essentiel de mon hypothèse[71].

Avec la généralisation de l'emploi de la bouteille de Leyde, le mot « commotion » parsème les écrits de Nollet et pourrait désigner la sensation emblématique de la manifestation électrique comme la bouteille de Leyde en est l'objet symbolique. Cette sensation se décline et fait de la main humaine un *électromètre* : cela va de « cette espèce de souffle que vous sentez sur la peau[72] » à « la vigoureuse commotion[73] » ou au « coup assez vif entre les deux bras[74] », en passant par « la sensation d'une légere piqûûre[75] ». Dans le lexique que Laurent Versini introduit en complément des textes philosophiques de Diderot, le sens dix-huitiémiste du mot *instrument* est éclairé comme « "tout ce qui sert pour faire une chose quelconque" (*Littré*), en particulier les substances mises en œuvre dans une expérience et non pas seulement les outils[76] ». Dans cette acception large, le corps *est* manifestement un instrument de l'expérience électrique.

LE PARCOURS SENSORIEL DANS LES *LEÇONS*

Dans les leçons sur l'air, l'étude de l'organe qui reçoit le son prolonge une approche très progressive de la sensorialité. La deuxième leçon avait ouvert une « Digression sur les Sens[77] », juste après avoir observé les effets de la trempe sur l'acier : l'élasticité des corps y était examinée au travers du contact avec les organes du toucher, du goût et de l'odorat. Des marqueurs discursifs soulignent les liens distendus qui unissent les jalons de la sensorialité à plusieurs leçons d'intervalle : « Dans le premier volume de cet ouvrage j'ai fait une digression sur les sens[78] », et plus

---

71 *Idem* p. 125.
72 *Lettres...* 1753, p. 138.
73 *Idem* p. 122.
74 *Idem* p. 124.
75 *Idem* p. 202.
76 Diderot, *Œuvres*, tome I, Philosophie, *op. cit.* p. 1367.
77 Voir *LPE*, tome 1, p. 144-175.
78 *LPE*, tome 3, p. 439.

loin apparaissent des considérations « que je détaillerai en parlant de la vision[79] ». Nollet a signalé dès le début de ce parcours que tous les sens se rapportent au toucher[80]. Comme goûter ou entendre, voir consiste à être *touché* au travers d'un organe par une certaine matière. L'extrême subtilité de celle-ci, dans le cas de l'ouïe et de la vision, obligeait à différer l'étude du fonctionnement sensoriel : une compréhension préalable du phénomène du son et des propriétés de l'air est nécessaire pour envisager l'ouïe, et la vision exige un cheminement plus long encore. Cette répartition de la sensorialité a pour principal effet de la *répandre* dans la physique, au sens où d'une part elle perd son unité en intégrant le cheminement de découverte des phénomènes physiques, dans une sorte d'éclatement anatomique, et où d'autre part elle participe à l'inverse à l'unification des phénomènes physiques au travers de leur appréhension sensorielle. La connaissance de la sensorialité, subordonnée à celle du monde physique, y joue donc un rôle structurant, en ramenant la diversité *objective* des phénomènes à l'unité du *sujet* physiologique qui les appréhende. On comprend bien que cette démarche est une nécessité de la méthode expérimentale dans la mesure où toute la lecture des expériences passe prioritairement par l'observation visuelle, parfois par la sollicitation des autres sens. La continuité entre le phénomène physique et l'organe sensoriel, leur totale imbrication, est donc le présupposé fondamental de la physique expérimentale. La stratégie discursive par laquelle la « distribution » des sens est soumise au cheminement dans le monde physique couronne ainsi la progression de la méthode elle-même depuis un siècle. On peut en effet mesurer les écarts avec les *Principes* de Descartes, où la sensorialité apparaît très tardivement, vers la fin de la quatrième et dernière partie « De la terre[81] », pour valider les principes matériels posés dans le reste de l'ouvrage, puisqu'« il n'y a rien dans les corps qui puisse exciter en nous quelque sentiment, excepté le mouvement, la figure ou situation, et la grandeur de leurs parties » (article 198). L'adéquation entre « les choses matérielles » et la sensorialité est une nécessité logique sans laquelle la connaissance physique serait impossible, mais la sensorialité n'accompagne pas le parcours de la physique des corps sublunaires (quatrième partie),

---

79 *Idem* p. 483.
80 « Qu'est-ce que *sentir* ou faire usage de ses sens ? de la part du corps animé, c'est recevoir sur tel ou tel organe l'impression modérée d'un objet qui le touche ou par lui-même, ou par quelque matière intermédiaire », *LPE*, tome 1, p. 146.
81 L'ouvrage, laissé incomplet, devait néanmoins accueillir deux parties supplémentaires.

significativement abordée après la physique des corps célestes (troisième partie), la connaissance la plus abstraite précédant celle de l'environnement physique immédiat. On remarque en outre que Descartes consacre sa première partie à l'exposé « des principes de la connaissance humaine » où la volonté divine à l'œuvre dans la nature est interrogée conjointement à notre faculté de juger et de raisonner. Les liens entre l'âme et le corps sont alors longuement débattus, problématique évacuée des *Leçons* de Nollet : l'intégration du seul sujet sensoriel favorise sa mise au niveau du monde phénoménal dans lequel il semble se disperser totalement. La procédure expérimentale semble à ce titre « absorber » toute théorie de la connaissance. Jacques Rohault, que l'on peut considérer à mi-chemin entre Descartes et Nollet, livre avec son *Traité de Physique* l'étape intermédiaire : il réduit à un seul chapitre son « Examen des connoissances qui précedent l'étude de la Physique » (chapitre II), et aborde (mais d'un seul bloc) les sens dès sa première partie (chapitres XXIV à XXXV). La « Cosmographie » (deuxième partie) y précède encore la physique « De la terre » (troisième partie).

La démarche de Nollet s'accompagne sans surprise de l'implication de la sensorialité dans la technicité de la procédure expérimentale par laquelle les phénomènes sont provoqués. Ainsi la description anatomique de l'oreille, avec son cortège de termes spécialisés en italiques[82], s'inscrit-elle dans le discours lexicographique qui caractérise ailleurs dans les *Leçons* la présentation des arts et métiers. On remarquera d'ailleurs que Nollet puise ses connaissances[83] dans le *Traité de l'organe de l'ouïe*[84] de du Verney, mais surtout dans le *Traité des sens*[85] de Le Cat, authentique technicien inventeur de plusieurs instruments chirurgicaux. Désireux de « faire comprendre seulement par quelle méchanique nous entendons les sons[86] », Nollet emploie des comparaisons instrumentales pour expliquer le fonctionnement de l'oreille : « Quant à l'impression des sons sur l'organe, il faut se souvenir que la lame spirale, que l'on doit regarder comme la partie principale, est un assemblage de fibres qui vont toujours en diminuant de longueur, depuis la base jusqu'à la pointe du limaçon, à peu

---

82   Voir *LPE*, tome 3, p. 444.
83   *Idem* notes en marge, p. 443.
84   Joseph-Guichard Du Verney, *Traité de l'organe de l'ouïe, contenant la structure, les usages et les maladies de toutes les parties de l'oreille*, 1683 (latin), 1718 (français).
85   Claude-Nicolas Le Cat, *Traité des sens*, 1744.
86   *LPE*, tome 3, p. 444.

près comme les cordes d'un psalterion ou d'un clavecin[87] ». Évidemment, le lexique de l'oreille, forgé à partir de ressemblances formelles, facilite cette approche instrumentale (outre la *lame spirale*, le *marteau*, l'*enclume*...). Celle-ci se prolonge dans les instruments acoustiques : « Que l'on fasse donc un cornet de figure parabolique au fond duquel aboutisse un petit canal, dont on placera le bout dans la conque de l'oreille[88] », et Nollet signale l'invention d'un double cornet par Le Cat[89]... Il s'installe même une sorte de confusion physiologico-instrumentale dans les développements qui achèvent la partie sur le son : l'observation des effets thérapeutiques des instruments de musique[90] souligne la profondeur de leurs effets sur le corps, et la voix est elle-même décrite, comme l'oreille, au travers de la comparaison instrumentale : « L'organe de la voix pourrait être comparé aux instruments à vent[91] ». La glotte ressemble en effet à une flûte, et une observation plus fine de son rôle dans la voix laisse envisager qu'elle fasse « l'office d'une anche de hautbois ou de musette[92] ». M. Ferrein, que Nollet crédite de l'invention de l'expression « cordes vocales », affine encore l'analyse : « les deux lévres de la glotte ne battent point l'une contre l'autre à la manière d'une anche ; [...] chacune d'elles frottée par l'air qui vient des poulmons, résonne comme une corde sur laquelle on traîne un archet[93] ». Nollet rapporte alors l'étrange expérience par laquelle « l'ingénieux auteur de ces découvertes » a en quelque sorte joué du cadavre : « ne pouvant point tenter ces expériences sur des sujets vivans, [il] imagina de rendre la voix aux morts. Il adapta un soufflet à des trachées toutes fraîches ; l'air qu'il fit passer avec précipitation par la glotte rendit des sons[94] »...

Le parcours de la sensorialité, amorcé dès les premières leçons et poursuivi dans les leçons sur l'air, trouve son aboutissement dans les leçons sur l'optique. La perception oculaire est en effet indissociable de la manifestation du phénomène optique, et l'anatomie de l'œil entre — comme cela avait été le cas pour l'oreille, mais seulement pour l'un des aspects de la physique de l'air — comme une composante essentielle de la

---

87   *Idem* p. 479.
88   *Idem* p. 450.
89   *Idem* voir p. 451.
90   *Idem* voir p. 486-487.
91   *Idem* p. 468.
92   *Idem* p. 470.
93   *Idem* p. 471.
94   *Idem* p. 472.

physique de la lumière. Le dispositif expérimental tente alors de reproduire les conditions anatomiques de la vision, avant de se déployer dans la production technique destinée à assister ou à augmenter la perception visuelle. L'enjeu implicite est crucial : les procédures de lecture des résultats fournis par la démarche expérimentale sont essentiellement visuelles, et toute l'instrumentation de la physique expérimentale est tournée vers la validation par l'œil. Le discours technique des leçons sur l'optique appartient donc à un questionnement de la méthode expérimentale sur elle-même, questionnement sur lequel nous reviendrons plus loin.

L'organe de la vision est convoqué dès la première évocation du phénomène physique. Dans l'annonce du plan d'ensemble des leçons, avec en perspective la dernière section sur « les principaux effets de la lumière [...] relativement à l'organe de la vûe & aux instrumens qui aident ou qui augmentent la vision[95] », mais surtout dans la définition même de la lumière, « sensito-centrée » : « J'entends par le mot de *lumière* le moyen dont la nature a coutume de se servir pour affecter l'œil de cette impression vive & presque toujours agréable qu'on appelle *clarté*[96] ». Dans le parcours de la sensorialité qui traverse les *Leçons*, l'optique est véritablement l'étape paroxystique. Si dans la plupart de planches des autres parties du cours, la main est omniprésente pour indiquer les manipulations à effectuer, c'est ici l'œil qui est partout figuré.

La présence la plus curieuse de l'œil est sans doute celle des *applications* de la 4ᵉ expérience de la leçon 15 :

> Il faut fermer la porte & les fenêtres d'une chambre pour la rendre bien obscure, pratiquer à un des volets un trou rond de 5 à 6 lignes de diamètre, & y appliquer par sa partie antérieure un œil de veau, ou de mouton, bien frais, dont on ait enlevé tous les téguments, à la réserve du dernier qui touche immédiatement l'humeur qu'on nomme *vitrée*. Si cette préparation est bien faite, & qu'on prenne soin de ne point changer la forme naturelle de l'œil en le pressant, ceux qui seront dans la chambre verront fort bien sur le fond de cet œil, & dans une situation renversée, les objets extérieurs qui seront bien éclairés, avec tous leurs mouvements & leurs couleurs naturelles[97].

Voilà à proprement parler l'organe de la vue au centre des expériences sur l'optique ! L'importance de la vue, pour évidente qu'elle soit dans

---

95 *Idem* p. 3-4.
96 *Idem* p. 4.
97 *Idem* p. 101.

un cours d'optique, ne doit pas être ignorée dans sa survalorisation discursive. Nollet, ici, nous *dit* bien quelque chose d'important. On peut bien sûr inscrire cette centralité de la vision dans un contexte culturel fortement marqué par le regard, et dans lequel les apparences recèlent tout un système de codifications sociales et morales. On peut encore rattacher l'attention du physicien pour la vue, posée comme paroxysme dans le parcours de la sensorialité, aux préoccupations philosophiques majeures exposées par Diderot dans la *Lettre sur les aveugles*... Une autre approche de cette importance de la vision peut nous éclairer beaucoup plus précisément dans son articulation avec la technique, en considérant que Nollet se découvre aujourd'hui de deux manières : par ses écrits, ou par ses instruments conservés dans les collections et musées. On sait l'importance que Nollet accorde à la préservation de ses machines expérimentales, qu'il place dans les premières pages de *L'Art des expériences* sous la protection du Dauphin. C'est dire que l'exposition muséographique actuelle des instruments de Nollet respecte ses vœux. Or le musée, lorsqu'il intègre la science, fait naître des problématiques qui renvoient précisément à celles qui sous-tendent le discours technique de Nollet. Il apparaît d'abord qu'au XVIIIᵉ siècle, « les lieux de conservation et d'étude de collections artistiques et scientifiques sont désignées par le mot *Muséum*[98] », ce qui nous rappelle qu'une contiguïté existe alors entre les manifestations des Beaux-Arts et celles des cabinets scientifiques. Ce n'est que plus tard que le regard se différenciera : désormais, « les musées de science portent à la *lumière ce qui doit être vu* tandis que les musées d'art se soucient de *ce qui doit être montré*[99]. » Cette double fonction synthétisée par les musées du XVIIIᵉ siècle fournit une explication à la valorisation de la vue chez Nollet, mais surtout, en prolongement, à la démarche du *démonstrateur de physique* : il ne s'agit pas seulement d'exhiber au public l'expérience scientifique, mais surtout de mettre en œuvre une expérience intrinsèquement pensée comme spectacle. La muséographie informe encore sur ce que Monique Sicard appelle « l'évitement de la technique », aspect qui semble persistant bien au-delà du XVIIIᵉ siècle :

> Il s'agit [...] de partir à la découverte d'un monde préexistant animé par des lois qui restent encore en partie à dévoiler. La découverte scientifique prélude

---

98   Monique Sicard, « Ce que fait le musée... Science et art, les chemins du regard », dans *Publics et Musées*, n° 16, 1999, p. 42.

99   *Idem* p. 44.

ainsi à l'invention technique qui en serait l'application. Un tel schéma place la science au sommet d'une hiérarchie dont les échelons inférieurs seraient occupés par les citoyens et les techniciens. À l'image de la création artistique, la découverte scientifique est investie d'une certaine pureté. La classification la plaçant en amont apparaît comme le relent d'antiques hiérarchies entre *logos* et *tekhné*, dont nos sociétés contemporaines subissent encore les vicissitudes[100].

La prééminence de la vue dans le Cours de Nollet apparaît sous cet angle comme une manière de *forcer le regard* sur la part technique de la formation de l'hypothèse scientifique.

L'anatomie occupe en outre, plus encore que pour l'oreille dans les leçons sur l'air, une place importante. Si le fonctionnement de la prunelle est présenté dès la première section, c'est dans l'article I « De la vision naturelle » de la dernière section que le « merveilleux méchanisme[101] » de l'œil est décrit. Des premières caractéristiques anatomiques, établies à partir du *Traité des sens* de Le Cat[102], aux réflexions sur le rôle de la choroïde, souligné d'abord par Mariotte[103], la partie anatomique est assez longuement développée pour que nous puissions affirmer le vif intérêt porté par Nollet à l'organe de la vision.

Cet intérêt pour l'anatomie est sous-tendu par un questionnement très étendu sur les modalités de l'appréciation visuelle. Dès la 15e leçon, Nollet fait remarquer l'estimation à l'œil nu par laquelle l'ingénieur trace une route ou le géomètre s'assure de l'alignement des objets[104]. Il montre aussi comment nos sensations guident notre appréciation de la direction et de la distance[105]. Plus loin, dans les *applications* des 3e et 4e expériences de la même leçon, il commente l'expression « le compas dans l'œil », comme illustration de la juste évaluation des *angles visuels* ou *angles optiques*[106].

Pourtant, ce sont surtout les sources d'erreurs qui vont occuper son attention. On remarquera qu'il évoque très tôt, à la suite des deux premières expériences, les problèmes de diminution de la sensibilité oculaire : « il est certain que cet organe est, comme tous les autres,

100 *Idem* p. 47.
101 *LPE*, tome 5, p. 463.
102 *Idem* voir p. 465.
103 *Idem* voir p. 489.
104 *Idem* voir p. 76.
105 *Idem* voir p. 76-78.
106 *Idem* p. 106.

plus sensible dans certaines personnes, dans certains animaux, & qu'il est sujet aussi à vieillir, à s'user, à se gâter[107] »... Par la suite, Nollet examinera successivement les difficultés d'appréhension d'objets éloignés ou alignés[108], les difficultés d'appréhension d'objets en mouvement[109], les difficultés d'estimation de la proportionnalité des objets[110], enfin les difficultés d'évaluation liées aux variations de luminosité[111]. Même si ces réflexions sont héritées de l'optique cartésienne[112], on peut ici considérer que la leçon porte en elle les premiers éléments d'une méditation sur les risques d'erreur dans la pratique expérimentale, dans laquelle la lecture de la quasi-totalité des résultats est visuelle.

Nollet identifie la seule parade à ces risques d'erreur : l'habitude. En prenant pour exemple le musicien qui déchiffre avec promptitude sa partition et l'officier de marine qui évalue immédiatement la taille d'un bâtiment éloigné, il désigne toutes ces situations dans lesquelles nous jugeons de manière infaillible « par expérience & par habitude[113] ». Ce serait bien la continuation implicite de la méditation sur la méthode expérimentale : la reproduction fréquente des expériences est la meilleure garantie de la justesse de l'appréciation visuelle des résultats. En ce sens, la pratique artisanale, nourrie par la perfection du geste routinier, est un fondement légitime, voire nécessaire, de la physique expérimentale.

L'ARTICULATION CORPS-INSTRUMENT
Une méditation sur la méthode expérimentale

La *Dioptrique* cartésienne a consacré l'instrumentalisation de la vision en rattachant la lunette à la sphère physique de l'homme « d'une façon si peu artificielle que Descartes fait toute la théorie du perfectionnement de la vision en considérant l'œil plus l'instrument, comme un seul système

---

107 *Idem* p. 83.
108 *Idem* voir p. 110-122.
109 *Idem* voir p. 123-129.
110 *Idem* voir p. 130-134.
111 *Idem* voir p. 137-141.
112 Voir *La Dioptrique* (1637), Discours sixième, « De la vision ».
113 *LPE*, tome 5, voir p. 133-136.

optique[114]. » Le Cours de Nollet s'inscrit dans l'héritage cartésien. Si l'organe de la vision, au travers de l'œil de veau, intègre directement le dispositif expérimental, il fournit en effet surtout un modèle : Nollet tente la reproduction expérimentale du fonctionnement de l'œil. En considérant la prunelle comme une ouverture circulaire, il montre dans les *applications* des deux premières expériences de la section I l'adéquation entre le dispositif expérimental et cette partie de l'œil. Dans les *applications* des deux leçons suivantes, Nollet poursuit la mise en parallèle du dispositif expérimental et de l'œil : « la prunelle n'est point le dernier terme des rayons qui s'y rassemblent : cette partie de l'œil n'est qu'une simple ouverture, bien moins semblable au petit cercle de carton qui arrête les pyramides lumineuses de la III. Expérience, qu'au trou de la IV. qui les laisse passer outre[115] », etc. Beaucoup plus loin, dans la 4ᵉ section, Nollet compare une partie de l'œil à une lentille : « Le cristallin étant par sa figure & par sa transparence tout-à-fait semblable à une lentille de verre, & se trouvant placé entre des milieux d'une densité moindre que la sienne, doit avoir des effets semblables à ceux d'un verre lenticulaire placé dans l'air, ou dans l'eau[116] », ce qui lui fournit la base de sa première expérience mettant en œuvre un instrument « imitant l'organe de la vision dans sa partie essentielle[117]. » Ce premier lien mimétique entre l'organe sensoriel et la technique s'enrichit de celui que Nollet s'attache à mettre en évidence entre les pathologies oculaires et les techniques permettant de les compenser. Myopie et presbytie[118] sont ainsi expliquées (avec des références à Jurin, Buffon, ou La Hire qui s'est particulièrement appliqué à l'étude des accidents et défauts de la vue[119]) sous l'angle de l'appareillage permettant d'assister l'œil : « s'il est malade [...], l'art vient à son secours, & lui offre des instrumens, par le moyen desquels il atteint à des objets que la nature sembloit avoir mis hors de sa portée[120]. »

La *vision artificielle* s'étend bien sûr au-delà de cette fonction médi-cale, et l'instrumentation intervient également comme prolongement

---

114 D. Dubarle, « L'esprit de la physique cartésienne », dans *Revue des Sciences Philosophiques et Théologiques*, 26, 1937, p. 270.
115 *LPE*, tome 5, p. 99.
116 *Idem* p. 470.
117 *Idem* p. 473.
118 *Idem* voir p. 484.
119 *Idem* voir p. 500-501.
120 *Idem* p. 461.

de l'organe. C'est tout l'objet de l'article II de la dernière section. Outre les télescopes et les « lunettes d'approche » (longues-vues et jumelles), Nollet signale à l'attention du lecteur un appareil curieux comme le polémoscope, permettant de voir sans être vu.

On remarquera dans cette dernière partie de l'ouvrage la volonté de Nollet de respecter le génie propre à l'invention technique en privilégiant un classement fondé sur l'évolution historique de ces instruments : « je ne les distribuerai point par classe, je les appellerai plutôt suivant l'ordre de leur invention, & par conséquent, je ferai connoître d'abord les plus simples[121]. » Autre caractéristique du discours technique de Nollet, sa grande précision dans les explications relatives au maniement de l'instrumentation d'optique. Déjà à propos du télescope de réflexion, il a attiré l'attention du lecteur sur les précautions d'emploi de cet instrument dont l'usage est délicat : « les télescopes de réflexion sont plus difficiles que les autres à manier, pour ceux qui n'en ont point acquis l'habitude ; parce que le moindre mouvement qu'on donne aux miroirs faisant faire un grand chemin à l'image que l'on cherche, la rend plus difficile à saisir, ou la fait perdre aisément quand on la tient[122]. » Mais on observe mieux les instructions relatives aux manipulations dans la dernière section. Tout à la fin de la 17ᵉ leçon, Nollet présente le microscope solaire. Le descriptif semble suivre approximativement l'ordre d'un guide de construction : « ABC est une planche quarrée, dont chaque côté a 7 à 8 pouces. Elle est percée aux quatre coins, pour recevoir 4 vis, avec lesquelles on l'attache sur le volet de la fenêtre, où il y a un trou de 5 à 6 pouces de diamètre[123] », etc. Au fil du descriptif, Nollet insère les indications qui précisent les manipulations à effectuer : « Ce miroir [...] peut se tourner à droite ou à gauche avec le tuyau D, & s'incline plus ou moins quand on tire, ou quand on pousse la petite lame H », « en appuyant doucement avec le doigt, on fait avancer la lentille de l'objet[124] », etc. De la sorte, la main, l'œil et l'instrument *fonctionnent ensemble* : « ce que l'on a dessein de voir, se trouve vis-à-vis du trou, & [...] le trou, lorsqu'on fait avancer le tuyau, se met lui-même au foyer du grand verre convexe[125]. » La méditation sur la démarche expérimentale, si l'on accepte l'hypothèse que les leçons sur

---

121 *Idem* p. 519.
122 *Idem* p. 191.
123 *Idem* p. 577.
124 *Idem* p. 577-578.
125 *Idem* p. 578.

l'optique en sont implicitement le théâtre, intègre de la sorte de nouveaux éléments dans le questionnement sur la validité de la mesure visuelle : l'œil, la main et l'objet participent indissociablement à l'apport de la preuve expérimentale, et leur symbiose est en quelque sorte l'arcane de la physique expérimentale. La *Digression sur les sens* ouverte dès les premières leçons sur les propriétés des corps enseignait que tous les sens se rapportent au toucher. La liaison intime de l'œil et de la main dans les leçons sur l'optique est donc une clôture cohérente du parcours de la sensorialité. La médiation instrumentale n'en est que mieux éclairée : entre la main qui règle et l'œil qui mesure, elle se trouve véritablement insérée dans la sensorialité. La technique en émane et y ramène.

Les pistes qui nous mènent à l'hypothèse d'une méditation sur la méthode expérimentale sont nombreuses : les références à la chimie, qui nous apparait, à la lecture de *L'Art des expériences*, au cœur des pratiques quotidiennes de l'artisan-expérimentateur ; le va-et-vient du cabinet de physique à l'atelier qui a conditionné les progrès de l'optique ; les possibles sources d'erreur dans l'appréciation visuelle et la nécessité de les compenser par l'habitude ; les recommandations sur le maniement des instruments d'optique, par lesquelles est désignée la parfaite concordance de l'œil, de la main et de l'objet pour produire la preuve expérimentale ; le jaillissement de lumière dans les ténèbres comme exaltation symbolique de la découverte et des progrès de l'entendement chez le public des leçons ; enfin la présence centrale du verre, à la fois pratique artisanale privilégiée de Nollet et matériau de base du cours de physique… Ce retour de la méthode expérimentale sur soi se justifie en outre par la clôture d'un cycle qui s'opère dans ces leçons : le parcours de la sensorialité qui traverse le Cours s'achève ici. C'est ce point d'aboutissement qui incite à penser que l'optique est chargée d'une pensée réflexive. Les leçons sur l'optique de Nollet étant très conformes à l'esprit du traité de Descartes sur la *Dioptrique*, on ne peut s'empêcher de comparer sur ce point le cours de l'expérimentateur de l'œuvre du philosophe. Le *Traité de la lumière*, puisant dans la *Dioptrique*, figurait initialement en première partie de l'ouvrage intitulé *Le Monde*, qui comprenait ensuite le traité de *L'Homme*[126]. Le cheminement était donc inverse, et la lumière ouvrait un questionnement dont on mesure l'ambition au seul choix des titres. Ce renversement

---

126 Voir l'analyse de Geneviève Rodis-Lewis dans la notice du *Traité de la lumière* et de *L'Homme*, dans Descartes, *Œuvres*, I, Paris, Le club français du livre, 1966, p. 316.

est une symétrie qui nous invite à situer Nollet dans la continuité de la pensée cartésienne. Face à la science objective, au sens galiléen, Descartes dressait une science dans laquelle la sensibilité était le point de départ d'une « cogitation » des phénomènes en tant que phénomènes *perçus*. Nollet reste explicitement attaché à Descartes quand il souligne la différence entre *voir* et *regarder* et affirme que « *Voir* est donc un acte de l'âme[127] ». Au terme de son *Archéologie de la vision*, Gérard Simon mesure d'ailleurs toute la portée de la « rupture cartésienne » pour la science elle-même :

> ... l'âme ne saisit des données différentielles, et non ce qu'elles sont par elles-mêmes : la perception, y compris visuelle, nous indique ce qui est utile ou nuisible à notre corps, mais elle ne nous fait rien savoir de l'essence du monde physique, qui pour être vraiment connu doit être conçu et non senti, y compris quand il s'agit de comprendre ce que sont la lumière ou la couleur. Paradoxe qui sera dorénavant celui de la science moderne, la physique du monde sensible ne peut plus partir des catégories du sensible[128].

Voilà nécessairement de quoi plonger un expérimentateur dans une méditation qui, d'une certaine manière, s'étend à *l'acte de lire* par lequel son lectorat va accéder à son enseignement : « Oui, quand nous lisons un livre, ce ne sont point les lettres imprimées avec de l'encre, qui font impression sur nos yeux, c'est le blanc du papier qui est entr'elles ; puisque c'est de-là seulement qu'il vient de la lumière : nous ne les distinguons que par les défauts de sensation qu'elles occasionnent[129] ». Par cette lecture « en négatif », Nollet ne s'inquiète-t-il pas du « défaut de sensation » qui résulte nécessairement d'une approche livresque de la physique expérimentale ? N'exprime-t-il pas la crainte d'une réception de son Cours comme ouvrage de vulgarisation scientifique et non comme injonction à expérimenter *par soi-même* ? Que le récit d'expérience puisse en lui-même fonder la connaissance, sans le passage par l'expérimentation directe, est à la fois la légitimation des *Leçons* de Nollet et la négation de son Cours. L'optique, ouvrant depuis Descartes le questionnement sur le rapport paradoxal de la science au monde physique, met Nollet face à ses propres contradictions.

La méditation entamée dans l'optique se poursuit dans la leçon sur la mécanique céleste. On remarquera tout d'abord que la physique de

---

127 *LPE*, tome 5, p. 103.
128 G. Simon, *Archéologie de la vision*, Paris, Seuil, 2003, p. 239.
129 *LPE*, tome 5, p. 515.

la lumière trouve dans l'astronomie son prolongement naturel. La leçon s'ouvre sur cet enchaînement qui n'est pas simplement rhétorique : « Après avoir traité de la lumière [...], il convient de donner [...] une idée des corps célestes qui en sont comme la source principale[130] ». Le discours sera ensuite jalonné de réflexions sur la lumière céleste : la coloration de l'atmosphère terrestre par les effets de la réflexion des rayons bleus et violets[131], l'intensité de la lumière solaire en fonction de l'éloignement (« en raison inverse du quarré de la distance, comme nous l'avons fait voir en traitant de l'Optique[132] »), la présence d'un « fluide très-subtil, & de nature à transmettre l'action des corps lumineux[133] » entre le soleil et les planètes, la réfraction de la lumière dans l'atmosphère terrestre par laquelle le soleil nous apparaît avant même qu'il se soit réellement levé[134], ou par laquelle la lune « paroît sous une couleur de cuivre rouge[135] », etc.

Ces liens explicites avec les leçons sur la lumière nous rendent attentif aux indices d'une nouvelle réflexion sur l'appréciation visuelle. Imaginant un homme dans une vaste plaine, Nollet fait observer que « Quand les contours de cette plaine formeraient toute autre figure que celle d'un cercle, cet homme, s'il n'a point d'ailleurs quelque raison de penser autrement, sera naturellement porté à croire que tous ces objets qu'il apperçoit au loin & tout autour, terminent un espace circulaire, dont il occupe le centre[136] ». S'ensuivent des remarques sur les effets visuels qui perturbent notre appréciation des distances et des grandeurs[137]. C'est une autre illusion d'optique qui nous pousse à une évaluation erronée du nombre d'étoiles que nous croyons percevoir[138]. La forme du soleil[139], la surface de la lune[140], sont l'objet d'autres déformations visuelles... L'astronomie selon Nollet révèle finalement un monde physique en trompe-l'œil : en tant que centre de perception sensorielle, l'observateur est exposé à des phénomènes naturels qui lui masquent la réalité objective. C'est ainsi, et peut-être ici plus qu'ailleurs, que la nature se pare de ses voiles.

---

130 *LPE*, tome 6, p. 1.
131 *Idem* voir p. 17.
132 *Idem* p. 32.
133 *Idem* p. 36.
134 *Idem* voir p. 115.
135 *Idem* p. 142.
136 *Idem* p. 20.
137 *Idem* voir p. 20-22 et 144.
138 *Idem* voir p. 27.
139 *Idem* voir p. 32.
140 *Idem* voir p. 132-133.

C'est pourquoi nous percevons dans cette partie du Cours une extension de la méditation sur la pratique scientifique elle-même, au travers
cette fois d'un examen de l'observation dans la physique. L'observation et
l'expérience étant les deux voies d'accès à la connaissance de la nature, la
disparition des *Expériences* dans cette leçon sur les astres libère un espace
de réflexion sur la portée de l'observation. L'abbé Pluche, mentionné dans
la préface des *Leçons* pour montrer le succès que remportent les ouvrages
éclairant le public sur les phénomènes naturels, n'est quasiment plus cité
par la suite mais réapparaît dans la leçon 18[141]. Ardent vulgarisateur
du « spectacle de la nature », il incarne la démarche de l'observation
attentive, rigoureuse et admirative. Une démarche à laquelle souscrit
bien évidemment Nollet, mais que son génie technique l'empêche de
considérer comme suffisante. Il aura toujours à cœur de faire valoir
l'expérimentation contre la seule observation. Rappelons qu'en 1770,
il devra reconnaître que « malgré le goût qu'on a pris pour [la physique
expérimentale] dans ces derniers temps, il faut convenir que l'appareil
qu'elle exige, la fait marcher plus lentement, & que des deux sources qui
concourent à ses accroissements, j'entends l'observation & l'expérience,
la première est toujours celle qui a le plus de cours[142] ».

Si l'astronomie est un domaine de la physique qui paralyse la pratique expérimentale, la médiation technique s'impose néanmoins par le
biais de l'instrumentation. À propos des « planètes secondaires », Nollet
rappelle que « la découverte des neuf autres (planètes secondaires ou
lunes) est dûe à l'Astronomie moderne, & à l'invention des lunettes[143]. »
On pourrait ici mettre en vis-à-vis de Pluche la figure de La Caille,
auquel Nollet rend également hommage[144] (il est mort en 1762, soit
deux ans avant la publication du tome 6 des *Leçons*) : ayant participé
à la construction d'un observatoire astronomique en Afrique du Sud,
publié des leçons de mécanique[145] et désigné des constellations par des
noms de machines expérimentales ou d'instruments scientifiques[146], La
Caille manifeste en quelque sorte la présence de la technique dans les

141 *Idem* voir p. 23 : Nollet se rapporte à l'*Histoire du ciel*.
142 Préface *AE*, 1770, p. VII.
143 *LPE*, tome 6, p. 41.
144 *Idem* voir p. 26.
145 *Leçons élémentaires de mécanique*, 1743.
146 Parmi les 14 constellations qu'il a nommées : Machine pneumatique, Microscope,
    Télescope…

progrès de la science astronomique. Le télescope devient alors, beaucoup plus que le jouet mécanique du planétaire, l'objet technique par lequel se déchire ce voile de la nature que Nollet nous signale partout dans nos erreurs d'appréciation visuelle. Cet objet technique n'est pas un simple prolongement de l'organe de la vision, mais la réparation de la perception erronée à laquelle nous confine l'observation directe. C'est donc sur la valeur instrumentale que se porte ici la méditation entamée dans les leçons sur l'optique, la lunette astronomique étant d'ailleurs présente dès la leçon 17.

On pourrait également explorer les liens entre l'astronomie et la mécanique rationnelle, en rappelant la première à la dynamique à laquelle elle renvoie. Pour comprendre le mouvement des astres, Nollet invite ainsi le lecteur à se reporter au cours sur les forces centrales[147], de même que sa réserve sur l'attraction newtonienne l'incite à proposer une explication de la mécanique céleste s'appuyant sur celle de la capillarité exposée dans la leçon 8. La dynamique entérine alors le transfert que nous avons observé de la mécanique concrète du planétaire à la représentation mentale du ciel, et la décomposition du mouvement global des astres par l'appareil de démonstration se prolonge naturellement par des situations fictives qui aident à se figurer, à plus grande échelle, la position relative des objets célestes. C'est le spectateur péruvien qui observe « le mouvement du Ciel étoilé[148] », c'est « un homme placé [...] au pole arctique », jugeant du mouvement des étoiles par le seul hémisphère septentrional[149], etc. L'effort d'abstraction se poursuit encore par le déploiement d'un cadre géométrique :

> Toutes les étoiles qui se sont levées en même temps, notre Spectateur les voit arriver ensemble au bout de six heures, à leur plus grande hauteur ; elles sont alors rangées d'un pole à l'autre dans un demi-cercle, qu'on nomme *le méridien*, parce qu'il divise en deux parties égales la portion de cercle que chaque astre, & par conséquent le Soleil paroît décrire sur l'horizon, ainsi que le temps qu'il emploie à l'éclairer : comme ce demi-cercle comprend tous les points de plus grande hauteur des astres, on imagine bien que tous les points de leur plus grand abaissement sous l'horizon, forment un autre demi-cercle, qui fait avec le méridien un cercle entier ; l'un détermine le *Midi*, & l'autre le *Minuit* : ce cercle idéal qui coupe l'horizon à angles droits en passant par

---

147 *LPE*, tome 6, voir p. 148 et suivantes.
148 *Idem* p. 84.
149 *Idem* p. 94.

les poles du monde, & par le zénith de chaque lieu, se multiplie autant qu'il y a de divisions à l'équateur[150]...

On voit par cet exemple comment l'Homme, symbolisé par le « spectateur », se trouve projeté dans un espace imaginaire[151] qui lui confère sa propre dimension géométrique. De même que la « bio-mécanique » de la leçon 9 montrait la nature intimement cinématique du corps humain, le cadre géométrique de la leçon 18 intègre l'homme dans la cinétique céleste.

On a déjà remarqué, toujours dans le même exemple, l'adéquation des découpages spatiaux et temporels : les mesures d'angles sont également des mesures de temps. Dès les premières pages de la leçon, Nollet a insisté sur le fondement astronomique de notre rapport au temps : le mouvement des astres offre aux hommes « un moyen commode de mesurer la durée de leur vie & celle de tout ce qui se passe dans la nature ; les heures, les jours, les mois, les années, les siecles, &c[152] ». La cinématique réapparaît ici, sous la forme d'un objet technique qui avait particulièrement retenu notre attention dans les leçons sur la dynamique, l'horloge : « ... sans cela tous ces mouvements artificiels que nous nommons Horloges, ne nous seroient presque d'aucune utilité, parce que n'étant justes que par imitation, ils ne le seroient plus, s'ils n'avoient point de modeles[153]. » En distinguant la temporalité astronomique de celle que l'homme a définie par un découpage régulier, « temps vrai » et « temps moyen », Nollet reviendra plus loin sur cet objet dont il admire le perfectionnement mécanique : « Un bon cadran solaire montre les heures du temps vrai ; une montre ou une pendule bien réglée, montre celles du temps moyen ; il y en a dont le rouage est tellement construit, qu'elles marquent l'un & l'autre temps par différentes aiguilles ; on les nomme pour cela Horloges, ou Pendules à équations[154] ». La temporalité des révolutions lunaires, sur laquelle Nollet se penche assez longuement, lui permet de souligner l'importance des calculs algébriques (notamment dans « Le Cycle lunaire ou le Nombre d'or[155] »), dans une mathématisation du Cours qui complète le cadre géométrique déployé pour l'orientation

---

150 *Idem* p. 86-87.
151 Nollet prend la peine de préciser à propos des parallèles, ou « cercles de latitude » : « le parallélisme de ces cercles qui n'existent qu'en idée » (*idem* p. 86)...
152 *Idem* p. 3.
153 *Ibid.*
154 *Idem* p. 111.
155 *Idem* voir p. 136-139.

dans l'espace : l'horloge – sur laquelle on avait fondé de vains espoirs d'application parfaite de la cinétique à la cinématique, et que Nollet rappelait à ses limites mécaniques par les irréductibles frottements et échauffements – par sa seule présence dans la leçon 18, inscrit, aux côtés de l'homme, la mécanique la plus aboutie du XVIIIe siècle dans l'ordre mathématique universel. Cette double désincarnation est peut-être l'ultime stade de la méditation amorcée dans les leçons sur l'optique, où la lumière favorisait déjà une dématérialisation du monde physique.

Dans la cohérence d'ensemble du Cours, qui fait de chaque leçon l'héritière de la précédente et le tremplin vers la suivante, un lien particulièrement étroit unit la mécanique rationnelle, l'optique et l'astronomie. Un large mouvement, ouvert dès le vaste ensemble des leçons 3 à 8 sur la statique et la dynamique, se referme dans les leçons 15 à 18. Les nombreuses expériences décrites par Nollet, réalisées à partir d'un abondant matériel et conduites par des manipulations rigoureuses, nous apparaissent ainsi sous-tendues par une physique beaucoup plus abstraite dans laquelle on pourrait voir une métaphysique de la démarche expérimentale. Se trouve en tout cas ouvert un champ que les dernières leçons nous ont montré comme étant celui d'une méditation, et qui renouvelle les perspectives d'un cours que l'on pourrait penser borné par l'esprit pratique et la lourdeur du constant rapport au concret. Le discours technique élargit par là même son propre horizon.

L'optique mettait en quelque sorte Nollet face à ses contradictions, l'enseignement de la physique expérimentale affrontant le paradoxe d'une physique du monde sensible qui ne peut plus partir des catégories du sensible. La géométrisation de la physique qui, après la mécanique rationnelle et l'optique, s'épanouit dans la mécanique céleste, semble entraîner Nollet vers l'un des termes de la contradiction. En fait la question de l'instrumentation, ici cruciale, préserve l'équilibre qui fonde *l'art du mécanicien* (entre rationalité tendue vers la mathématisation et rapport concret aux contraintes physiques) sur lequel repose l'ensemble de la physique expérimentale. Optique et mécanique céleste sont sur ce point indissociables, et Philippe Hamou, dans son *Essai sur la portée épistémologique des instruments d'optique au* XVIIe *siècle*, nous permet d'appréhender cette complexe synthèse scientifique sur laquelle Nollet adosse sa pédagogie. Le point de départ en est l'utilisation du télescope par Galilée, dont Koyré a interprété le cadre épistémologique :

Le télescope galiléen n'est pas un simple perfectionnement de la lunette « batave » ; il est construit à partir d'une théorie optique ; et il est construit pour un certain but scientifique, à savoir révéler à nos yeux des choses qui sont invisibles à l'œil nu. Nous avons là le premier exemple d'une théorie incarnée dans la matière qui nous permet de franchir les limites de l'observable[156].

À cette idée de l'instrumentation galiléenne comme « incarnation de la théorie », Ph. Hamou oppose une utilisation de la lunette par un Galilée « restant fidèle à la leçon première du sensualisme, à l'idée que l'expérience sensible est la source constitutionnelle de toute vérité[157] ». Étonnante dichotomie interprétative qui nous montre la difficulté à saisir la nature intime des rapports entre l'instrument d'observation et la formation de l'hypothèse scientifique, entre le télescope et la conception de l'univers. Avec Huyghens, l'ambiguïté demeure : la reconnaissance de l'anneau de Saturne est posée comme une résolution visuelle permise par la supériorité de son télescope ; mais Ph. Hamou montre que Huyghens emploie par ailleurs la méthode hypothético-déductive dans ses raisonnements[158]. C'est enfin sous la forme d'un « legs équivoque » que la *Dioptrique* cartésienne réactive le rapport ambigu entre instrumentation et construction rationnelle :

On peut définir en effet au moins deux traditions de lecture hétérogènes, presque entièrement étrangères l'une à l'autre. Pour certains, la *Dioptrique* fut avant toute chose le texte qui par excellence réveillait les espoirs nés avec la révélation galiléenne. Les derniers discours promettaient un perfectionnement quasi indéfini des télescopes et des microscopes, ils laissaient présager de nouvelles découvertes d'autant plus nombreuses et importantes que les instruments qui les auraient produites n'auraient pas été faits par hasard et par fortune mais conformément à un plan rationnel. [...] D'un autre côté la *Dioptrique*, considérée non plus comme un ouvrage scientifique autonome, mais dans le contexte du programme philosophique cartésien, apparaissait surtout comme un jalon important dans le processus de critique et de mise en doute de la valeur gnoséologique des sens. Aux philosophes, elle suggérait donc un tout autre statut pour l'optique : elle était la science qui enseignait non pas tant à promouvoir la vision qu'à s'en défier[159].

---

156 A. Koyré, « L'apport scientifique de la Renaissance », dans *Études d'Histoire de la Pensée scientifique*, Paris, P.U.F., 1973, p. 59.
157 Philippe Hamou, *La Mutation du visible*, Presses Univ. Du Septentrion, 2001, vol. 1, p. 129.
158 *Idem* voir p. 161-170.
159 *Idem* p. 279-280.

La trajectoire qui, depuis la mécanique rationnelle jusqu'à la mécanique céleste, trace les contours d'une dématérialisation du monde physique, quand parallèlement se réaffirme sans cesse la confiance dans les ressources de l'instrumentation, nous montre la persistance dans le Cours de Nollet de la tension qui anime les recherches sur l'optique et l'astronomie depuis Galilée.

Le planétaire illustre quant à lui la transposition dans l'objet technique d'une connaissance astronomique toujours fidèle à l'horizon de pensée de la philosophie mécaniste, selon laquelle « Ce que l'homme peut *vraiment* connaître, c'est seulement ce qui est artificiel[160]. »

UNE APPROCHE DU GESTE TECHNIQUE
DANS *L'ART DES EXPÉRIENCES*

La première partie de *L'Art des expériences* indique une hésitation possible entre deux appréhensions des matières naturelles, selon que l'on place en priorité leur nature ou le geste technique qu'elles appellent. Nollet se penche sur

> … certaines parties animales, l'Yvoire, l'Écaille, la Corne, la Peau ou le Cuir, &c. ou bien quelques matieres métalliques (…) comme le Mercure, le Bismuth, l'Antimoine, l'Aimant, &c. Je parlerai des premieres à la suite des bois parce qu'elles se travaillent, la plûpart, à peu-près comme eux ; & je dirai ce qu'il y a à sçavoir sur les dernieres à l'occasion des Métaux, à cause de l'analogie qu'elles ont avec eux, soit par leur nature, soit par la maniere de les traiter[161]…

Il n'y a donc pas, selon la logique de cette répartition, une classification aussi claire que celle du *Système figuré* de l'*Encyclopédie*, dans lequel chaque matière naturelle *induit* sa pratique artisanale. Rappelons d'ailleurs que la première partie n'est pas exactement subdivisée par matières, mais par « manières » de travailler une matière : « maniere de travailler le bois », « maniere de travailler les métaux », « maniere de travailler le verre »

---

160 Paolo Rossi, *La Naissance de la science moderne en Europe*, Paris, Seuil, 1999, p. 211 (à propos de Mersenne).
161 *AE*, vol. 1, p. 2.

(et Nollet ne manque pas de faire observer, d'ailleurs, que le geste est identique pour travailler à la lime le bois ou le métal[162]). Il opère, dans sa perspective de technicien, un renversement en accordant la préférence au geste technique pour répartir l'examen des matériaux dans l'ouvrage. Sans surestimer cette inversion, dans la mesure où l'ouvrage de Nollet ne répond pas aux mêmes attentes qu'un dictionnaire qui tente de proposer un classement intelligible avant l'éclatement alphabétique des articles, on remarquera que cette approche favorise une autre cohérence, centrée sur le savoir-faire. Lisons un « passage-type », exemplaire du lien tendu qui est tissé entre l'action à produire, le savoir-faire et l'outil :

> Quand le bois est ébauché il est question de le *corroyer*, c'est-à-dire de le dresser, de l'unir, de le mettre de largeur & d'épaisseur, & de donner à toutes ses faces l'inclinaison ou la position qu'elles doivent avoir entre elles suivant l'usage auquel on destine la piece. Le Menuisier se sert pour cela d'une *varlope*, dont le fer est large & le taillant droit, & dont le bois qui est lourd, est dressé en dessous avec un grand soin[163].

Par un énoncé concis, Nollet articule les définitions d'un geste technique et d'un outil autour de la désignation du métier qui en fait usage, pour rappeler l'un et l'autre au savoir-faire dont ils sont issus. Le geste et l'outil sont ainsi toujours ramenés à la *sphère technique* dans laquelle ils ont leur pleine signification, quand les besoins polytechniques du fabricant d'instruments scientifiques poussent par ailleurs Nollet à séparer les outils de leur contexte d'origine et à décrire une série d'actes techniques uniquement d'après l'objet à produire. Il semble y avoir ici contradiction entre les indices discursifs de l'attention portée aux *sphères techniques* et les *procédures techniques* que Nollet s'efforce de dégager de leur contexte artisanal. On peut en fait lire les précautions discursives de Nollet comme l'expression d'un hommage rendu aux savoir-faire spécifiques de chaque art auxquels l'expérimentateur puise librement tout en sachant qu'ils constituent les fondements de son génie polytechnique. Il reconnaît par là la valeur du geste technique artisanal, plus modeste par son ambition que celui de l'expérimentateur, mais plus profond par la longue transmission corporative dont il est le fruit.

---

162 *Idem* voir p. 134.
163 *Idem* p. 22.

Cette attention portée à la préservation de l'unité de la sphère technique propre à chaque *manière* trouve une autre expression dans les fréquentes remarques sur l'évaluation « à l'œil nu » de l'artisan : ici, « l'ouvrier à qui l'habitude a donné un coup d'œil juste[164]... », ailleurs celui qui juge « à vue d'œil, & par tâtonnements[165] »... On ne peut s'empêcher de rappeler ici la réflexion de Rousseau : « Plus nos outils sont ingénieux, plus nos organes deviennent grossiers et maladroits[166] ». Nollet attire notre attention sur un univers technique dans lequel la qualité de l'outillage s'accorde au contraire à celle de l'appréciation sensitive, précisément parce que l'outil appartient à la sphère intime de l'artisan, qu'il complète et prolonge son rapport *physiologique* à la matière travaillée. Un passage parmi bien d'autres, la « maniere de limer les métaux » illustre l'incessant guidage du travail par l'évaluation visuelle :

> ... vous applanirez une des plus larges faces ; vous dresserez un des bords en suivant une ligne tirée à la règle ; vous tracerez sur le bord une parallèle avec un trusquin ou quelque chose d'équivalent ; vous mettrez les deux côtés de retour à l'équerre de la premiere face ; vous réglerez l'épaisseur de la piece par deux traits de trusquin sur les côtés, & vous les suivrez en applanissant la derniere face[167]...

Une note nous indique encore que le ferblantier « n'a pas de doses fixes pour sa soudure », mais juge de sa qualité à la formation de « taches bleuâtres[168] », etc.

Pleinement cohérent uniquement dans la sphère d'une pratique artisanale, guidé par l'habitude et l'évaluation *organique*, le geste technique abouti est encore selon Nollet celui de l'ouvrier « expérimenté & intelligent[169] ». Le savoir-faire du « mémoire instructif », qui vient se greffer sur celui que mobilisent les pratiques artisanales, vient en ce sens élargir le cadre technique des arts mécaniques : l'intelligence de l'ouvrier se complète par une forme d'« ingénierie » de supervision du travail en atelier. La dimension polytechnique du préparateur-expérimentateur est un autre élargissement, qui suppose une intelligence du

164 *AE*, vol. 1, p. 23.
165 *Idem* p. 45.
166 Rousseau, *Émile ou De l'éducation*, Paris, GF-Flammarion, p. 227.
167 *AE*, vol. 1, p. 134.
168 *Idem* p. 152.
169 *Idem* p. 101.

transfert technique. Il faut enfin considérer l'accroissement du savoir-faire artisanal par une réflexion proprement technologique. Le travail du verre illustre le mieux cette démarche : Nollet consulte l'ouvrage du Père La Torre, dès lors qu'il s'agit de fabriquer des globules de verres servant aux microscopes[170] ; il note la qualité insuffisante des prismes de Saint-Gobain et donne sa préférence à ceux de M. Paris, « privilégié du Roi pour les ouvrages d'Optique[171] », en indiquant comment l'imiter dans ce travail complexe ; il rapporte ce que lui enseigna un miroitier de Londres[172], signale la qualité des étamages de M. de Bernières, détenteur d'un secret de fabrication qu'il confia à l'Académie des Sciences[173]...

Nous sommes ici au cœur de la transition entre le geste technique de l'artisan et celui de l'expérimentateur. Supervision, transfert technique et apport technologique sont en effet propres à la démarche expérimentale et traduisent la pénétration scientifique de l'atelier. Inversement, l'habitude du geste artisanal pénètre le cabinet de physique, ce qui n'a pas échappé à un observateur de la science expérimentale comme Diderot : « La grande habitude de faire des expériences donne aux manouvriers d'opérations les plus grossiers un pressentiment qui a le caractère de l'inspiration[174]. » Quelle meilleure confirmation apporter des schèmes cognitifs stimulés par la pratique artisanale ?

S'il fallait indiquer un passage particulier illustrant l'appréhension par Nollet du geste technique, nous choisirions sans doute celui sur la « Maniere de souder les différens métaux[175] », qui agglomère la plupart des dimensions que nous avons déjà relevées dans l'ensemble de *L'Art des expériences.* Outre que la soudure est un travail métallurgique qui alimente à ce titre de manière prioritaire la connaissance de la matière, le feu y occupe, comme pour le travail du verre ou les opérations de chimie, une place majeure. En outre, habileté et expertise se conjuguent ici, surtout en ce qui concerne l'alliage pour la soudure de l'or, de l'argent ou du cuivre, dont le maniement « exige du choix pour la soudure qu'il convient d'employer, de l'attention & de l'adresse dans celui qui la met

---

170 *Idem* voir p. 211.

171 *Idem* p. 212.

172 *Idem* p. 230.

173 *Idem* p. 231.

174 Diderot, *Pensées sur l'interprétation de la nature* (1754), dans *Œuvres*, tome 1, Paris, Robert Laffont, 1994, p. 570.

175 *AE* vol. 1, p. 147.

en œuvre[176]. » Nollet emploie le mot de *secret*, dont nous avons déjà signalé qu'il faisait un très faible usage, pour souligner la valeur du savoir-faire requis : « Tout le secret de la soudure consiste donc à faire couler le métal qui soude, par un degré de feu, qui ne suffit pas encore pour fondre celui qu'on veut souder[177] ». L'identification lexicale permet de rattacher, dès le premier paragraphe, le processus à sa *sphère technique* : « ... on fait chauffer les deux pieces, jusqu'à ce qu'elles ayent acquis le dernier degré de mollesse qui précède la fusion (ce que les Forgerons appellent *suer*)[178] ». Et plus loin : « c'est ce que les ouvriers appellent *soudure d'argent* ». L'acte technique est néanmoins visité de manière transversale puisque Nollet relate les soudures effectuées aussi par les « Bijoutiers », « Orfèvres », « Plombiers », « Vitriers » et « Ferblantiers », nouvel exemple de procédure technique dégagée à partir de la description de plusieurs arts.

La représentation du geste technique, fidèlement inscrit dans la sphère technique à l'intérieur de laquelle ce geste trouve son sens, s'offre chez Nollet comme le témoignage d'un irréductible attachement à la pratique d'atelier, à laquelle l'expérimentateur sait devoir sa première cognition des phénomènes physiques. On peut lire dans cette tension l'expression d'une transition entre deux âges de la science, celui de l'expérimentation comme montage ingénieux s'inspirant du rapport direct aux contraintes physiques telles qu'elles se manifestent en atelier, et celui de la techno-science. *L'Art des expériences* est un éclairant fragment de cette transition en cours du XVIIIᵉ au XXᵉ siècle.

---

176 *Ibid.*
177 *Idem* p. 147-148.
178 *Idem* p. 147.

SOCIALISATION, VULGARISATION,
STRATÉGIE DISCURSIVE

Apparemment éloignée de la méditation qui engage le rapport de Nollet à la science qu'il enseigne, la production d'images spectaculaires est une dimension de l'optique que le physicien est loin d'ignorer.

D'abord parce que la nature, par le biais de phénomènes optiques, crée elle-même de fugaces spectacles « météoriques » qui ont émerveillé les hommes depuis toujours : Nollet rappelle ainsi les recherches faites sur l'arc-en-ciel et montre une expérience (17e leçon, section I) permettant de reproduire « les principales apparences de l'arc-en-ciel[1] ». L'éclat des couleurs, leurs changements de nuances selon l'angle sous lequel on regarde les objets, ou selon les propriétés réfléchissantes des corps, la lumière filtrée et colorée[2]… sont d'autres effets naturels dont Nollet invite à apprécier la subtilité, dans un passage qui suit des remarques sur les procédés de teinturerie et sur la fabrication des couleurs chez « les habiles Peintres[3] ».

Cette dernière évocation des arts visuels « classiques » reste discrète, et la production artificielle d'images spectaculaires qui attire Nollet est bien plus celle de l'expérience de physique ou du cabinet de curiosité. Dès la première leçon d'optique, il imagine une manipulation de nature à frapper un public d'étonnement :

> … la feuille sur laquelle on a appliqué pendant quelques minutes une plaque de métal chauffée, en porte l'image très-lumineuse dans l'obscurité, & cette empreinte est si bien terminée, qu'on pourroit avec des cuivres découpés & chauffés imprimer de cette manière toutes sortes de desseins luisans, par lesquels on ne manqueroit pas de surprendre des gens qui n'en seroient pas prévénus[4].

---

1   *LPE*, tome 5, p. 411.
2   *Idem* voir p. 447-449.
3   *Idem* p. 446.
4   *Idem* p. 42-43.

Cet effet de surprise obtenu dans l'obscurité semble procurer à Nollet un plaisir durable, puisque son dernier mémoire académique sur l'électricité portera sur la formation dans une pièce sombre de dessins lumineux faits d'étincelles électriques. Le jaillissement de lumière dans les ténèbres est encore le principe des chambres obscures qu'il présente dans la 17e leçon[5], dans laquelle il décrit par ailleurs une chambre obscure pyramidale qu'il a inventée :

> Pour faire usage de cette machine, on la pose sur une table bien droite, & couverte d'une grande feuille de papier blanc, dans un lieu sombre & qui soit un peu élevé ; on prend le tems où les objets sont bien éclairés, on s'assit ayant le dos tourné vers eux, & l'on avance un peu sa tête sous le rideau, ayant soin qu'il n'entre pas d'autre jour que celui qui vient par l'objectif[6].

D'une certaine manière, le polémoscope est une transposition de ce spectacle d'ombre et de lumière, l'appareil étant décrit comme permettant d'amener l'extériorité baignée de lumière dans un espace reclus que Nollet laisse imaginer tamisé : « Un homme sédentaire & curieux, du milieu de sa chambre & sans quitter son bureau, un malade assis sur son lit, se procure la vûe de ce qui se passe dans une longue rue ou dans une place publique, par le moyen d'une glace placée au côté d'une fenêtre, avec une inclinaison convenable[7] ». Boîte d'optique, lanterne magique et microscope solaire, dans la dernière partie des leçons, ne sont que d'autres variantes du même principe.

L'optique ludique et spectaculaire prend alors une dimension symbolique : l'émerveillement du public désigne ici sa découverte de la vérité dans l'espace artificiel du cabinet de physique, et la lumière jaillissant dans l'obscurité est bien l'image que l'on se fait au XVIIIe siècle des progrès de l'entendement[8].

---

5   *Idem* voir p. 530.
6   *Idem* p. 534.
7   *Idem* p. 536.
8   « Le projet vulgarisateur issu des lumières reposait assez largement sur la conviction que l'esprit de l'ignorant est vide », Yves Jeanneret, *Écrire la science*, Paris, P.U.F., 1994, p. 113.

DIFFUSER, VULGARISER, LES AMBITIONS
DE NOLLET DANS *L'ART DES EXPÉRIENCES*

L'ultime ouvrage de l'expérimentateur doit d'abord être inscrit dans la vaste trajectoire d'une œuvre qui, depuis le *Programme ou Idée Générale d'un cours de physique expérimentale* de 1738, est consacrée à la diffusion de la physique expérimentale. Dans l'épître « À Monseigneur le Dauphin », *L'Art des expériences* est prioritairement présenté comme

> ... la description de tous ces Instruments que j'ai fait passer sous vos yeux pendant l'espace de dix années, que Vous avez pris plaisir à démonter & à rétablir pour en mieux connoître le méchanisme, & avec lesquels Vous m'avez vû faire toutes ces Expériences qui Vous ont conduit à la connoissance des effets naturels & à celle de leurs causes[9].

Comme les *Leçons*, l'ouvrage se présente comme la poursuite d'une expérience pédagogique concrète et parachève la transmission d'une connaissance du monde physique au travers de la démarche expérimentale. La préface s'ouvre d'ailleurs sur l'assignation de sa visée pratique au projet global de développement de la physique expérimentale :

> La Physique Expérimentale ne peut se passer d'Instruments ; la difficulté de se les procurer, une certaine adresse qu'il faut avoir pour les mettre en usage, les précautions qu'on est obligé de prendre pour les maintenir en bon état, la peine qu'on a souvent à découvrir leurs défauts & celle d'y remédier, sont autant d'entraves qui retardent cette science, en gênant celui qui la cultive ; malgré le goût qu'on a pris pour elle dans ces derniers temps, il faut convenir que l'appareil qu'elle exige, la fait marcher plus lentement, & que des deux sources qui concourent à ses accroissements, j'entends l'observation & l'expérience, la premiere est toujours celle qui a le plus de cours[10].

L'Art des expériences ne se limite pas à l'énoncé de consignes de réalisation des appareils recensés dans les *Leçons* ; il actualise le cadre expérimental du Cours en introduisant de nouvelles machines et en signalant des améliorations apportées à certaines machines anciennes : « La machine dont je me sers dans les expériences sur le frottement [...] a souffert quelques

---

9   *AE*, vol 1, p. III-IV.
10   *Idem* p. VII.

changements, depuis qu'elle a été gravée ; ainsi la description que je vais faire, ne s'accordera pas en tout point avec celle qui se lit à la page 240 du Tome I des *Leçons de Physique*[11] », la machine de Mariotte employée dans la même partie a été rendue « plus commode & plus expéditive[12] » et diffère également de celle qui était représentée dans les *Leçons*, etc. En outre, Nollet annonce dans la préface, à propos de la troisième partie de l'ouvrage : « on y trouvera la construction & l'usage d'un grand nombre de machines que je n'avois point assez fait connoître dans mes Leçons imprimées[13] ». Dans la deuxième partie de ce travail, nous avons insisté sur la continuité à la fois technique et théorique entre les recherches de Nollet sur l'électricité et le reste de sa physique, en signalant la faible évolution de son corpus d'appareils expérimentaux. Nous faisions remarquer que *L'Art des expériences* s'offrait comme un guide de fabrication de machines employées pour la plupart plus de trente ans auparavant dans le cours public sur lequel a germé la publication des *Leçons*. Avec un parc de machines dont le fonds est stable tout en s'augmentant et s'améliorant au fil du temps, Nollet nous donne à voir une physique expérimentale animée par un *perfectionnement dans la continuité*, se réformant sans à-coups. Pour sa propre diffusion, cette orientation technique de la physique expérimentale est déterminante : elle éveille l'intérêt de celui qui s'y initie par une certaine nouveauté qui ne menace jamais l'équilibre rassurant d'un cadre familier.

L'approche des techniques artisanales dans la première partie de *L'Art des expériences* contient en elle-même une intention scientifique par laquelle elle s'intègre comme étape à part entière du parcours vers la connaissance du monde physique. On remarquera ainsi l'insertion de développements proprement scientifiques dans le discours technique. Parmi les métaux à travailler, le mercure occupe par exemple une place particulière qu'il doit à ses qualités physiques :

> Quoique le mercure n'ait point la consistance de solide & qu'il ne se travaille point comme les métaux proprement dits, cependant il est si souvent employé dans les expériences, & il fournit tant de commodités au Physicien, que je ne puis me dispenser d'en dire ici quelque chose : je me bornerai à quelques réflexions sur ses principales qualités[14]...

---

11   *Idem* vol. 2, p. 98.
12   *Idem* p. 125.
13   *Idem* vol. 1, p. XIII.
14   *Idem* vol. 1, p. 108.

La physique se glisse de manière moins digressive dans le discours technique lorsque les propriétés physiques des corps justifient les précautions d'une manipulation :

> Un tube que vous chaufferez ainsi ne laissera pas que d'éclater, s'il est humide, soit en dedans ou en dehors, sur-tout s'il a beaucoup d'épaisseur ; il faut bien se garder de souffler avec la bouche, dans ceux qui sont ouverts par les deux bouts, parce qu'on ne manque pas d'y porter de l'humidité ; ce qui n'arrive pas quand le tube est fermé par le bout opposé à celui qu'on met dans la bouche, parce que le souffle ne fait que presser l'air sec qui est déjà dans la cavité, & celui-ci l'empêche de s'y étendre, & d'y rien porter[15].

Dans ces opérations d'émaillage, on retrouve des aspects de la physique de l'air développés dans les *Leçons*, l'air y étant présenté comme constituant élémentaire chargé de corps étrangers (« L'atmosphère terrestre est donc un fluide mixte, un air chargé d'exhalaisons et de vapeurs[16]. »), dont Nollet a examiné la compressibilité. Nous n'insisterons pas davantage ici sur cette dimension du discours technique, que nous avons déjà introduite en rapprochant l'étude des propriétés des corps dans les *Leçons* de l'initiation pratique à ces mêmes propriétés dans *L'Art des expériences*. Nous constaterons plutôt la circularité qui s'établit entre le discours du physicien et celui du technicien, l'un portant toujours la trace de l'autre.

Nous pouvons en revanche constater l'apport nouveau des précautions d'usage et de l'avertissement des risques inhérents à la mise en œuvre du cadre expérimental. *L'Art des expériences* s'arrête en effet sur toutes les difficultés techniques, et celles-ci apparaissent dès les premières pages de la troisième partie :

> Cette lampe étant allumée, chauffe & fait bouillir en peu de temps la liqueur qui est dans la boule de verre : mais comme la grande chaleur qu'elle rend pourroit désunir toutes ces pièces, si elles n'étoient que soudées à l'étain, il est à propos qu'indépendamment de la soudure, leur assemblage soit assuré par des clous de cuivre rivés. Il faut que la liqueur qu'on met dans la boule de verre, n'occupe que le tiers ou la moitié tout au plus de sa capacité, de crainte que les premiers bouillons n'engorgent le tube ; car si cela arrivoit, la vapeur dilatée par l'action de la flamme, pourroit faire crever le verre avec éclat. Cet accident pourroit encore arriver, si le feu attaquoit constamment le verre par un seul endroit, tandis que la liqueur est encore froide, il faut donc

---

15   *Idem* p. 197-198.
16   *LPE*, tome 3, p. 336-337.

agiter un peu la boule de côté & d'autre, jusqu'à ce que la liqueur commence à bouillir. Malgré ces précautions, si cela arrivoit, on doit s'attendre que la liqueur répandue, si elle est inflammable, sera toute en feu ; mais il ne faut pas s'en effrayer : le premier linge qu'on trouvera sous sa main, & qu'on étendra dessus en appuyant un peu, étouffera l'incendie[17].

Comme on le voit, une seule manipulation fait surgir des risques en cascade, et l'on suppose que tous les accidents décrits ont été rencontrés par Nollet. Aux descriptifs expérimentaux des *Leçons*, très « lisses » en ce sens qu'ils ne laissent pas de place aux approximations et semblent ne relater que des expériences réalisées avec la perfection que produit la grande habitude, succèdent de nouveaux descriptifs qui dévoilent les tâtonnements de l'expérimentateur. On conçoit alors que la procédure technique n'alimente pas la connaissance du monde physique par le seul biais d'une intimité avec la matière héritée de la pratique courante des arts mécaniques : elle l'alimente aussi par les erreurs auxquelles se confronte sans cesse l'expérimentateur dans ses manipulations. Par le seul passage cité, n'a-t-il pas éprouvé diversement l'effet du feu – dilatation, fusion –, la répartition de la chaleur et les effets des écarts de température, ainsi que la participation de l'air à la combustion ? L'erreur technique, en contrepoint de l'expertise technique issue du savoir-faire artisanal, stimule elle aussi la connaissance du monde physique.

L'Art des expériences est donc un ouvrage technologique, qui invite à ce titre à dégager les orientations littéraires d'un discours technique. En considérant le caractère novateur de la « réduction en art » de la physique expérimentale que propose Nollet, on perçoit en effet le lien qu'il tisse avec les entreprises de description des arts : il s'agit, comme le réclamait Diderot, de sortir une pratique de son silence, de lever un *secret*. L'enjeu de l'expression est donc déterminant, et des qualités littéraires de l'ouvrage dépend sa réussite. Les arts mécaniques sont présents à deux niveaux : d'une part ils forment, à l'intérieur même de l'ouvrage, le socle à partir duquel se développe l'art des expériences ; ils déterminent d'autre part l'horizon de lecture au sein duquel l'ouvrage, en tant qu'*art*, prend place aux côté des descriptions encyclopédique et académique. L'imprégnation de *L'Art des expériences* par les stratégies littéraires du discours d'exposition des arts mécaniques est donc nécessairement très forte. Le défi que doit relever Nollet est d'utiliser ces ressources existantes tout en adaptant son

---

17   *AE*, vol. 2, p. 8-9.

discours à son objet spécifique, objet investi d'ambitions qui dépassent bien évidemment le cadre traditionnel des arts mécaniques.

Lisons Nollet dans sa présentation de l'architecture d'ensemble de *L'Art des expériences* :

> J'ai divisé en trois parties l'Ouvrage que je mets au jour ; dans la première, j'enseigne les différentes façons de travailler le bois, les métaux & le verre, qui sont les principales matieres dont nos Instruments sont construits ; j'indique les outils dont on aura besoin, la maniere de s'en servir, & les differents états par lesquels chaque piece doit passer, pour arriver à sa perfection. La seconde partie comprend une indication, par ordre alphabétique, des Drogues simples dont il faut se pourvoir ; la préparation de celles qui doivent être composées ; l'emploi des unes et des autres dans les Expériences : elle est terminée par une Instruction sur la composition des vernis & sur la maniere de les employer tant sur le bois que sur le métal, avec des couleurs & des ornements. La troisieme partie, qui est la plus étendue, offre des avis particuliers sur chacune de nos Expériences, & sur celles que j'y ai ajoutées par occasion[18]...

On remarque d'abord le lien avec les *Leçons*, et nous avons lu un peu plus haut un passage dans lequel Nollet parlait de son dernier ouvrage comme d'un *supplément*. Par ses *Avis*, il apporte en effet dans la troisième partie autant de commentaires techniques des expériences décrites dans les *Leçons*. À l'intérieur même de l'ouvrage, les liens se tissent encore, par les *Avis*, entre les différentes parties ; lorsqu'il s'apprête à expliquer la « Maniere de faire des vis de bois sans filiere », Nollet annonce par exemple un *Avis* de la troisième partie : « Dans les avis sur la IX. Leçon, je dirai en parlant de la vis d'Archimède, comment on doit s'y prendre pour faire sur le tour, une vis de bois trop grosse pour être faite à la filiere[19] ». C'est encore le cas lorsqu'il présente « le petit équipage d'émailleur » : « Voyez les *Avis* qui concernent la troisieme Expérience, & les figures qui y ont rapport, *Tome II*[20] », etc. C'est donc un système de renvois qui se met en place, englobant la série des planches dont Nollet a réduit le nombre : « j'ai marqué en marge, au commencement de chaque article, l'endroit de la Leçon auquel il se rapporte, & la figure qui représente la machine dont il va être question, afin qu'on la fasse concourir avec celles que je citerai dans les *Avis*[21]. » Hors même

---

18   *AE*, vol. 1, p. XI-XIII.
19   *Idem* p. 69.
20   *Idem* p. 209.
21   *Idem* p. XV.

du réseau des *Avis*, le lecteur est invité à naviguer entre les différentes parties de l'ouvrage : le choix des métaux, dans la première partie, est renvoyé à la troisième[22], le polissage des miroirs de métal, toujours dans la première partie, anticipe sur la composition de leur alliage décrite dans la deuxième partie à laquelle le lecteur est renvoyé[23], etc.

Ce réseau discursif, que l'on peut rapprocher, bien qu'il soit de proportion évidemment plus modeste, de l'intelligence réticulaire mobilisée par l'*Encyclopédie*, s'offre surtout comme le double du *réseau technique* qui assure la cohésion de l'enseignement scientifique de Nollet. Dans un précédent chapitre, nous avons parlé du potentiel de consolidation unificatrice d'une connaissance menacée de morcèlement dans l'éparpillement des phénomènes physiques grâce aux appareils expérimentaux qui réapparaissent dans différentes leçons. Nous percevions la technique comme un facteur d'unité permettant la continuité mémorielle dans le parcours pédagogique du monde physique. *L'Art des expériences* consolide ce réseau technique unifié : ici, « cette machine sert dans plus d'une occasion[24] » ; là, « le mouvement d'horlogerie dont on se sert dans cette expérience a plus d'un usage[25] », etc.

Si le réseau qui s'établit dans le discours et qui reflète un réseau technique invite sans cesse à rompre le fil de la lecture, il y a inversement des phases discursives fortement unifiées correspondant à l'exposition des gestes ou des tâches techniques. N'observons pour l'instant que la première partie de l'ouvrage. L'organisation typographique y est révélatrice : on remarque le découpage par paragraphes contenant peu de ponctuation forte et développant des énoncés syntaxiques au mouvement ample. Aux nombreux paragraphes courts qui pourraient être produits en exemple, nous préférons illustrer cette caractéristique par un paragraphe significativement plus long sur la fabrication des lentilles :

> On peut faire de très-petite lentilles à l'archet en s'y prenant de la maniere suivante. Taillez & aiguisez un foret de telle forme & grandeur, qu'il puisse faire des creux hémisphériques dans l'épaisseur d'une lame de cuivre ; vous aurez par ce moyen des petits bassin, de telle sphéricité qu'il vous plaîra :

---

22 « … je ne m'étendrai point cependant ici sur ce dernier choix, parce que je pense qu'il est plus à propos de garder ce que j'ai à en dire pour la troisième Partie de cet Ouvrage, ou je parlerai en détail de chaque instrument. » *Idem* p. 95-96.

23 *Idem* voir p. 163.

24 *Idem* vol. 2, p. 73.

25 *Idem* p. 85.

ensuite prenez un gros fil de laiton ou de fer de la longueur d'un foret ordinaire ; garnissez-le d'un cuivreau, faites-y par un bout une pointe mousse, et creusez l'autre pour contenir un peu de cire d'Espagne fondue, sur laquelle vous attacherez un petit morceau de verre arrondi. Faites frotter ce verre avec l'archet, dans un de vos petits bassins, dans lequel vous mettre un peu de sable ou d'émeril mouillé, en observant tout ce que j'ai dit au sujet des verres qui se travaillent à la main ; vous formerez de cette maniere les deux faces de la lentille successivement ; pour les doucir et les polir, il faudra faire ensorte que la tige qui porte le verre, & que l'archet fait tourner, s'incline fréquemment, tantôt d'un côté tantôt de l'autre à l'axe du bassin ; sans cela, il se ferait sur le verre des sillons concentriques, & jamais il n'acquierroit le doucis ; il faudra avoir la même attention en le polissant sur le feutre avec la potée rouge mouillée, ou avec celle de l'étain à sec[26].

Le travail du verre offre sans doute les meilleurs exemples[27] de ces unités typographiques formées sur l'exposé d'une seule tâche elle-même définie comme un enchaînement de gestes techniques. Les paragraphes plus brefs forment de la même manière des ensembles permettant de décomposer des tâches complexes, et ces ensembles eux-mêmes s'articulent pour exposer un processus technique plus large : « Lorsque le Menuisier & le Tourneur ont façonné les pieces d'une machine, il est question de les y joindre par des assemblages[28] »... L'article II sur le travail du métal s'ouvre sur le résumé programmatique de tels processus :

Les métaux se fondent & se coulent dans des moules ; on les forge à chaud & à froid ; on les durcit & on augmente leur élasticité ; on les coupe à la scie & au ciseau ; on les perce à chaud & à froid ; on les façonne en les faisant passer par des filières ; on les lime, on les use, on les aiguise avec des sables, ou sur certaines pierres ; on les tourne ; on les assemble par des brasures, par des soudures, par des rivures, par des goupilles, par des vis ; enfin on les polit, & on leur fait prendre un brillant dont ils sont plus susceptibles qu'aucune autre matière[29].

Donner une vision claire de la progression des procédures de fabrication au travers de la coordination d'« unités » d'action technique n'est sans doute pas le moindre mérite d'un discours technologique. En tant que discours technique *de technicien*, il présente également l'intérêt de nous offrir une représentation indirecte de Nollet lui-même au travail, dans

---

26   *Idem* vol. 1, p. 182-183.
27   *Idem* voir entre autres p. 196-197, 200-203...
28   *Idem* p. 73.
29   *Idem* p. 11-112.

toutes les phases qui ont mené à la production de ces appareils que nous avons rencontrés dans le Cours de physique expérimentale.

La troisième partie de l'ouvrage contient les instructions pour réaliser les appareils expérimentaux, désignés partout par le mot *machines*. Un défi de représentation se pose ici, comme pour l'encyclopédiste ou l'académicien face aux machines qu'ils doivent mentalement décomposer puis recomposer par un discours intelligible permettant au lecteur de comprendre le jeu des organes de la machine en fonctionnement. La difficulté à surmonter est la traduction dans la linéarité du discours d'une interdépendance simultanée des organes mécaniques, le fameux casse-tête de Diderot devant la machine à bas… Le discours technique de Nollet est une résolution partielle du problème, qui tient au fait qu'il s'agit précisément d'un discours *de technicien*. L'observateur qu'était Diderot se posait en « troisième homme[30] » par rapport au réalisateur de la machine et au lecteur, et son discours traduisait une médiation difficile entre l'un et l'autre. Ici Nollet ayant lui-même réalisé chaque machine, le statut du troisième homme s'efface ; en outre, le but du discours étant d'amener le lecteur à reproduire la fabrication de la machine, le statut du lecteur lui-même tend à ne plus être celui d'un « deuxième homme » mais à se replier sur celui du fabricant, à s'assimiler à lui. Bien sûr, ce jeu différent des statuts fabricant-énonciateur-destinataire ne suffit pas en soi à effacer toute difficulté de mise en discours, mais il permet de produire un ordre « naturel », ou évident, dans la description des machines : c'est l'ordre de fabrication des pièces et de leur assemblage.

Pour produire un exemple qui ne soit pas trop long, nous avons choisi la curieuse miniaturisation de *la cloche du plongeur* :

> … c'est une machine qu'on a imaginée pour faire descendre un homme fort avant dans la mer, & le mettre en état d'y rester un certain temps, & d'y repêcher des effets perdus, sans risquer de se noyer. Cette invention dont l'objet est important, a exercé le génie & l'industrie de plusieurs Sçavans qui ont tâché de la perfectionner, & quoiqu'elle ait encore des défauts essentiels, & peut-être irremédiables, elle mérite cependant d'être connue & d'être placée en modele dans le cabinet d'un Physicien[31].

---

30   Notion empruntée à un modèle de sociologie de la vulgarisation scientifique, contestée par Daniel Jacobi dans *Textes et images de la vulgarisation scientifique*, Berne, Peter Lang, 1987, p. 26.

31   *AE*, vol. 2, p. 19-20.

Nollet donne d'abord une présentation d'ensemble de la machine dans sa grandeur nature :

> Cette cloche est un grand vaisseau arrondi, plus large par le bas qui est ouvert, que par le haut qui est fermé, construit comme une cuve avec de fortes douves, garni de plusieurs cercles de fer, afin de résister à la plus forte pression de l'eau dans le temps de son immersion, & dont le bord est chargé tout autour de plusieurs masses de plomb ou de fer fondu, de sorte qu'il puisse aller à fond, lorsqu'on lâche la corde à laquelle il est attaché : cette corde passant sur une forte poulie attachée au haut d'un bâti de charpente qui est établi sur deux bateaux plats, aboutit à un treuil, & le tout ensemble flottant sur l'eau, peut être mené par des rameurs à l'endroit où le plongeur a affaire[32].

La description détaillée de la machine miniature se fera ensuite selon l'organisation typographique dont nous parlions plus haut, en dégageant les tâches techniques successives nécessaires à sa réalisation :

> Je représente la cloche qui est la principale pièce, avec un grand verre à boire, le plus épais que j'ai pu trouver, & le plus uni. J'en ai coupé la patte & une grande partie de la tige, pour y attacher une boucle ou anneau de laiton ; & j'ai garni le bord, d'un cercle de plomb laminé qui tient avec de la cire molle, & au bas duquel j'ai suspendu des balles de mousquet [...]
>
> *A, A, Fig. 6*, sont deux morceaux de bois, que j'ai fait tailler & creuser en forme de bateaux plats : deux petites planches, dont le pourtour représenteroit les bords d'un bateau, seroient tout aussi bonnes. *BB, CC*, sont deux pieces de bois de 8 lignes de large, 6 d'épaisseur, assemblées parallèlement entre elles avec quatre traverses *D, d, E, e*, de même largeur & épaisseur que les pièces précédentes. Sur les mortaises *f, f, f, f*, s'élevent quatre montants, *G, g, G, g, Fig. 7*, de 6 lignes d'équarrissage & de 6 pouces de hauteur, arcboutés par en-bas & retenus en-haut par quatre traverses. Sur les deux plus grandes & au milieu de leur longueur, s'élevent deux piliers de 3 pouces de hauteur, & bien soutenus des deux côtés, qui portent une piéce de 8 lignes de largeur, sur 4 d'épaisseur, & posée de champ.
>
> Au milieu de la longueur de cette derniere traverse est attachée une poulie de métal, sur laquelle passe la corde de la cloche, pour se rendre à un treuil, auquel elle est attachée, & qui sert à faire monter & descendre la cloche[33].

Si la description des *machines* expérimentales bénéficie d'une « évidence d'exposition » que lui confère chez Nollet l'unification fabricant-énonciateur-lecteur autour d'une même *intention technique*, l'exposition

---

32 *Idem* p. 20.
33 *Idem* p. 21-22.

mécanique n'est pas encore complète, puisque la machine n'a pas encore été montrée en action. Or c'est encore une caractéristique de la composition du discours technique de Nollet que d'inscrire dans un même mouvement la fabrication de l'appareil et sa manipulation. Pour mener à bien ses expériences sur le choc des corps, il utilise par exemple une machine qui s'inspire de celle de Mariotte, machine « optimisée » dont il donne un guide précis de fabrication, beaucoup plus ample que celui de la cloche du plongeur (environ 7 pages), avant de poursuivre sur son utilisation : « Tout étant donc préparé comme je viens de l'expliquer, voici comment vous procéderez pour mettre la machine en usage[34] ». Les trois pages suivantes semblent poursuivre sans rupture les précédentes pour unir, toujours par une même intention technique, fabrication et manipulation. La convergence des statuts est encore à la source de cet élan discursif : le fabricant et le manipulateur sont le même homme.

Une lecture finaliste de cet enchaînement nous amènerait à envisager la phase de fabrication comme une *tension vers*, mais nous avons observé dès l'étude des premières leçons de Nollet, puis dans la formation de sa théorie électrique, à quel point le travail artisanal pouvait être la source même de la connaissance physique et non un simple moyen pour y parvenir. C'est donc bien, là encore, d'un rigoureux *continuum*, qui intègre pleinement la fabrication de l'appareillage dans la conduite expérimentale, que rend compte l'enchaînement de la fabrication et de la manipulation dans le discours technique de Nollet : par un renversement de perspective, cet enchaînement tend à faire de la manipulation expérimentale le prolongement naturel du geste artisanal.

L'Art des expériences contient évidemment un lexique technique, désigné par les italiques. L'outillage en compose la majeure partie. Le passage sur le débitage du bois signale par exemple au lecteur les *fermoirs, ciseaux, planche, gouges, rifflart et demi-varlope*[35]. Il y a également les verbes désignant certaines actions caractéristiques d'une pratique : *corroyer*[36], *écrouir*[37], *souder*[38]… Nollet rattache de temps à autres l'appellation au métier dans lequel il est en usage : « Les Menuisiers appellent la derniere,

---

34 *Idem* p. 136.
35 *Idem* vol. 1, p. 21-22.
36 *Idem* p. 22.
37 *Idem* p. 118.
38 *Idem* p. 147

scie *à arraser*; [...] l'autre qu'ils appellent scie *à tenons*[39] », « ce que les Forgerons appellent *suer*[40] », etc. Le vocabulaire technique ne se limite pas aux désignations inscrites en italiques : « Vous aurez besoin de cinq ou six sortes de scies dont voici les noms. La scie à refendre, la scie à débiter, la scie à petite voie, la scie tournante, & la scie à main[41] »...

On doit néanmoins constater l'extension relativement modeste du vocabulaire technique, en raison d'une part de l'éventail réduit d'arts et métiers sollicités, d'autre part de la limitation de l'ouverture artisanale aux techniques strictement nécessaires à la production de l'appareillage expérimental. Même si l'ensemble des opérations techniques, tant dans le travail du bois (toutes les opérations techniques usuelles semblent requises), du métal (le recours à l'équipement lourd de la forge impose ici des limites) et du verre (dans lequel Nollet manifeste des compétences particulières), est considérable, il s'en trouve donc limité, et l'ambition discursive apporte encore d'autres limites : la description encyclopédique des arts a déjà été faite, celle de l'Académie est en cours, et Nollet n'a donc pas à mettre l'enquête terminologique au centre de son discours technique.

En revanche, la troisième partie de l'ouvrage, qui expose l'art proprement nouveau que Nollet entend introduire dans la continuité des arts et métiers déjà décrits ailleurs, l'art des expériences, pourrait contenir un vocabulaire technique spécifique. Mais le lecteur s'aperçoit rapidement qu'il n'y a pas ici plus de lexique technique que dans les *Leçons*. On peut considérer « cloche du plongeur », « machine pneumatique », « pompe foulante », « baromètre », « aéromètre », « treuil », « cabestan », etc. comme formant un vocabulaire technique (encore certains appartiennent-ils plutôt au lexique scientifique), mais force est de constater qu'il reste très étroit au regard du vaste appareillage décrit, Nollet n'évoquant le plus souvent que des « machines » pour désigner ses dispositifs : « Je me sers de la petite machine que je vais décrire[42] », « La machine dont je me sers pour cette expérience[43] », « la machine dont je viens de faire mention[44] »... Telle la « machine du plan incliné », la catégorie *machine* trouve dans certaines extensions du

39 *Idem* p. 15.
40 *Idem* p. 147.
41 *Idem* p. 12.
42 *Idem* vol. 2, p. 400.
43 *Idem* p. 430.
44 *Idem* p. 442-443.

nom quelque précision. Ailleurs, Nollet emploie un terme emprunté à un autre domaine technique : « Le Rouet que j'ai ajouté au pied de la machine pneumatique, est une espece d'appendice qu'on peut ôter quand on veut ». Mais l'appareillage qui fait l'objet des nombreux guides de fabrication formant l'essentiel de la troisième partie demeure très largement sans désignation spécifique.

« Barillet », « molette », « viroles »… le seul vocabulaire technique homogène spécifique à la troisième partie est celui de la mécanique. Concentré dans les avis sur la leçon 9 (la mécanique pratique), il apparaît également dans d'autres réalisations mécaniques de l'appareillage expérimental. C'est donc un vocabulaire « transversal », qui tend à montrer une fois encore *l'unité d'intention technique* qui anime l'art des expériences et permet ce décloisonnement par lequel le *réseau technique* synthétise la connaissance du monde physique. Il souligne surtout la dimension « constructiviste » de la démarche expérimentale telle que la conçoit Nollet.

D'un point de vue stylistique, *L'Art des expériences* se caractérise par une *dynamisation* du discours technique, tant par l'usage des formes verbales que par le jeu des pronoms.

Lisons par exemple un passage sur la réalisation de l'établi de menuisier : « Le Menuisier ne peut se passer d'un établi ; il faut qu'il soit solide & qu'on puisse tourner autour : prenez pour cela une table de hêtre ou d'orme femelle, qui ait six à sept pieds de longueur, dix-huit à vingt pouces de largeur & au moins trop pouces & demi d'épaisseur ; élevez-la de vingt-sept à vingt-huit pouces[45] » etc. Comme partout ensuite dans l'ouvrage, le système injonctif domine. Les formes verbales impératives s'accompagnent du retour régulier des tournures « il faut… », « on doit… », pour former un style directif conforme à l'encadrement *régulier* des pratiques d'atelier. Mais c'est surtout l'emploi conjoint du futur et des verbes d'action qui rompt l'ordre statique que prend habituellement la procédure descriptive technique. Prenons un autre passage, toujours dans le travail du bois, dans lequel Nollet explique le « chantournement » : « Vous commencerez par tracer votre dessein, sur un carton ou sur une feuille de gros papier que vous découperez ensuite ; vous l'appliquerez sur la piece que vous voulez chantourner, & vous l'y arrêterez avec de petites masses de cire molle de distance en distance : vous le tracerez

---

45 *Idem* vol. 1, p. 7-8.

avec un crayon sur le bois, en suivant exactement le bord du patron ; après quoi vous le releverez[46] », etc.

L'implication, comme dans ce passage, du lecteur par l'emploi de la deuxième personne, est un autre marqueur stylistique de l'ouvrage. Nollet emploie parfois des tournures permettant d'interpeller directement le lecteur : « Voulez-vous préparer le verre d'un *pese-liqueurs*[47] ? » On note également la présence d'un « on » indéterminé : « le bout coupé de pente forme avec la rive de l'établi un angle dans lequel on fait entrer le bout de la planche ; & si elle est assez longue on la soutient par l'autre bout sur une cheville mobile, qu'on fait entrer dans l'un des trous qui sont percés pour cela au montant *C*, sinon on la contient avec un bout de planche *D*[48] », etc. Ce « on » peut aussi bien désigner l'artisan ou le lecteur, que Nollet lui-même, et des glissements s'opèrent d'un sujet à l'autre :

> … c'est un bout de planche *h*, à laquelle on réserve un petit manche, & sur laquelle on attache une lame de fer large comme le doigt, qui a plusieurs trous à demi-épaisseur, et arrondis dans le fond, pour recevoir la pointe dont il s'agit ; quand les forets sont forts ménus, assez souvent les ouvriers appuyent la pointe mousse dans un trou de pointeau fait à une des mâchoires de l'étau, & ils portent avec la main gauche la piece à percer contre le foret[49].

Ailleurs on passe de « l'ouvrier » au lecteur : « l'ouvrier qui perce fait agir le poinçon tantôt d'un côté, tantôt de l'autre, jusqu'à ce que le morceau soit détaché, & que le trou soit à jour : & chaque fois qu'il ôte son poinçon, il le mouille pour le refroidir. Vous aurez souvent à percer le fer & le cuivre à froid[50] » etc. Ces changements de sujets sont autant de transferts d'action qui favorisent la confusion entre l'artisan, l'expérimentateur, et le lecteur qui est ainsi projeté dans la pratique représentée. S'en trouve confirmée cette particularité de la confusion des statuts fabricant/utilisateur-énonciateur-lecteur que nous constatons déjà à propos de l'ordre discursif choisi pour représenter les machines dans la troisième partie de *L'Art des expériences*. La première partie de l'ouvrage permet principalement d'introduire un nouveau protagoniste, l'artisan, à l'intérieur de ce *continuum*.

---

46   *Idem* p. 34.
47   *Idem* p. 205.
48   *Idem* p. 8-9.
49   *Idem* p. 124.
50   *Idem* p. 121.

Nous avons cité plus haut certains passages du descriptif de la cloche du plongeur, dans lesquels on a pu lire les indications par lesquelles Nollet renvoie aux figures de ses planches. Dans la préface, il expose ce qu'était son projet initial en matière de planches : « Je m'étois proposé de commencer chaque description en mettant sous les yeux du Lecteur le portrait ou l'ensemble de la machine qui devoit en faire le sujet[51] ». Les machines en question sont aussi bien les appareils de démonstration de la troisième partie de l'ouvrage que celles qui doivent équiper l'atelier et qui figurent dans la première partie. Mais face au nombre de planches que cette démarche impliquait, Nollet a dû faire usage de renvois aux gravures déjà présentes dans les *Leçons*, ce qui lui a permis de privilégier dans la troisième partie les planches nécessaires à l'accompagnement des descriptifs des nouvelles machines. Si la quantité s'en trouve réduite, Nollet a pu relever ses exigences pour la qualité des planches : « ce que je perdois sur l'étendue, j'ai tâché de le regagner par la correction du dessin, & par la netteté de la gravure[52] ». Dans son *Avis au relieur*, il indique comment le lecteur doit pouvoir faire usage de ces planches : « Les Planches doivent être placées de maniere qu'en s'ouvrant elles puissent sortir entièrement du livre & se voir à droite[53] ». Chaque planche contient plusieurs figures, assorties de lettres permettant de désigner avec précision un organe ou une partie de la machine. La première partie, sur les arts mécaniques, ne contient que huit planches, la seconde sur les « drogues » cinq, alors que la troisième partie, de loin la plus longue puisqu'elle se répand sur deux des trois tomes, contient quarante-trois planches. Cette répartition appelle la même remarque que pour le vocabulaire technique des arts mécaniques : le champ réduit de ces derniers, ainsi que les descriptions encyclopédiques et académiques des arts, justifient la part modeste des planches dans la première partie.

Les planches de la troisième partie forment donc le fonds iconographique majeur de l'ouvrage. Ce qui frappe au premier abord, c'est la saturation, dans cet ensemble, de l'espace visuel, avec jusqu'à sept figures par planche, chacune contenant souvent la vue de plusieurs objets.

Un problème prioritaire se pose donc dans l'organisation de cet espace pour permettre l'imbrication optimisée des figures, d'autant plus que

---

51 *Idem* p. XIV.
52 *Ibid.*
53 *Idem* p. XVIII.

certaines contiennent des vues d'ensemble ou éclatée, de face, de profil ou de dessus d'un même objet, qui doivent respecter entre elles des alignements. La mise en page tolère néanmoins une forte saturation par l'isolement des formes qui flottent sur fond blanc et restent donc lisibles malgré leur juxtaposition serrée. Au total, ce sont des centaines de pièces ou d'objets complexes qui sont ainsi représentés dans un corpus de planches qui déleste le texte de passages descriptifs relatifs à la *forme* même des différents organes assemblés. On conçoit en effet la lourdeur qu'il y aurait à donner par l'écriture une idée de l'aspect formel de la plupart des pièces figurant dans les planches.

L'image s'articule donc au texte de la manière suivante : elle expose les caractéristiques formelles des pièces et des machines, dont le texte se charge d'énoncer les modalités de fabrication et d'assemblage. La planche n'est donc pas une illustration du texte, mais assume une fonction autonome à partir de laquelle le texte peut prendre le relais. Cette répartition favorise le style dynamique du discours que nous observions plus haut, dans la mesure où le texte relate essentiellement des actions et ne marque que très peu de pauses descriptives.

LES IMPLICATIONS PHILOSOPHIQUES
DE L'ENSEIGNEMENT TECHNIQUE DE NOLLET

En 1750, soit en plein cœur de la période sur laquelle s'étend la publication des *Leçons* de Nollet, paraissent le premier *Discours* de Rousseau et le *Prospectus* de l'*Encyclopédie* de Diderot. La mise en doute chez l'un d'une civilisation confiante en ses progrès, au moment où se lisent les premiers signes de son couronnement industriel, accompagne la célébration chez l'autre des arts mécaniques. Entre les travaux pionniers de Jacques Proust sur Diderot et l'étude récente d'Anne Deneys-Tunney sur Rousseau, les conceptions de la technique chez l'un et l'autre ont été déjà visitées, mais leur confrontation autour de la question précise de l'assimilation de la technique nous permet de situer la pédagogie de Nollet dans la pensée éducative du milieu du siècle.

Le patronage bicéphale d'une philosophie naissante de la technique avec Diderot et Rousseau se prolonge en effet dans sa dimension pédagogique, les « frères ennemis » ayant exploré chacun prioritairement l'une des deux voies de l'initiation technique, Rousseau la « formation initiale » dans l'*Émile*, Diderot la « formation permanente » dans l'*Encyclopédie*. Diderot, dès 1745, s'attelle ainsi à une tâche éditoriale dont les destinataires sont des individus formés. Son travail doit répondre aux exigences d'un lectorat « professionnellement et socialement circonscrit dans des limites étroites. Savants, fabricants, artisans d'arts et maîtres ouvriers, amateurs éclairés, tels sont bien en effet les collaborateurs et les lecteurs types de l'*Encyclopédie*[54] ». Leur maturité et leur expérience sont une donnée implicite. Rousseau a au contraire placé l'immaturité au cœur de son projet pédagogique. « Traitez votre élève selon son âge » rappelle-t-il contre toute tentation d'effacer la profonde différence entre l'adulte et l'enfant. Quand il s'agit de cerner cette différence, Rousseau avance le rapport du sujet à son environnement, avec cette rupture établie au début du quatrième livre de l'*Émile* : « Tant qu'il ne se connait que par son être physique, il doit s'étudier par ses rapports avec les choses : c'est l'emploi de son enfance ; quand il commence à sentir son être moral, il doit s'étudier par ses rapports avec les hommes : c'est l'emploi de sa vie entière, à commencer au point où nous voilà parvenu[55] ». Émile a alors 15 ans. On comprend dès lors que l'entière disponibilité au « rapport avec les choses » avant cet âge favorise l'initiation technique. On conçoit également que, l'enfant s'étudiant lui-même par ses rapports avec les choses, cette initiation technique du livre III de l'*Émile* participe à l'éveil de la conscience de soi.

Plutôt qu'une orientation vers l'un ou l'autre de ces pôles, l'enseignement de la physique expérimentale place Nollet dans une situation globale, par la double nature de son public. Rappelons qu'entre 1724 et 1728, c'est en tant que précepteur des enfants du greffier de Paris qu'il « fait ses premières armes en physique et apprend les techniques manuelles et artistiques du travail de différents matériaux[56] ». Bien plus tard, en 1758, il sera nommé maître de physique des « Enfants de France », les enfants du roi. Ils ont alors quatre ans (Berry), sept ans (Bourgogne)… Le premier,

54 J. Proust, *Diderot et l'Encyclopédie*, Paris, Albin Michel, 1995, p. 211.
55 Rousseau, *Émile ou De l'éducation*, Paris, GF-Flammarion, 1966, p. 277.
56 L. Pyenson et J.-F. Gauvin, *L'Art d'enseigner la physique*, op. cit. p. XIII.

le futur Louis XVI, « pendant de longues années, [...] a démonté et remonté les machines de l'abbé[57] ». Entre temps, entre 1744-1745, Nollet aura donné des leçons de physique au dauphin Louis, fils de Louis XV, alors âgé de quinze ans. Avec une carrière pédagogique qui comprend encore les cours au collège de Navarre, un fleuron de l'enseignement supérieur, et aux écoles d'artillerie et du génie (on entrait à quinze ans à l'École de Mézières), on peut considérer Nollet aux avant-postes de la formation initiale. Jean Torlais n'hésite pas à en faire l'un des inspirateurs de ces magistrats-réformateurs qui seront chargés de mettre sur pied un plan d'éducation nationale après l'éviction des Jésuites. Caradeuc, La Chalotais et d'Écreville s'accordent ainsi à juger qu'il « serait désirable que les enfants fussent, de bonne heure, familiarisés avec des globes, des sphères, des thermomètres, des baromètres, les appareils d'optique, la machine pneumatique[58] »... Quant aux ouvrages de vulgarisation de la physique qui fleurissent dans le dernier tiers du siècle, « Tous ces livres sont plus ou moins inspirés des *Leçons* de l'abbé. Son nom est dans tous. Leur méthode est la sienne[59]. » Si Nollet a nécessairement intégré à son cours le développement personnel de l'enfant, de l'adolescent ou du jeune adulte, développement sur lequel Rousseau fonde toute la pédagogie de l'*Émile*, il doit également répondre, comme Diderot, aux attentes d'un public déjà initié. Car les *Leçons*, comme *L'Art des expériences*, s'adressent aussi à tous les professeurs de physique des collèges et des universités de province, elles donnent un cadre didactique invitant à la reproduction des conditions expérimentales décrites. Dans cet horizon, « La pensée est tournée vers la technique. [...] la position de Nollet est celle de l'*Encyclopédie* qui fait une place considérable aux arts et aux métiers et aussi veut être un guide de la pratique[60]. » *L'Art des expériences* est bien ici le complément indispensable des *Leçons*, et en révèle cette portée *pratique* : « Novateur encore en ce genre de pédagogie, l'abbé, avec son *Art des expériences*, peut être considéré comme un précurseur de l'enseignement technique[61]. »

Quelles sont, concrètement, les implications philosophiques de la formation initiale ? Préoccupé par le respect de ce que *peut* son élève,

---

57 J. Torlais, *L'Abbé Nollet, op. cit.* p. 209.
58 *Idem* p. 229.
59 *Idem* p. 232.
60 *Idem* p. 240.
61 *Idem* p. 242.

Rousseau est particulièrement attentif à son développement morphologique. Il est difficile de surestimer l'importance que prend la dimension corporelle à chaque étape du processus éducatif : la libération des mouvements au livre I, l'expérience de la douleur et l'éducation sensorielle qui encadrent le livre II, la force au livre III et l'éducation sexuelle au livre IV. Jusqu'à la fin du livre II, jusqu'à ce qu'Émile atteigne sa douzième année, son éducation se limite à l'éveil corporel : « Exercez son corps, ses organes, ses sens, ses forces, mais tenez son âme oisive aussi longtemps qu'il pourra[62] ». L'introduction de la technique au livre III apparaît alors comme un prolongement au développement physique de l'enfant. L'initiation technique est à tel point l'expression de l'âge de force que Rousseau insiste sur l'orientation morphologique qui doit guider le choix d'un métier. Il en faut un qui exalte les forces viriles : « Jeune homme, imprime à tes travaux la main de l'homme[63] » ; il faut écarter toute profession « qui efféminé et ramollit le corps[64] ». Pourtant, Rousseau a, dès le second livre, écarté une certaine image de la robustesse :

> Il y a deux sortes d'hommes dont les corps sont dans un exercice continuel, et qui sûrement songent aussi peu les uns que les autres à cultiver leur âme, savoir, les paysans et les sauvages. Les premiers sont rustres, grossiers, maladroits ; les autres, connus par leur grand sens, le sont encore par la subtilité de leur esprit ; généralement, il n'y a rien de plus lourd qu'un paysan, ni rien de plus fin qu'un sauvage[65].

Au troisième stade de sa maturation, de nouveaux éléments doivent donc concourir à l'éducation d'Émile : l'éducation négative a porté l'enfant sain, robuste et ignorant jusque là, mais « l'âge de force » qu'il vient d'atteindre est le moment où il doit être éveillé à la vertu et à la vérité. L'acquisition des techniques est ainsi à la fois la poursuite de l'éducation corporelle de l'âge précédent et l'accompagnement de la première éducation « positive ». Pour s'assurer qu'Émile suive le chemin du sauvage, et que comme lui « plus son corps s'exerce, plus son esprit s'éclaire[66] », Rousseau procède par étapes. En développant l'acuité de ses sens jusqu'à ses douze ans, il avait déjà fait germer un questionnement

---

62 Rousseau, *Émile ou De l'éducation, op. cit.* p. 113.
63 *Idem* p. 260.
64 *Idem* p. 259.
65 *Idem* p. 147.
66 *Idem* p. 148.

scientifique : « Les premiers mouvements naturels de l'homme étant donc de se mesurer avec tout ce qui l'environne, et d'éprouver dans chaque objet qu'il aperçoit toutes les qualités sensibles qui peuvent se rapporter à lui, sa première étude est une sorte de physique expérimentale relative à sa propre conservation[67] ». La première partie du livre III va entamer l'explicitation de ce questionnement, mais en s'attachant toujours à l'*incorporation* de la science : la géographie, la force magnétique et les lois de la statique sont étudiées par cette voie. Émile découvre la première par le relevé topographique des lieux par lesquels il chemine, la seconde par l'artifice d'un forain – le canard aimanté – auquel assiste et participe l'enfant, les troisièmes par l'équilibrage d'un bâton. Cette incorporation de la science est aussi une expérience technique, puisque la réalisation d'instruments scientifiques, qu'Émile pratiquait avant douze ans sous une forme encore élémentaire, est étendue et systématisée à l'âge de force : « L'avantage le plus sensible de ces lentes et laborieuses recherches est de maintenir, au milieu des études spéculatives, le corps dans son activité, les membres dans leur souplesse, et de former sans cesse les mains au travail et aux usages utiles à l'homme[68] ». Mais le plus profond intérêt de cette démarche est de réintégrer l'instrument auprès de l'organe qu'il prolonge, organe qui autrement s'atrophie à mesure que l'instrumentation devient autonome :

> Tant d'instruments inventés pour nous guider dans nos expériences et suppléer à la justesse des sens, en font négliger l'exercice. Le graphomètre dispense d'estimer la grandeur des angles ; l'œil qui mesurait avec précision les distances s'en fie à la chaîne qui les mesure pour lui ; la romaine m'exempte de juger à la main le poids que je connais par elle. Plus nos outils sont ingénieux, plus nos organes deviennent grossiers et maladroits : à force de rassembler des machines autour de nous, nous n'en trouvons plus en nous-mêmes. Mais, quand nous mettons à fabriquer ces machines l'adresse qui nous en tenait lieu, quand nous employons à les faire la sagacité qu'il fallait pour nous en passer, nous gagnons sans rien perdre, nous ajoutons l'art à la nature, et nous devenons plus ingénieux, sans devenir moins adroits[69].

Passage capital qui résume pour nous l'*âme* de la technique selon Rousseau. L'incorporation est la clé de l'initiation technique d'Émile,

---

67   *Idem* p. 157.
68   *Idem* p. 227.
69   *Idem* p. 227-228.

et elle se poursuivra tout au long de son apprentissage : « En le prome-
nant d'atelier en atelier, ne souffrez jamais qu'il voie aucun travail sans
mettre lui-même la main à l'œuvre[70] ». L'imprégnation ne peut se faire
que dans l'intimité du geste, par lequel fusionnent l'organe et l'outil. Au
terme de ses trois ans d'apprentissage à raison d'une ou deux journées
par semaine, « l'habitude du corps » se sera donc prolongée dans celle
« du travail des mains[71] ».

Nollet occupe, au regard des orientations philosophiques de Rousseau,
une position paradoxale. Les réticences du philosophe à l'égard du cabinet
de physique s'éclairent[72], et la passivité de l'élève devant l'instrumentation
en usage dans le cadre expérimental est un danger évident. La variété
et l'abondance des appareils de physique, caractéristiques du cabinet si
bien garni de Nollet, jouent donc contre ce dernier dans la mesure où
ils illustrent la totale dépossession de l'élève de ses ressources « phy-
sico-techniques ». Il se retrouve alors comme dépouillé au milieu des
instruments. De fait, les *Leçons* ne laissent jamais l'apprenant que dans
une situation de spectateur, et l'essentiel des manipulations incombe au
démonstrateur. Inspiré d'un cours dont le déroulement s'étendait sur un
mois et demi, l'ouvrage convoque en outre une instrumentation dont on
conçoit mal que l'apprenant ait eu le temps de percer les secrets, l'ampleur
des phénomènes physiques à découvrir impliquant une rapide rotation
des dispositifs expérimentaux. Dans notre approche de la leçon sur la
mécanique, nous avons ainsi observé de quelle manière la rationalité
technique du discours de Nollet laissait dans l'ombre l'*ingéniosité* à la
source des machines. Pourtant, nous l'avons vu soucieux de présenter
l'origine et les évolutions des instruments les plus usuels (la machine
pneumatique par exemple), de donner les instructions nécessaires pour
les réaliser avec les exigences de précision requises (la balance)... Surtout,
nous avons constaté la parfaite continuité entre le phénomène observé
et l'instrument qui le provoque ou le mesure : Nollet explicite ainsi le
rôle de la pression atmosphérique dans la phase de fabrication même du
thermomètre (leçons sur les propriétés de l'air), montre que les fonctions
de la machine pneumatique dépendent précisément des propriétés qu'il

---

70   *Idem* p. 241.
71   *Idem* p. 263.
72   « Je ne veux pas qu'on entre dans un cabinet de physique expérimentale. Tout cet appareil
       d'instrumens et de machines me déplait », *Idem* p. 226.

doit faire connaître (mêmes leçons), etc. L'instrumentation s'explore donc simultanément aux phénomènes physiques, comme le préconise Rousseau. Nollet a en outre énoncé les qualités fondamentales du fabricant d'objets techniques de toute nature, insisté sur la simplification par laquelle tout mécanisme se réduit à une association de machines simples... Autant d'éléments visant à impliquer l'apprenant dans le processus de conception et de réalisation de l'instrumentation scientifique, et qui mettent en perspective *L'Art des expériences* dont l'une des ambitions est de sortir l'amateur de physique de la « passivité » technique. Sur le rapport au corps, si important chez Rousseau, on ne trouve certes aucune prise en compte dans le discours de Nollet du développement physique de ses élèves. En revanche, à l'occasion de notre étude de la leçon sur la mécanique, un rapport intime nous est apparu entre les ressources du corps et celles de la machine, et le fil continu de la sensorialité dans les *Leçons* traduit une volonté d'éveiller dans un même temps l'élève aux phénomènes physiques observables et à sa propre nature. Mais c'est à un autre niveau que Nollet cesse d'être ambigu par rapport à la pédagogie de Rousseau, dès lors que l'on considère l'homme derrière son discours : la personnalité qui fonde le texte des *Leçons* et leur donne leur authenticité synthétise à la fois Émile et son pédagogue. Tout ce que recommande Rousseau pour son élève, Nollet en est l'incarnation. Il s'attache à comprendre le phénomène physique et fabrique les outils nécessaires à cette compréhension, dans un même élan, comme une même *intention technique* unit dans *L'Art des expériences* fabrication et manipulation des machines expérimentales. L'habileté de Nollet, développée par sa pratique des arts mécaniques et aiguillonnée par sa curiosité, en fait à bien des égards le modèle de l'éducation rousseauiste.

En destinant son initiation à un public d'adultes, Diderot donne à sa pédagogie technique une orientation diamétralement opposée. Quand Rousseau met tout en œuvre pour préserver l'ignorance d'Émile jusqu'à l'âge de force, le défi de Diderot est au contraire de parfaire ou d'élargir les connaissances de lecteurs déjà très instruits. Le premier se défiait des discours qui véhiculent des notions vides de sens pour l'élève, le second ne dispose au contraire que du discours – suppléé par l'image – pour remplir sa mission auprès d'un lectorat déjà familier des pratiques d'atelier. Nous avons déjà signalé l'effort de Jacques Proust pour mettre en lumière les « problèmes littéraires de la technologie » qu'affronte

Diderot dans la *Description des arts*. L'ouvrage encyclopédique est donc l'expression même de la confiance accordée au livre comme moyen de médiation technique. Sur ce point, les pédagogies de Diderot et Rousseau ne peuvent se croiser : « Je hais les livres ; ils n'apprennent qu'à parler de ce qu'on ne sait pas[73] ». La formule-choc de Rousseau traduit une méfiance à l'égard de toute forme d'enseignement privilégiant la démarche intellectuelle. Le discours magistral est disqualifié : « Supposons que, tandis que j'étudie avec mon élève le cours du soleil et la manière de s'orienter, tout à coup il m'interrompt pour me demander à quoi sert tout cela. Quel beau discours je vais lui faire ! », et Rousseau imagine alors les savantes réflexions dont il pourrait étourdir Émile, pour conclure « Quand j'aurai tout dit, j'aurai fait l'étalage d'un vrai pédant, auquel il n'aura pas compris une seule idée[74] ». La culture livresque est donc totalement écartée : « Dans les premières opérations de l'esprit, que les sens soient toujours ses guides : point d'autre livre que le monde, point d'autre instruction que les faits. L'enfant qui lit ne pense pas, il ne fait que lire ; il ne s'instruit pas, il apprend des mots[75] ». Aussi l'atelier est-il, de préférence à la bibliothèque, le véritable lieu de l'instruction : « Au lieu de coller un enfant sur des livres, si je l'occupe dans un atelier, ses mains travaillent au profit de son esprit : il devient philosophe et croit n'être qu'un ouvrier[76] ».

La position de Nollet est une fois encore difficile à situer dans cet antagonisme. À la lecture de *L'Art des expériences*, on ne peut guère l'éloigner de Rousseau, et les *Leçons*, issues de l'observation et de l'expérience, appellent continuellement l'apprenant à reproduire la pratique expérimentale qu'elles exposent. Le discours scientifique et technique de Nollet a un caractère opératif, il est une médiation pour convoquer l'apprenant, l'amateur de physique ou le professeur de province dans le cabinet de physique ou dans l'atelier, non un exposé visant à délivrer une culture « livresque ». Telle est en tout cas sa vocation première. Au fil de ses rééditions, le Cours de Nollet a pourtant fini par s'inscrire dans un patrimoine scientifique où le discours se suffit à lui-même. Nous avons déjà cité les *Mémoires* de Bachaumont, dans lesquels l'ouvrage de Nollet

---

73   *Idem* p. 238.
74   *Idem* p. 232.
75   *Idem* p. 215.
76   *Idem* p. 228.

apparaît, dans les années 1780, comme la synthèse des connaissances que doit acquérir tout amateur de physique. Succès ambigu : tant que les *Leçons* inspirent le goût de l'expérience, elles remplissent leur fonction ; dès lors qu'elles satisfont un désir de ne connaître que le fruit d'expériences réalisées par d'autres, elles s'exposent à la critique de Rousseau...

Considérées sous l'angle de la « performance » stylistique à communiquer les conditions techniques de l'expérience, les *Leçons* et *L'Art des expériences* s'inscrivent dans la continuité du travail de Diderot. Nous avons signalé plus haut le rapprochement par J. Torlais entre Nollet et l'*Encyclopédie*. D'une certaine manière, Nollet a pu se retrouver dans la situation de Diderot qui devait exploiter des mémoires techniques : les *Leçons* abondent de références aux ouvrages d'autres expérimentateurs et présentent de nombreuses expériences qui leur sont empruntées, indiquant un travail sous-jacent de compilation et de réécriture. Quelle que soit l'origine des expériences décrites, G. L'. Turner considère que « L'art du discours expérimental atteignit son apogée avec les *cours de physique* de l'abbé[77] », et J. Torlais que « La clarté extrême de l'auteur demeure frappante[78] ». La précision terminologique est manifeste par le lexique en italique, accompagné de définitions, employé pour décrire les outils et pratiques de l'artisanat ; les premières leçons sur les propriétés des corps – dans lesquelles les arts mécaniques occupent une place importante – sont à rapprocher sur ce point de *L'Art des expériences*, lui-même assez proche de la *Description des arts*. C'est bien sûr l'organisation générale du discours qui, chez Nollet, diffère principalement des articles techniques de Diderot. Nous avons vu les effets du discours technique *par un technicien* sur la convergence des statuts auteur-fabricant-lecteur et sur la résolution partielle des problèmes d'exposition discursive des machines expérimentales. L'extraction dans un esprit polytechnique des procédures techniques est une autre entorse au cloisonnement encyclopédique par *arts*.

Les destinataires de la pédagogie de Rousseau et de Diderot n'étant pas les mêmes, le renversement de perspective ne traduit pas nécessairement un antagonisme foncier, et pourrait même s'envisager comme une complémentarité de démarches parfaitement symétriques dans leur

---

77   Gerard L'E. Turner, « Éduquer par la voie de l'expérience », dans *L'Art d'enseigner la physique, op. cit.* p. 4.
78   J. Torlais, *L'Abbé Nollet, op. cit.* p. 78.

opposition. C'est ce qui permet de situer Nollet sur une « ligne médiane » et d'envisager ce qu'il peut partager avec l'un *et* l'autre dans des ouvrages visant à la fois les néophytes et les démonstrateurs. L'antagonisme est plutôt à rechercher dans l'intention qui a guidé l'un vers l'enfant et l'autre vers l'adulte.

L'éducation négative, qui écarte les influences extérieures comme autant de souillures, la profonde solitude qui entoure le plus souvent l'élève comme son guide, signalent à quel point l'initiation technique d'Émile trouve sa source dans un pessimisme radical à l'égard de la société humaine. Si le cinquième livre couronne l'ouvrage par un élargissement socio-politique de la formation d'Émile, cette ouverture garde l'extériorité du voyageur qui traverse les sociétés sans s'y mêler. Car dans les dernières lignes du livre III, Rousseau a déjà défini la place d'Émile parmi les hommes : « Il se considère sans égard aux autres, et trouve bon que les autres ne pensent point à lui. Il n'exige rien de personne, et ne croit rien devoir à personne. Il est seul dans la société humaine, il ne compte que sur lui seul[79] ». La technique, maîtrisée sous toutes ses formes, est la garantie de l'adaptabilité de l'élève, donc de sa parfaite indépendance, car « Émile n'est pas un sauvage à reléguer dans les déserts, c'est un sauvage fait pour habiter les villes[80] ». À l'inverse, Diderot inscrit ses efforts d'« instruction » dans un vaste projet réformateur qui traduit sa confiance en les ressources de la société humaine. L'éducation permanente via l'*Encyclopédie* est un témoignage de la capacité d'auto-formation, une prise en main chez une élite éclairée de sa destinée collective. Dans l'article « Art », il aime d'ailleurs envisager les possibles extensions du *Dictionnaire* hors des bornes de la collaboration encyclopédique : « Que [les artistes] fassent des expériences ; que dans ces expériences chacun y mette du sien ; que l'artiste y soit pour la main-d'œuvre ; l'académicien pour les lumières et les conseils, et l'homme opulent pour le prix des matières, des peines et du temps[81] ». *Émile* est une refondation à partir de l'individu isolé, la *Description des arts* la mobilisation exaltée de toutes les ressources du corps social. Cette fois, la position de Nollet semble univoque : ce serait celle de Diderot.

79   Rousseau, *Émile, op. cit.* p. 271.
80   *Idem* p. 267.
81   Article « Art », dans Diderot, *Œuvres*, tome 1, Philosophie, Paris, Robert Laffont, 1994, p. 275.

Si Rousseau incite son élève à un questionnement critique face à tout apprentissage, à partir de l'évaluation *À quoi cela peut-il m'être utile ?*, l'utilité chez Nollet comme chez Diderot n'est mesurée qu'à l'échelle de la collectivité. Les ressources techniques sont chez l'un et l'autre des ressources du corps social, et toutes les *applications* qui parachèvent les expériences de Nollet signalent le réinvestissement attendu des connaissances pour servir l'intérêt public.

Le technicien Nollet n'en produit pas moins, principalement dans la première partie de *L'Art des expériences*, un discours technique ambivalent. D'une part, il se fonde sur l'hypothèse du « Physicien dénué de tout secours », dans l'obligation d'agir en Robinson Crusoë de la physique expérimentale, construisant lui-même son établi, son tour, etc. À tous les passages que nous avons déjà signalés, on pourrait ajouter celui où il part de la supposition qu'il n'y a pas de fondeur à proximité[82], celui où il explique la réalisation d'un fourneau, « si vous n'êtes point à portée des ouvriers[83] », ou encore celui où il montre la manière de courber les verres, alternative possible à l'achat des verres disponibles chez les miroitiers et horlogers[84]... D'autre part, Nollet multiplie les incitations à entrer en contact avec les artisans. On constate d'abord que s'il envisage la construction de certains outils, il recommande très souvent de s'approvisionner chez les marchands spécialisés (les « Quinquaillers » sont souvent mentionnés), ce qui pousse le lecteur à effectuer les premières démarches pour s'inscrire dans le réseau de la sociabilité technique. En lui indiquant par exemple où se procurer les scies, qui « se trouvent toutes préparées chez les Quinquaillers qui tiennent Magazin d'outils pour les Horlogers, les Ébénistes[85] », ou en lui conseillant tel outil qui « se trouve tout fait chez les Marchands de Quincaillerie[86] », Nollet place le lecteur dans la position de l'artisan face à ses fournisseurs. Par ailleurs, Nollet ne cesse de lui vanter le savoir-faire des artisans, ce qui doit l'inciter à visiter leurs ateliers ; il lui donne une vision dynamique de certains métiers ; il lui indique à quels artisans s'adresser pour faire réaliser tels « vaisseaux » (potiers, verriers), tels miroirs, telles pièces de métal (« pour des plateaux de fer, demander ceux dont se servent les

---

82 *AE*, voir p. 115 et suivantes.
83 *Idem* p. 216.
84 *Idem* voir p. 222-223.
85 *Idem* p. 16.
86 *Idem* p. 39.

Chapeliers[87] »), etc. ; il lui montre enfin qu'il doit collaborer directement avec les artisans (comme avec le boisselier pour réaliser un soufflet d'émaillage[88])...

Cette ambivalence est celle de Nollet lui-même. Anthony Turner souligne ainsi que s'il a toujours été « habile à réaliser ses propres instruments », si « Les nombreux instruments réalisés par Nollet pour illustrer ses causeries étaient fabriqués par lui-même et quelques autres ouvriers qu'il forma lui-même », dès 1730 « il supervisait plus qu'il ne fabriquait les instruments scientifiques ». C'est de la sorte qu'il suivit un « stratagème » par lequel « D'artisan spécialisé, restreint à un petit cercle de savants, Nollet devint une figure mondaine[89] ». L'originalité du discours technique de *L'Art des expériences* tient précisément à ce qu'il est le produit d'une figure double du fabricant de machines expérimentales, à la fois artisan et entrepreneur. On ne saurait sous-estimer la valeur testamentaire de l'ouvrage, en considérant qu'après le stratagème désigné par A. Turner, Nollet abandonne le masque et laisse enfin s'exprimer librement son habileté native et son goût pour la pratique artisanale. *L'Art des expériences* n'en garde pas moins l'empreinte de la « supervision » grâce à laquelle Nollet a pu gravir les échelons du corps social, ascension que nous pouvons appréhender moins comme un désir de mondanité que comme un nouveau stratagème pour accomplir la mission qu'il s'est donnée : la diffusion la plus large de la physique expérimentale. Dans une société aristocratique, cette diffusion doit en effet s'élargir par le haut.

Les orientations pédagogiques de Diderot et Rousseau s'éclairent enfin par la relation particulière qu'ils entretiennent avec le monde de l'artisanat. Un passage de la correspondance de Rousseau apporte un éclairage personnel déterminant sur son rapport aux arts mécaniques : « Cet état des artisans est le mien, celui dans lequel je suis né, dans lequel j'aurais dû vivre, et que je n'ai quitté que pour mon malheur[90] ». Extrait d'une lettre au docteur Tronchin datée de novembre 1758, ce regret nous laisse imaginer dans quel rapport affectif et mélancolique à l'état d'horloger – auquel il a le sentiment d'avoir été arraché – il commence à rédiger, la même année, l'*Émile*. Il poursuit : « J'y ai reçu

---

87   *Idem* p. 100.
88   *Idem* voir p. 192.
89   A. Turner, « Les sciences, les arts et le progrès », dans *L'Art d'enseigner la physique, op. cit.* p. 36-37.
90   Rousseau, *Correspondance générale*, Voltaire Foundation, 1965, lettre 743, 26.11.1758.

cette éducation publique, non par une institution formelle, mais par des traditions et des maximes qui, se transmettant d'âge en âge, donnaient de bonne heure à la jeunesse les lumières qui lui conviennent, et les sentiments qu'elle doit avoir. À douze ans, j'étais un Romain, à vingt j'avais parcouru le monde et n'étais plus qu'un polisson». La correspondance des âges ne peut manquer de nous frapper : à douze ans, Émile commencera son initiation technique et son apprentissage en atelier. L'âge autobiographique de la première corruption et de l'éloignement du monde artisanal paternel devient l'âge de force d'Émile, comme si devenant son propre père Rousseau rectifiait sa destinée. Entre les deux premiers livres qui développent les principes de l'éducation négative, et le quatrième livre et sa *Profession de foi du vicaire savoyard*, le livre III d'*Émile* a paru plus discret, quand il recèle peut-être la part la plus intime des « rêveries d'un visionnaire sur l'éducation[91] ». Mais le cheminement jusqu'à la réappropriation par l'écriture d'un « état d'artisan » commence sans doute bien avant la correspondance avec le docteur Tronchin. Des années où il resta proche de Diderot, Rousseau n'a pu qu'être intéressé de près aux démarches entreprises pour la rédaction des articles de la *Description des arts*[92]. Ces démarches, le *Prospectus* nous montre à quel point elles ont dû absorber le temps et l'énergie de Diderot :

> On s'est adressé aux plus habiles [ouvriers] de Paris et du royaume. On s'est donné la peine d'aller dans leurs ateliers, de les interroger, d'écrire sous leur dictée, de développer leurs pensées, d'en tirer les termes propres à leurs professions, d'en dresser des tables, de les définir, de converser avec ceux dont on avait obtenu des mémoires, et (précaution presque indispensable) de rectifier dans de longs et fréquents entretiens avec les uns, ce que d'autres avaient imparfaitement, obscurément, et quelquefois infidèlement expliqué[93].

Quelle influence l'ardeur de Diderot dans l'exécution de cette tâche a-t-elle eue sur Rousseau ? Celui-ci semble en avoir conservé la volonté de comprendre. Ainsi Émile, ni simple « amateur éclairé », ni simple ouvrier, est-il sans cesse animé par la volonté de démystifier la technique :

---

91 Rousseau, *Émile*, Préface, *op. cit.* p. 32.
92 De 1745 à 1750, Diderot prend en charge à lui seul la *Description des arts*, avec des sources de seconde main qu'il remanie. Voir J. Proust, *Diderot et l'Encyclopédie*, *op. cit.* p. 151.
93 Diderot, *Prospectus* de l'*Encyclopédie* [1750], dans *Œuvres*, Philosophie, *op. cit.* p. 221.

> Lecteur, ne vous arrêtez pas à voir ici l'exercice du corps et l'adresse des mains de notre élève ; mais considérez quelle direction nous donnons à ses curiosités enfantines ; considérez le sens, l'esprit inventif, la prévoyance ; considérez quelle tête nous allons lui former. Dans tout ce qu'il verra, dans tout ce qu'il fera, il voudra tout connaître, il voudra savoir la raison de tout ; d'instrument en instrument, il voudra toujours remonter au premier ; il n'admettra rien par supposition ; il refuserait d'apprendre ce qui demanderait une connaissance antérieure qu'il n'aurait pas : s'il voit un ressort, il voudra savoir comment l'acier a été tiré de la mine ; s'il voit assembler les pièces d'un coffre, il voudra savoir comment l'arbre a été coupé ; s'il travaille lui-même, à chaque outil dont il se sert, il ne manquera pas de se dire : Si je n'avais pas cet outil, comment m'y prendrais-je pour en faire un semblable ou pour m'en passer[94] ?

Il est en cela bien éloigné des « artistes » interrogés par Diderot :

> ...la plupart de ceux qui exercent les arts mécaniques ne les ont embrassés que par nécessité, et n'opèrent que par instinct. À peine entre mille en trouve-t-on une douzaine en état de s'exprimer avec quelque clarté sur les instruments qu'ils emploient et sur les ouvrages qu'ils fabriquent. Nous avons vu des ouvriers qui travaillaient depuis quarante années sans rien connaître à leurs machines[95].

Émile serait donc un ouvrier post-encyclopédique, un artisan fictif déjà travaillé dans la matrice de son concepteur comme ces artisans sur lesquels Diderot appliquait sa maïeutique : « Il nous a fallu exercer avec eux la fonction dont se glorifiait Socrate, la fonction pénible et délicate de faire accoucher les esprits, *obstetrix animorum*[96] ». Rousseau nous semble avoir intégré le travail de Diderot dans la réinvention de sa destinée personnelle à partir de l'âge de force.

C'est sans doute ici que l'on prend le mieux la mesure du rôle exceptionnel que joue un homme comme Nollet. Fils de cultivateur, il a conquis cet état d'artisan dont Rousseau déplore pour sa part la perte. Il est le technicien que Rousseau aurait voulu être, il est aussi celui que Diderot a partout interrogé : sa maîtrise polytechnique aurait dû en faire un interlocuteur privilégié de l'encyclopédiste. S'il ne l'a pas été, c'est sans doute parce que les *Leçons*, et plus encore *L'Art des expériences*, forment en fait un projet rival de celui de la *Description des arts* : Nollet n'a pas eu à « faire accoucher les esprits » d'artisans ignorant les secrets de

---

94 *Idem* p. 244.
95 *Idem* p. 221.
96 *Ibid.*

lcurs machines ; il conçoit les machines, les réalise, et produit lui-même le discours qui les décrit. Il *est* l'ouvrier post-encyclopédique que nous désigne Émile. Rivalité de démarches, donc, mais non réelle concurrence, puisque le discours de Nollet se cantonne à une production technique exclusive, celle de l'appareillage expérimental et de l'instrumentation scientifique, quand Diderot embrasse la totalité de la production des arts mécaniques. Dans ses ambitions pédagogiques, le Cours de Nollet – *Leçons* et *Art des expériences* – trouve donc légitimement sa place au côté de la *Description des arts* et de l'*Émile*.

Antoine Léon a signalé le tribut que doit l'éducation technique à l'« éducation réaliste » dont Diderot et Rousseau se font les promoteurs[97]. Nous pouvons encore insister sur la présence native de la technique dans cette refonte de l'éducation. On trouve dans l'article « Éducation » de l'*Encyclopédie*, de Dumarsais, cette recommandation : « On devroit faire connoître [aux enfants] la pratique des arts, même des arts les plus communs ; ils tireroient dans la suite de grands avantages de ces connoissances. » Plus loin, c'est la curiosité pour la mécanique qui est brièvement valorisée : « On trouveroit dans la description de plusieurs machines d'usage, une ample moisson de faits amusans & instructifs, capables d'exciter la curiosité des jeunes gens ». Enfin l'idéal scolaire est pris, significativement, sur le modèle de l'école militaire[98] (la participation de Nollet à l'enseignement délivré en école militaire nous incite à être attentif à cette orientation). L'article « Études militaires », de Le Blond, peut donc apparaître comme un complément à cet idéal éducatif. Qu'y trouve-t-on ? Une large ouverture aux mathématiques, aux sciences appliquées et à la mécanique, en bref une formation complète d'ingénieur : après l'arithmétique, la géométrie, la fortification, les relevés topographiques, « on passera aux Méchaniques & à l'Hydraulique ». Encore ce parcours n'est-il pas linéaire ; il évolue par progrès successifs

97   Voir Antoine Léon, *La Révolution française et l'éducation technique*, Paris, Société des Études Robespierristes, 1968, p. 31-42.

98   « Nous avons dans l'école militaire un modele d'*éducation*, auquel toutes les personnes qui sont chargées d'élever des jeunes gens, devroient tâcher de se rapprocher ; soit à l'égard de ce qui concerne la santé, les alimens, la propreté, la décence, &c. soit par rapport à ce qui regarde la culture de l'esprit. On n'y perd jamais de vûe l'objet principal de l'établissement, & l'on travaille en des tems marqués à acquérir les connoissances qui ont rapport à cet objet : telles sont les Langues, la Géométrie, les Fortifications, la science des Nombres, &c. ce sont des maîtres habiles en chacune de ces parties, qui ont été choisis pour les enseigner. »

en alternant les matières, assurant une formation à la fois théorique et pratique, scientifique et technique, qui réalise bien des ambitions de l'idéal éducatif « réaliste » des Lumières. Cet idéal se concrétise dans tous les établissements dédiés à l'enseignement technique, qui fleurissent dans la seconde moitié du XVIIIe siècle[99] et dont Antoine Léon a explicité les structures et les programmes[100]. Dans ce projet que l'on pourrait être tenté de considérer comme le testament de l'Ancien Régime dans le domaine de la pédagogie, la technique est définitivement intégrée dans la formation universaliste de l'individu.

Les voies à la fois complémentaires, divergentes et articulées l'une à l'autre qu'ont tracées Rousseau et Diderot sont donc également celles qu'a empruntées Nollet, mais par un cheminement original. Elles n'ont pas cessé d'être explorées, notamment dans la philosophie des techniques. Gilbert Simondon, distinguait toujours dans les années 1960 deux formes principales d'accès aux techniques : le mode majeur de l'éducation encyclopédique technologique, propre à l'adulte, et le mode mineur de la technologie pédagogique, propre à l'enfant[101]. Jean-Pierre Séris, plus récemment, en appellait à l'une et l'autre pour dépasser la disparité des cultures techniques qui éparpille la figure de l'*homo faber*. Selon lui, l'école, l'enseignement, l'instruction et le livre, « conçus comme affranchis d'une soumission aux intérêts quotidiens de la vie et dégagés de toute finalité professionnelle stricte[102] », doivent concourir à compléter la polytechnicité chère à Rousseau. Et l'on peut conclure avec lui sur cet écho de la dépréciation tenace du travail manuel que constatait Diderot : « nous attendons encore beaucoup d'une *culture générale* ». Les *Leçons* et *L'Art des expériences* ne sont-ils pas à ce titre un formidable témoignage de l'élan qui portait au XVIIIe siècle vers une telle culture ?

---

99   Voir Roger Hahn et René Taton, *Écoles techniques et militaires au XVIIIe siècle*, Paris, Hermann, 1986.

100 Voir Antoine Léon, *La Révolution française et l'éducation technique, op. cit.*

101 G. Simondon, *Du mode d'existence des objets techniques*, Paris, Aubier, 1958, p. 106-108.

102 Jean-Pierre Séris, *La Technique*, Paris, P.U.F., 1994, p. 146.

NOLLET DANS LE PROJET DE DIFFUSION
DU XVIIIᵉ SIÈCLE

Ardent vulgarisateur de la physique expérimentale, fréquentant assidûment les ateliers, académicien impliqué plus largement dans le réseau de l'élite savante européenne, pédagogue en charge de l'éducation des enfants de France, enseignant par ailleurs en école d'ingénieurs et en école militaire, Nollet est à l'évidence l'acteur d'une sociabilité étendue qui permet de mieux saisir l'enjeu de la technique dans la conduite de la destinée collective au XVIIIᵉ siècle. Mais l'œuvre de Nollet présente également l'intérêt d'exprimer au plus haut degré la tension entre l'exposition rationnelle d'un génie technique – qu'on peut rattacher aux emblématiques projets de description des arts ou à l'institutionnalisation du profil de l'ingénieur – et des forces obscures de ce même génie technique qui puisent leur source dans l'inconscient du travail manuel. Rappelons ici l'une des *Pensées sur l'interprétation de la nature* dans laquelle Diderot assimile l'expérimentateur à un manouvrier mettant en œuvre des dispositifs expérimentaux qui ont « le caractère de l'inspiration » et sont habités par un « esprit de divination ». Se trouve ainsi perpétuée, par la physique expérimentale, une dimension de la technique que portaient déjà les ingénieurs de l'Antiquité : « Chez le *mechanopoios*, le personnage du démiurge archaïque, parent du magicien, paré du prestige un peu inquiétant des pouvoirs exceptionnels que lui confère sa *métis*, se transpose dans la figure de l'ingénieur, aux prises avec la nature, et qui peut, par ses artifices savants, la contraindre à produire des merveilles[103]. » La science-spectacle, dont Nollet exploite les ressources tout en en dépassant sans cesse les limites, offre un cadre propice aux *merveilles* de l'expérimentateur, par ailleurs situé sur la même ligne médiane que son antique ancêtre : « Parce que les forces de la *phusis*, avec lesquelles il joue et dont il expose le maniement, recèlent une *dunamis*, puissance de vie rebelle à l'analyse logique, il se situe sur un plan étranger aussi bien à la science rationnelle du pur théoricien

---

103 J.-P. Vernant, « Remarques sur les formes et les limites de la pensée technique chez les Grecs », dans *Revue d'histoire des sciences et de leurs applications*, tome 10, n° 3, 1957, p. 219.

qu'à la routine aveugle de l'homme de métier[104]. » Les sources du génie technique, que les écrits de Nollet maintiennent dans l'obscurité au point de ne jamais éclairer – jusque dans les recherches sur l'électricité dont nous attendions leur dévoilement – l'inventivité et l'ingéniosité dans la conception des dispositifs expérimentaux, se dérobent effectivement à l'analyse logique.

Les contradictions du profil de Nollet, tiraillé entre le savant et l'artisan, sont en outre révélatrices d'ambiguïtés profondes dans le projet de socialisation de la connaissance scientifique qui anime le siècle des Lumières. Nous avons déjà évoqué l'attention prêtée à ces contradictions par A. Turner, qui fait observer que le savant et l'artisan n'accèdent pas à la même reconnaissance sociale et que Nollet a dû faire usage d'un « stratagème » pour tracer sa voie dans la société du XVIIIe siècle. L'accession de Nollet aux rangs académiques apparaît comme la réussite de ce stratagème : « Être élu à l'Académie devint rapidement la chose la plus convoitée par le savant ambitieux qui, lorsqu'il avait acquis le titre de "membre de l'Académie", le chérissait autant que s'il s'était agi d'un titre de noblesse[105] ». Mais bien au-delà de son parcours professionnel et de son ascension sociale, l'appartenance de Nollet à la communauté académique a des implications profondes sur sa situation dans la « révolution culturelle » du XVIIIe siècle. Roger Hahn, dans son « anatomie » de l'Académie des Sciences de Paris, rappelle plus généralement la place accordée au savoir dans la construction d'une civilisation éclairée par la raison : « L'intellectuel vivait désormais dans le *saeculum*, parmi les hommes et il orientait ses efforts vers la communauté[106]. » Comme d'autres « abbés savants », l'*abbé* Nollet, par sa première vocation ecclésiastique détournée vers la science, s'est engagé dans la physique expérimentale au travers d'un dévouement sacerdotal conforme aux exigences de l'ambitieux projet du siècle : « Dans une telle entreprise, la fonction de l'homme du savoir se transforma complètement. Comme porteur d'une nouvelle idéologie, on demandait à l'intellectuel d'assumer une tâche presque surhumaine. Inconsciemment, il s'appropria une série d'idéaux qui avait jadis servi au clergé[107]. »

---

104 *Ibid.*
105 Roger Hahn, *L'Anatomie d'une institution scientifique. L'Académie des Sciences de Paris, 1666-1803* (1969), Paris, Éditions des Archives contemporaines, 1993, p. 49.
106 *Idem* p. 51-52.
107 *Idem* p. 50.

Ce projet des Lumières, tel qu'il s'exprime avec le plus d'évidence dans l'*Esquisse* de Condorcet[108], dans les dernières années du siècle, est marqué des orientations philosophiques qui sont déterminantes pour la diffusion des sciences. Yves Jeanneret dégage de l'essai de Condorcet trois principes fondamentaux dont deux nous intéressent particulièrement : « *l'histoire est un espace lisse où se déploie le pouvoir de connaissance de l'homme*[109] », et « *le destin des sociétés dépend de la capacité qu'ont les savants d'y occuper une place réellement centrale, mais aussi d'adopter une attitude centrifuge*[110] ». Ces deux principes s'articulent, puisque la « surestimation de l'autonomie des activités cognitives[111] » conduit à la reconnaissance de la centralité sociale du savant et de sa mission, et c'est précisément l'étape de diffusion de la connaissance qui forme cette articulation : « Dès qu'un savoir s'engage dans un processus de communication tel que celui que rêve et décrit Condorcet [...] il contribue à instituer certains types de rapports sociaux[112]. » La vocation pédagogique de Nollet s'inscrit ainsi dans un processus dynamique de transfert du savoir : « la modernité elle-même était fondée sur la transformation des habitudes d'action et de pensée qui devait se réaliser avec l'instruction de larges franges de la société[113]. » L. Hilaire-Perez montre comment, au travers de la figure de l'inventeur, ce transfert est également un enjeu de la sphère technique du XVIIIᵉ siècle :

> Par son talent et son travail, l'inventeur doit contribuer à la cohésion de la société, non créer un déséquilibre. Seule la concorde mène au progrès. Ce rêve de paix sociale, inséparable de la libre circulation de l'information, confère une mission à l'inventeur. Auteur d'une rupture dans le domaine du savoir, il est tenu d'œuvrer pour la diffusion de son invention dans un large public qui est en droit de s'informer et que l'on juge capable d'apprendre. Ainsi l'opposition aux monopoles rejoint-elle l'idéal académique[114].

Même constat, selon Hélène Vérin, du côté des ingénieurs. Les devis qu'ils rédigent dans le cadre des chantiers publics seraient l'expression la

---

108 Condorcet, *Esquisse d'un tableau historique des progrès de l'esprit humain* (1795, posthume).
109 Yves Jeanneret, *Écrire la science*, Paris, P.U.F., 1994, p. 44.
110 *Idem* p. 45.
111 *Idem* p. 44.
112 *Idem* p. 50.
113 Roger Hahn, *L'Anatomie d'une institution scientifique*, *op. cit.* p. 52.
114 Liliane Hilaire-Pérez, *L'Invention technique au siècle des Lumières*, Paris, Albin Michel, 2000, p. 131.

plus manifeste de leur mission sociale : « La publication du contrat contribue *de facto* à une nouvelle obligation sociale : celle de délivrer textuellement un savoir qui, jusqu'alors, ne se transmettait que dans le secret des ateliers, dans l'espace privé des manufactures, de le rendre public, de le rendre au public[115]. »

Mais les rapports sociaux de la diffusion scientifique – ou technique – sont triangulaires, impliquant le peuple, le pouvoir et les savants, et présentent un risque de fracture que Condorcet relevait dans les stades primitifs de l'humanité, mais qui sont présents dans toute société à l'intérieur de laquelle se forme une élite savante : « J'entends cette séparation de l'espèce humaine en deux portions : l'une destinée à enseigner, l'autre faite pour croire ; l'une cachant orgueilleusement ce qu'elle se vante de savoir, l'autre recevant avec respect ce qu'on daigne lui révéler[116] ». Là encore, la sphère technique est directement impliquée, comme le remarque Hélène Vérin sur la double interprétation possible de la création de l'école des ponts et chaussées :

> Dans la première, on reconnaîtra les idées des encyclopédistes, selon lesquels il existe un pouvoir propre de la connaissance à améliorer la « société des hommes ». Il suffit de favoriser sa propagation, l'application des sciences aux arts, la diffusion des savoirs pratiques, transmis jusqu'alors dans le secret des ateliers, pour faire exploser les limites entre théorie et pratique, entre sciences, arts et métiers, et développer dans un même progrès l'esprit et l'industrie humaine. [...] Toutefois, nous savons que la création de ces écoles répondait à des décisions politiques et à d'autres impératifs : et nous entrons ici dans la seconde interprétation de la fonction sociale des ingénieurs au XVIIIe siècle. Ils devaient permettre le contrôle des productions et, surtout, des productivités[117].

Entre partage du savoir et confiscation du pouvoir par une communauté scientifique, le projet des Lumières est ambigu. L'*épistémocratie* prendra chez Saint-Simon une tournure radicale, ouvrant chez lui sur un système rationnel de répartition des rôles adapté à l'époque industrielle[118].

Nous avons souvent eu l'occasion, jusqu'ici, de rapprocher l'œuvre de Nollet du projet de l'*Encyclopédie*, principalement dans sa partie *Description des arts*. Le travail technologique de Diderot est la référence

---

115 Hélène Vérin, *La Gloire des ingénieurs, op. cit.* p. 229.
116 Condorcet, *Esquisse d'un tableau historique des progrès de l'esprit humain* (1795, posthume), *Œuvres complètes*, 1804, t. XVIII, p. 27-28.
117 Hélène Vérin, *La Gloire des ingénieurs, op. cit.* p. 202.
118 Voir Yves Jeanneret, *Écrire la science, op. cit.* p. 130.

majeure du partage du savoir dans l'ordre technique. On ne doit pourtant pas surestimer la diffusion de l'*Encyclopédie*, parue à 14000 exemplaires seulement[119], dont une partie destinée à des souscripteurs étrangers. Diffusion confidentielle, surtout si on la ramène aux proportions de ce qui apparaît comme l'une des plus grandes aventures éditoriales jusqu'alors, et qui nous invite à reconsidérer l'étendue de la divulgation technique. « Ceux qui se disent eux-mêmes "philosophes" et qui se targuent d'être "éclairés par la lumière de la raison" ont conscience de n'être qu'une petite minorité, celle des "honnêtes gens". Aussi se réservent-ils la parole de vérité qu'il serait vain et périlleux de répandre largement. On peut donc parler légitimement d'un ésotérisme des Lumières[120] ». Ce principe général introduit un contre-courant dans la *libre circulation* des savoirs, auquel Rousseau apporte une posture philosophique emblématique.

La critique générale des arts et des sciences dans son premier *Discours* vise principalement les beaux-arts et la connaissance philosophique, à l'image des paroles de Socrate, « le plus sage des hommes [...] faisant l'éloge de l'ignorance[121] » après avoir exprimé son mépris des poètes et des artistes. Les arts mécaniques et la technique occupent une place assez indéterminée qu'on devine à mi-chemin, selon leur utilité, entre l'ensemble des sciences et des arts libéraux qui sont un témoignage de décadence et la saine agriculture qui doit fonder les sociétés vertueuses. C'est leur développement au-delà d'un certain degré qui les fait entrer dans le domaine du luxe condamné par Rousseau. Dans le rapport que les arts mécaniques entretiennent avec la nature, la connaissance doit donc être contenue par les mêmes bornes que celles qui entourent les sciences : « Peuples, sachez donc une fois que la nature a voulu vous préserver de la science, comme une mère arrache une arme dangereuse des mains de son enfant ; que tous les secrets qu'elle vous cache sont autant de maux dont elle vous garantit, et que la peine que vous trouvez à vous instruire n'est pas le moindre de ses bienfaits[122] ». Le secret est donc un frein bénéfique que la technique, dans son rapport à la nature, ne doit pas chercher à lever complètement. Le perfectionnement des arts

---

119 Selon l'estimation de R. Darnton.
120 Roland Mortier, *Le XVIIIᵉ siècle français au quotidien*, Paris, Ed. Complexe, 2002, p. 12.
121 Rousseau, *Discours sur les arts et les sciences* (1750), Paris, G.-F., 1971, p. 45.
122 *Idem* p. 46.

dans le sens d'un progrès qui arrache à la nature ses secrets, tel qu'il est promu par l'*Encyclopédie*, rencontre ici un adversaire.

Dans son analyse de la fin du *Discours sur les sciences et les arts*, Anne Deneys-Tunney signale la position originale de Rousseau par rapport à la diffusion de la technique : en célébrant contre toute attente les grands savants et artistes et en appelant à leur intégration par l'autorité politique, Rousseau entend soustraire les arts et les sciences au vulgaire. La création des académies sous Louis XIV revêt à ce titre une importance majeure : du sein des arts et des sciences, il « tira ces sociétés célèbres chargées à la fois du dangereux dépôt des connaissances humaines, et du dépôt sacré des mœurs[123] ». L'Académie des Sciences, qui encadre les connaissances techniques, se verrait alors attribuer un rôle exactement opposé à celui de la diffusion, en empêchant la divulgation hors du cadre restreint des élites culturelles. Ici encore apparaît clairement le contre-pied pris par rapport à la grande entreprise de circulation des pratiques et des savoirs du projet encyclopédique, précisément formé à partir des connaissances rassemblées par l'Académie des Sciences. La dissidence rousseauiste est formée, et la technique, celle des ateliers comme celle des ingénieurs, est appelée à la confidentialité au même titre que l'ensemble des arts et des sciences. Diderot, après avoir affirmé la nécessité de divulguer les secrets, poursuivait dans l'article « Encyclopédie » :

> Je sais que ce sentiment n'est pas celui de tout le monde : il y a des âmes étroites, des âmes mal nées, indifférentes sur le sort du genre humain, et tellement concentrées dans leur petite société, qu'elles ne voient rien au-delà de son intérêt. Ces hommes veulent qu'on les appelle bons citoyens ; et j'y consens, pourvu qu'ils me permettent de les appeler *méchants hommes*. On dirait, à les entendre, qu'une *encyclopédie* bien faite, qu'une histoire générale des arts ne devrait être qu'un grand manuscrit soigneusement renfermé dans la bibliothèque du monarque, et inaccessible à d'autres yeux que les siens ; un livre de l'État, et non du peuple.

La critique sévère des *bons citoyens*, orientée contre les héritiers du mercantilisme qui raisonnent en termes de concurrence des États, peut aussi se lire comme une réponse à Rousseau, à qui Diderot s'est déjà adressé plus haut dans l'article : la *petite société* ne doit pas être seule détentrice de la connaissance.

---

123 *Idem* p. 55.

La voie ésotérique répond ainsi à des motivations différentes : mercantilisme, élitisme ou individualisme. La conception d'une rivalité entre États assimile le patrimoine technique à une arme économique et les secrets doivent en être jalousement gardés pour conserver leur efficacité. Entre la guerre de Sept Ans (1756-1763) et le Traité de Commerce franco-anglais de 1786, si désavantageux pour la France, la tension avec l'Angleterre est forte et contribue à nourrir cette conception. Si la logique économique du mercantilisme, fondée sur l'accumulation des richesses (parfois définies de manière très étroite), semble dépassée au milieu du XVIIIe siècle ; si les discours d'économie politique – depuis le patriotisme aux accents parfois féroces de Montchrestien au XVIIe siècle, jusqu'au « régime industriel » universel et pacifique que Saint-Simon appellera de ses vœux au début du XIXe siècle – traduisent un infléchissement vers une conception supra-nationale du patrimoine technique, le réveil tout proche des États-Nations sous l'impulsion des conquêtes napoléoniennes souligne l'ancrage profond du mercantilisme. La motivation élitaire, souhaitée par Rousseau dans son premier *Discours*, entend quant à elle limiter l'initiation technique à un cercle restreint. Rousseau envisageait celui des Académies, mais on peut également y inclure l'héritage corporatif de la transmission confidentielle du savoir-faire. À quoi s'ajouterait encore la sociabilité des salons de l'abbé Baudeau ou de Pahin de la Blancherie, sociétés d'émulation scientifique, industrielle et technique avant l'heure, mais toujours à l'intérieur d'une sphère des élites[124]. La culture sociale du XVIIIe siècle est par essence celle de la sociabilité réduite : c'est depuis longtemps celle des salons, bientôt celle des clubs, et déjà celle des loges maçonniques, en plein essor en France depuis les années 1730. Il est d'ailleurs curieux d'observer de quelle manière des

---

124 « Les années 1780 et la période révolutionnaire sont fertiles en musées, sociétés et lycées à Paris. Parmi eux, deux institutions se distinguent par leur précocité et leur intérêt pour la novation technique : le Salon de Pahin de La Blancherie, en germe dès 1773, installé en 1777, et la société de l'abbé Baudeau, de 1776 [...]. Le Salon de La Blancherie expose des œuvres d'art et des objets techniques et veut promouvoir les talents, au besoin par une aide financière. Il s'apparente à un club, au recrutement souple, et dont la mission est de susciter des réseaux entre savants, artistes et hommes de lettres ». Les membres de la société de l'abbé Baudeau ont un profil mieux défini : « Fidèle à son postulat en faveur des propriétaires, la Société d'émulation rassemble un public d'élite. Elle est patronnée par de grands seigneurs et peuplée d'hommes de loi et d'hommes d'État, à l'instar des académies provinciales », L. Hilaire-Pérez, *L'Invention technique au siècle des Lumières, op. cit.* p. 209-212.

écoles de pensée à vocation universelle en viennent à retrouver les réflexes de cette sociabilité ; ce sera le cas de « la secte physiocratique », comme la désignent tous ceux qui remarquent la solidité des liens qui unissent les « Économistes », le secret qui peut entourer leurs agissements et parfois l'hermétisme de leur langage. Les saint-simoniens prolongeront cette tradition sectaire. La motivation individualiste, enfin, est celle de Rousseau quand il façonne dans l'*Émile* son « sauvage dans la société », cet être irréductiblement seul qui doit s'approprier les techniques dans le cadre d'une expérience unique de l'outil, du corps, et de la nature. On pourrait être tenté de lier cet individualisme à celui qui fonde la propriété intellectuelle du brevet, reconnaissance juridique et morale du droit exclusif de l'inventeur sur son procédé technique qui prend forme au XVIIIᵉ siècle.

Ces stratégies du silence se déploient – hormis celle du Rousseau de l'*Émile* – dans le cadre d'une confiscation de la connaissance par une quelconque forme de pouvoir (encore pourrait-on considérer que la maîtrise technique de Rousseau, en tant que condition de la libération de l'individu, est une réappropriation par celui-ci du *pouvoir* de diriger sa propre existence…). C'est dans une œuvre de Restif de la Bretonne, *La Découverte australe par un homme-volant ou le Dédale français* (1781), que nous avons trouvé l'expression la plus saisissante d'une collusion entre savoir et pouvoir, d'autant plus intéressante pour nous que le récit dévoile plus spécifiquement la formation fantasmée d'une *technocratie*. Le confinement de la connaissance technique est l'enjeu central du pouvoir. Victorin, « l'homme volant » de Restif, incarne en effet la corrélation entre pouvoir et technique. Devenu, anonymement, « un des plus habiles horlogers de l'Europe », il réalise des mécanismes, telle une montre marine, dont la valeur est reconnue de tous. Le narrateur glisse alors cette remarque : « Je croirais assez, d'après cela, que les premiers monarques furent des marchands, des machinistes, des gens habiles, qui se firent respecter par leurs richesses et par leur utilité[125] ». Sur le Mont-inaccessible, lieu où l'inventeur de la machine volante a fondé sa propre société, présentée par ailleurs comme une république où règne l'égalité, Victorin demeure le seul à savoir voler, jusqu'à ce que ses fils l'apprennent à son insu : « Victorin n'avait pas encore songé à apprendre

---

à ses enfants à se servir d'ailes pareilles aux siennes. Loin de là, il avait toujours apporté la plus grande attention à se cacher. Mais se voyant découvert, il comprit qu'il n'avait pas d'autre moyen d'élever sa famille au-dessus des autres habitants du Mont, que de leur donner la faculté exclusive de voler[126] ». Ainsi naît une aristocratie technique. Fondée sur la souveraineté de Victorin, la préservation de cette autorité apparaît comme une dimension majeure du monde utopique : « tu es plus en sûreté, que beaucoup de princes d'Allemagne ou d'Italie, dont les États sont mille fois plus vastes que les tiens : ils n'ont qu'une autorité précaire, et la tienne est absolue[127] ». Le souverain du Mont-inaccessible semble même parfois pris de délire, quand se mêlent le vertige des espaces aériens et l'ivresse du pouvoir : « je pourrais encore me rendre l'arbitre des différends des rois et des nations, et leur interdire la guerre[128] »…

Par rapport à cette ambiguïté du projet de diffusion de la connaissance dans son orientation sociale, le discours technique de Nollet offre des perspectives originales.

La question de la sociabilité n'est en effet pas extrinsèque au discours scientifique, et les enjeux de l'appartenance de Nollet au réseau de diffusion scientifique de son siècle doivent pouvoir se retrouver dans son œuvre. C'est en tout cas ce qu'Yves Jeanneret nous invite à rechercher quand il introduit dans la vulgarisation scientifique la notion de *représentation sociale*. Empruntée à Serge Moscovici, qui l'emploie à propos de la diffusion de la psychanalyse auprès du grand public[129], l'expression désigne la connaissance acquise socialement, et Y. Jeanneret la lit comme une construction idéologique qui s'exprime « de façon privilégiée dans le modèle imagé (la boule de l'atome) ou dans le schéma fonctionnel (tableaux, diagrammes)[130]. » Nous avons relevé, dans notre approche des *Leçons* et des écrits sur l'électricité, la métaphorisation qui caractérisait l'exposé d'une théorie de la matière, celle-ci étant décrite comme criblée de *pores* remplis du feu élémentaire, source de toute fluidité ; l'air, composé de *petites lames tortillées*, nous est apparu comme un corps *à ressort*, qui se glisse dans les pores des corps distillés pour former des *globules*, des *petites colonnes* ou des *fils enroulés en pelotons* ; l'électricité se figure par des *filets*

---

126 *Idem* p. 150.
127 *Idem* p. 166.
128 *Idem* p. 168.
129 Voir Serge Moscovici, *La Psychanalyse, son image et son public*, Paris, P.U.F., 1961.
130 Yves Jeanneret, *Écrire la science, op. cit.* p. 113.

de matière qui se *tamisent* dans les pores et jaillissent en *aigrettes*, selon le système des *effluences* et *affluences*... Autant d'indices des modalités cognitives qui déterminent l'idéologie à l'œuvre dans l'étape du partage de la connaissance (que ce partage se fasse horizontalement avec les pairs académiques ou verticalement au travers de la vulgarisation). Car les formalismes qui s'expriment traduisent une psychologie sociale dont Y. Jeanneret fait remarquer qu'elle restait au XVIIIe siècle opaque à elle-même : « Le projet vulgarisateur issu des lumières reposait assez largement sur la conviction que l'esprit de l'ignorant est vide ». Il s'avère désormais que « les études sur les représentations sociales de la science partagent au contraire le choix de prendre au sérieux les modes de raisonnement du lecteur[131] ». Le discours scientifique contient donc, par anticipation et de manière prismatique, toutes les caractéristiques de ce que Hans Robert Jauss a désigné comme *horizon d'attente*[132] pour le texte littéraire. Jean-Claude Beaune parle d'ailleurs, à propos des métaphores matérielles telles que celles qui sont employées par Nollet, de « pré-langage de la science », ce qui indique à quel point elles appartiennent à la structure intime de la connaissance scientifique, comme une intériorisation des procédures discursives par lesquelles elle se révèlera par la suite à son lectorat. C'est ce que Marie-Françoise Mortureux met en lumière avec le « tourbillon » de Descartes, qui renvoie à un modèle hydraulique de l'univers : le concept est créé à partir de la métaphore[133]. On comprend alors à quel point la formulation scientifique est une opération cruciale qui tend à abolir la distinction entre la formation de la connaissance et sa capacité à se transmettre. Jean-Marie Albertini rappelle « ce principe du grand vulgarisateur qu'était Léonard de Vinci : "N'est science que science transmissible"[134] »...

Mais, beaucoup plus profondément que le jeu métaphorique, c'est bien le discours technique qui, dans la transmission de la connaissance scientifique, nous semble recéler le plus puissant système de représentation

---

131 *Idem* p. 115.

132 Voir Hans Robert Jauss, *Pour une esthétique de la réception* (trad. française), Paris Gallimard, 1978.

133 Voir Marie-Françoise Mortureux, « À propos du vocabulaire scientifique dans la seconde moitié du XVIIe siècle », dans *Langue Française* n°. 17, *Les Vocabulaires techniques et scientifiques* (février 1973), p. 72-80.

134 Jean-Marie Albertini, « Les confessions d'un vulgarisateur devenu chercheur », dans S. Aït el Hadj et C. Belisle (éd) *Vulgariser, un défi ou un mythe ?*, Chronique sociale, Lyon, 1985, p. 57.

sociale de la physique expérimentale telle que l'enseigne ou la partage Nollet. L'horizon technique qu'ouvre Nollet dans toutes les rubriques *Applications* de ses *Leçons* – dès lors qu'elles convoquent les réalisations des artisans et des ingénieurs –, contient ainsi en lui-même sa représentation de rapports sociaux : « Chaque objet technique est la pétrification de rapports sociaux qu'il contribue à instaurer, à perpétuer et à modifier, et c'est précisément en cela qu'il est possible d'apercevoir la caractéristique sociale essentielle de la technique[135]. » Il ne faut pas en rester à ces ouvertures sur l'environnement technique : toute la construction langagière qui anime le discours scientifique de Nollet est révélatrice. Bernard Quemada remarque une tension entre le langage scientifique et le langage technique : à la « spontanéité » des terminologies techniques, « à leurs trouvailles lexicales », les terminologies scientifiques « visent à construire artificiellement des métalangages systématiquement hiérarchisés (taxinomies), alors que les précédentes doivent faire face, par des nomenclatures ouvertes, aux sollicitations innombrables et parfois redondantes de la dénomination descriptive ou évocatrice[136]. » Or cette tension s'exprime chez Nollet sous la forme d'une *médiation*. Outre qu'au XVIIIe siècle se forme précisément par la technologie « une langue savante et unifiée de la technique[137] » qui trouve nécessairement sa place dans le discours de Nollet, celui-ci est investi par la mise en scène des machines expérimentales, les *applications* des *Leçons* font place aux réalisations de l'ingénierie et aux pratiques des arts mécaniques, *L'Art des expériences* montre la contiguïté de l'atelier et du cabinet de physique… de telle manière que la physique expérimentale se formule alors *au travers* d'une terminologie technique dominante, qui tend à évacuer le « métalangage » scientifique dont Nollet fait un usage très réservé, et qui ne connaît par ailleurs qu'un développement encore restreint au XVIIIe siècle. Si, comme l'affirme Y. Jeanneret, « La science se définit […] comme un procès particulier et réglé d'élaboration du sens, une sémiose spécifique, dans laquelle la nature des signes et les caractères de la connaissance ne peuvent être dissociés[138] », on mesure à quel point la

---

135 Philippe Roqueplo, *Penser la technique. Pour une démocratie concrète*, Paris, Éditions du Seuil, 1983, p. 32.
136 Bernard Quemada, « Technique et langage », dans B. Gille (éd.), *Histoire des techniques*, Gallimard, Pléiade, 1978, p. 1154.
137 Y. Jeanneret, *Écrire la science, op. cit.* p. 86.
138 *Idem* p. 85.

physique de Nollet est liée à son système de « signes » techniques, à quel point celui-ci forme un système symbolique qui détermine l'orientation majeure des *représentations sociales* à l'œuvre dans son discours.

Peut-être faut-il ici souligner la concordance des discours technique et littéraires du XVIIIe siècle pour mesurer la portée de ces représentations sociales. Si l'on retient la notion de « système technique » avancée par Bertrand Gille[139], la production littéraire n'est-elle pas susceptible de figurer au sein d'un tel système et de porter en elle, dans sa trame la plus intime, la trace de son environnement technique ? La lecture croisée, par Jacques Proust, de l'article « Bas » et du *Neveu de Rameau*[140] éclaire par exemple le prolongement romanesque de l'interrogation chez Diderot de « ce qu'il pouvait y avoir de machinique dans l'esprit humain[141] ». On pourrait encore chercher dans *Jacques le Fataliste*, avec ses cent quatre-vingt cassures et ses vingt-et-une histoires, la mise en œuvre d'une narration complexe[142] inspirée d'un quelconque procédé technique. Sterne, auquel Diderot emprunte « autant le sujet d'une histoire que cette technique narrative consistant à faire de la digression l'instrument de la progression du récit[143] », nous épargne cet effort en décrivant lui-même sa démarche au travers d'une métaphore mécanique : « Cet ingénieux dispositif donne à la machinerie de mon ouvrage une qualité unique : deux mouvements inverses s'y combinent et s'y réconcilient quand on les croit prêts à se contrarier. Bref, mon ouvrage digresse, mais progresse aussi, et en même temps[144] ». Dans son étude de « la poétique de la prose française au XVIIIe siècle », Jacques Proust – encore – met en lumière des aspects du roman qui dépassent le cas spécifique de Diderot. Observant

---

139 « … en règle très générale toutes es techniques sont, à des degrés divers, dépendantes les unes des autres, et […] il faut nécessairement entre elles une certaine cohérence : cet ensemble de cohérences aux différents niveaux de toutes les structures, de tous les ensembles et de toutes les filières compose ce que l'on peut appeler un système technique », Bertrand Gille, *Histoire des techniques, op. cit.* p. 19.

140 Voir J. Proust, *L'Objet et le Texte*, Genève, Droz, 1980, p. 187-207.

141 Antoine Picon, *L'Art de l'ingénieur*, Paris, Éditions du Centre Georges Pompidou, 1997, p. 32.

142 Voir Érich Köhler, « L'unité structurale de *Jacques le fataliste* », dans *Philologica Pragensia*, 1970, XIII, p. 186-187.

143 Barbara K.-Toumarkine, préface de *Jacques le fataliste*, Paris, Garner-Flammarion, 1997, p. 23. Voir aussi sur ce point la préface d'Yvon Bélaval à son édition de *Jacques le Fataliste*, Paris, Gallimard, 1973.

144 Laurence Sterne, *Vie et opinions de Tristam Shandy* (1759-1767), Paris, Garnier-Flammarion, 1982, p. 82.

le traitement de la durée dans *Le Paysan parvenu*, il décrit ainsi ce qui fait à la fois l'originalité et les limites du roman de Marivaux :

> Au total, *Le Paysan parvenu* est, comme seront les automates de Vaucanson, une machine très ingénieuse, parfaitement agencée pour donner l'illusion de la vie. Si l'on met à part quelques exceptions d'autant plus remarquables, Marivaux n'a pas réussi – mais le désirait-il ? – à donner à la structure de son roman et aux personnages qui l'animent une véritable profondeur. Les trois plans dans lesquels se déroule son récit sont agencés de façon extrêmement habile mais ce n'est en fin de compte qu'un jeu d'optique : des miroirs différemment inclinés, où les images cent fois reflétées du jeune paysan, du narrateur vieillissant et du lecteur même se confondent en un seul visage, en réalité toujours pareil à lui-même[145].

À la recherche des « faits de structure », Jacques Proust commente encore la mort de Manon dans l'*Histoire du chevalier des Grieux et de Manon Lescaut*, « roman conçu comme système », « machinerie merveilleusement agencée », animée par des « lois de transformation[146] ». L'article de Peter Brooks sur « les éléments d'une énergétique du récit » à partir de Stendhal, sous le titre éloquent *Machines et moteurs du récit*, illustre cette approche dans le siècle suivant[147]. Mais avant cela, au crépuscule de l'Ancien Régime, Sade n'illustre-t-il pas le mieux cette intégration de l'imaginaire technique dans le processus même de l'écriture ? « Dans la république barbelée de Sade, il n'y a que des mécaniques et des mécaniciens », affirme Camus[148]. Maurice Blanchot nous représente également l'univers sadien comme une mécanique : « ce monde étrange n'est pas composé d'individus, mais de systèmes de forces, de tension plus ou moins élevée[149] », sorte de machine dont la dynamique met en œuvre le « principe de l'énergie[150] ». Michel Delon, qui a suivi pas à pas l'évolution culturelle de ce principe dans la seconde moitié du XVIIIe siècle[151], évoque par ailleurs les « machines gothiques », l'ingéniosité mécanique devenant, chez Sade ou Révéroni Saint-Cyr, une voie angoissante dans la quête de

---

145 J. Proust, *L'Objet et le texte*, *op. cit.* p. 52-53.
146 *Idem* p. 112-118.
147 Dans *Romantisme*, 1984, nº 46, p. 97-104. Voir aussi l'ouvrage qui développe cette conception, *Reading for the plot : Design and intention in narrative*, Harvard University Press, 1984.
148 Albert Camus, *L'Homme révolté*, Paris, Gallimard, 1951, p. 51.
149 Maurice Blanchot, *Sade et Restif de la Bretonne*, Bruxelles, Éditions Complexe, 1986, p. 57.
150 *Idem* p. 54.
151 Voir Michel Delon, *L'Idée d'énergie au tournant des Lumières*, Paris, P.U.F., 1988.

la souffrance infligée[152]. La critique, au travers du réseau métaphorique de la machine, semble percevoir la dimension emblématique d'une écriture qui découvre au XVIIIe siècle sa propre « texture » technique.

Or l'univers mécanique qui imprègne certains courants littéraires s'éclaire bien mieux par la connaissance et l'usage des machines expérimentales, familières du public cultivé de salon, que par les machines de production qui n'entreront dans l'espace culturel qu'au siècle suivant. La porosité des discours permet ainsi le transfert de l'écriture descriptive du texte scientifique au texte littéraire : dans son étude de la description dans le roman français des Lumières, Christof Schöch[153] montre que l'*ekphrasis*, le discours « qui donne à voir », fait l'objet d'interrogations concomitantes dans les sciences et les belles-lettres. Daubenton et Buffon, Diderot et d'Alembert, Dorat et Bérardier de Bataut, naturalistes, encyclopédistes, théoriciens du récit, mais encore poètes descriptifs, voyageurs, critiques d'art, etc., tous s'interrogent en même temps sur les ressources langagières pour stimuler la représentation mentale d'une scène ou d'un objet. Édouard Guitton envisage encore plus nettement la transversalité de l'écriture descriptive : « une conversion à la méthode expérimentale est à l'origine de toute esthétique descriptive[154] ». L'inventivité littéraire dévoile ses propres rouages dès lors que le texte se pense lui-même en s'écrivant, au travers d'une forme d'enchantement pour la technique. La machinerie littéraire, que Jacques Proust assimile dans certains cas à la fascination pour les machines de Vaucanson, participe d'un sens de la *constructivité* qui imprègne également la physique expérimentale où l'artifice se donne comme une illusion de la nature. Celle-ci est complètement filtrée par une construction technique, comme l'art en vogue des jardins filtre ailleurs le monde végétal. Plaisir partout étendu de l'expérience artificielle – art des expériences –, cette constructivité déborde dans les élans réformistes qui animent toute pensée sociale, économique ou politique. L'Émile de Rousseau, prélude en contrepoint enthousiaste à la créature de Frankenstein, traduit de manière emblématique cette aspiration à réformer l'homme au travers d'un discours rationnel fondé sur la construction expérimentale.

---

152 Voir Michel Delon, « Machines gothiques », dans *Europe*, 1984, n° 659.

153 Christof Schöch, *La Description double dans le roman français des Lumières* (1760-1800), Paris, Garnier, 2011, p. 68 à 116.

154 Édouard Guitton, *Jacques Delille et le poème de la nature*, Paris, Klincksieck, 1974, p. 17.

Nous devons également prendre en compte, pour comprendre l'implication du discours technique dans une culture sociale, la véritable fonction de ce discours. Nous ne l'avons pour l'instant considéré que comme espace de représentation, mais cet espace est lui-même à resituer dans le cadre de la pensée opérative. Yves Jeanneret souligne l'importance du rapport entre la vulgarisation et la pratique scientifiques :

> L'image, les objets semblent les moyens les plus directs de constituer un référent. C'est l'une des raisons pour lesquelles la manipulation et la démonstration ont été très tôt cultivées par les vulgarisateurs. Mais le recours à ces procédés pose la question de la pratique à laquelle peut accéder le public de la vulgarisation. Plus fondamentalement, la vulgarisation ne peut guère se passer du récit pour faire exister la réalité qu'elle décrit. C'est ce qui explique la place considérable de la narrativité dans le texte de vulgarisation. [...] il s'agit de produire un univers imaginaire et de le charger de (l'illusion d'une) réalité[155].

Cette narrativité est bien à l'œuvre chez Nollet, dans les *récits d'expériences* des *Leçons* ou des ouvrages et mémoires scientifiques, comme dans les *récits de construction* de *L'Art des expériences*. Mais on ne saurait considérer ici « la question de la pratique » comme un obstacle contourné par le discours. Si Nollet promet dès les *Leçons* un ouvrage ultérieur sur la mise en œuvre des conditions expérimentales, c'est parce qu'il n'envisage pas de remplacer la pratique par le discours, mais bien *d'enjoindre par son discours le lecteur à reproduire les expériences exposées*. Nous avons vu d'ailleurs ce que, d'un point de vue stylistique, engendrait dans *L'Art des expériences* la dynamisation d'un discours entièrement tourné vers sa mise en pratique, au travers de l'implication du lecteur, des tournures injonctives ou de l'emploi du futur. Dans son approche de la vulgarisation scientifique, Philippe Roqueplo fait naître un « soupçon épistémologique et pédagogique » en montrant que « la connaissance scientifique se dénature lorsqu'elle efface ou oublie les conditions de sa propre production[156] ». Sa critique radicale porte sur l'illusion d'une diffusion de la science sans un accès direct à l'expérience, créant chez le public « un formidable contresens sur la signification et la portée de ce qui lui est ainsi exposé[157] ». En alternative aux mythes modernes de scientificité, Ph. Roqueplo recommande « une initiation sérieuse à

---

155 Y. Jeanneret, *Écrire la science*, *op. cit.* p. 106-107.
156 Philippe Roqueplo, *Le Partage du savoir*, Paris, Seuil, 1974, p. 89.
157 *Idem* p. 105.

la méthode expérimentale et au type de raisonnement qui lui corres-pond[158] ». Le discours technique de Nollet apparaît ici profondément cohérent dans les modalités de transmission qu'il implique et répond aux plus hautes exigences d'un véritable partage du savoir. La référence encyclopédique atteint dès lors les limites de sa validité. S'il est vrai que « tous les articles de l'*Encyclopédie* insistent beaucoup sur l'*expérience* comme source unique de toute connaissance[159] », chaque article de physique se conçoit comme la transmission directe d'une connaissance *préalablement* établie par voie expérimentale, ce qui est bien différent de l'ambition de Nollet...

Nous pouvons, à ce stade de notre réflexion, tenter de clarifier le *statut* du discours technique de Nollet. Dans la typologie que dresse M.-F. Mortureux en distinguant « discours scientifique » (ce serait celui de Descartes), « discours savant » (les professeurs de physique cartésienne) et « discours vulgarisateur » (Fontenelle)[160], les écrits de Nollet occupent une place qui varie selon leur teneur. Les *Leçons* relè-veraient dans l'ensemble du discours savant, tandis que les mémoires académiques et les écrits sur l'électricité, exposant des recherches, relèveraient du discours scientifique. Le discours vulgarisateur, en revanche, échapperait à Nollet, dès lors que ce dernier ne développe pas une stratégie proprement littéraire, du moins fictionnelle, permettant aux notions scientifiques de prendre place dans un espace culturel très codifié. La dimension opérative du discours technique perturbe en fait cette répartition. Fondées sur un enseignement délivré *in situ* auprès d'un public cultivé, et destinées à des amateurs éclairés invités à repro-duire les expériences décrites, les *Leçons* s'adressent à un lectorat déjà acquis à la pratique scientifique. Tandis que Fontenelle mettait en scène une marquise et introduisait les ressources de l'art de la conversation dans l'énoncé du système scientifique, les grandes dames[161] se pressent au cours de physique expérimentale de Nollet. À partir du moment où une culture technique émerge dans l'aristocratie – où la pratique

---

158 *Idem* p. 197.
159 G. Vaissels, « L'Encyclopédie et la physique », *op. cit.* p. 316.
160 Voir M.-F. Mortureux, *La Formation et le fonctionnement d'un discours de vulgarisation scien-tifique au XVIIe siècle à travers l'œuvre de Fontenelle*, Université Lille III, Didier Érudition, 1983, p. 584-588.
161 Mme du Châtelet mentionne en 1736 que l'abbé Nollet « me mande qu'on ne voit à sa porte que des carosses de duchesses, de pairs et de jolies femmes ».

expérimentale s'est déjà *vulgarisée* –, un discours qui nourrit, de manière opérative, cette culture technique est en soi œuvre de vulgarisation. Sans doute faudrait-il ouvrir un quatrième type de discours pour désigner l'ensemble de l'œuvre de Nollet ; nous avions vu en *L'Art des expérience* un *manifeste* de la démarche expérimentale, et l'on ne doit pas perdre de vue le grand objectif poursuivi par Nollet : favoriser l'éclosion dans les collèges et universités de province des cabinets de physique. Résolument tourné vers la pratique, le discours de Nollet ne se range décidément nulle part ailleurs que dans la rubrique du *discours opératif.* D'autant plus enclin à faire émerger un système cohérent de représentations sociales qu'il rencontre un public ouvert à la pratique expérimentale – et plus largement à toutes les pratiques impliquant une quelconque dimension mécanique –, le discours technique opératif de Nollet rencontre bien sûr des résistances : le cadre d'une pratique ludique et anecdotique de la physique expérimentale, peut-être stimulée par un effet de mode, est sans doute encore rarement dépassé. Mais le pas franchi par le public non spécialiste est suffisant pour le mettre en phase avec la communauté scientifique : le discours technique déploie pour ces deux lectorats le même système de représentations sociales, quand il fallait distinguer les formalismes du discours scientifique de ceux du discours vulgarisateur dans la dichotomie Descartes/Fontenelle.

C'est donc d'après le statut de son discours technique qu'il faut situer Nollet dans le projet ambigu du partage de la connaissance. En orientant tout son effort vers la mise en pratique, en donnant toujours avec ses descriptifs expérimentaux les moyens de leur reproductibilité technique, Nollet crée les conditions d'accès, dans les *Leçons* et *L'Art des expériences*, à un véritable savoir scientifique. En ce sens, le succès de son œuvre ne devrait pas se mesurer en nombre de tirages ou de rééditions ; celui des cabinets d'amateurs ou de collèges de province équipés selon ses instructions serait bien plus éloquent. Combien d'instruments ont été fabriqués sur le modèle de ceux qu'il décrit ? Parmi les expériences qu'il rapporte, combien ont été reproduites ? Là sont, dans chaque prolongement pratique du discours, les innombrables « succès » de Nollet. En cela, la diffusion de la connaissance est assurément son objectif prioritaire, et nous serions tenté d'établir un parallèle entre sa démarche et celle qui s'instaure outre-Atlantique. En effet, Yves Jeanneret, en s'appuyant notamment sur l'analyse du sociologue américain Daniel

J. Boorstin[162], met en lumière une opposition entre le cadre scientifique français – une communauté savante façonne une connaissance qu'il s'agit ensuite de vulgariser – et le cadre américain d'une « science populaire » conçue dans son expression la plus radicale comme « un mélange curieux d'empirisme et de populisme ». Il s'agit ici que chacun « reconnaisse sa propre aptitude scientifique et se sente engagé à la cultiver[163] ». Si Nollet s'approche nettement de ce modèle américain, il n'échappe pas pour autant à la contradiction qui détermine la tension paradoxale dans le rapport français au partage du savoir. Son discours technique induit en effet directement cette contradiction : pour être pleinement efficace, il doit s'épanouir dans un contexte privilégié, qu'il s'agisse de l'initiative privée d'un amateur de physique assez fortuné pour investir dans une instrumentation coûteuse ou de celle d'un établissement appartenant au réseau institutionnel centralisé. Dans tous les cas, le discours opératif entérine et conforte le statut d'une élite cultivée et les ramifications pédagogiques d'une politique culturelle. Insistons ici sur la signification socio-politique de l'appartenance de Nollet à l'Académie des Sciences, dont Roger Hahn définit ainsi le projet original :

> ... l'élitisme et le rationalisme, considérés comme les composants essentiels du nouveau mouvement intellectuel, trouvèrent un puissant allié dans les tendances centralisatrices et bureaucratiques que développait l'État absolutiste. Les concepts d'ordre, de contrôle et de pouvoir attiraient aussi bien les planificateurs de l'État que les nouveaux dirigeants de l'esprit, au point que l'idée d'une collaboration entre eux apparut presque naturelle[164]...

---

162 Voir Daniel J. Boorstin, *Histoire des Américains* (1re trad. française 1958), Paris, Armand Colin, 1981.

163 Yves Jeanneret, *Écrire la science, op. cit.* p. 196-198.

164 Roger Hahn, *L'Anatomie d'une institution scientifique,* Parsi, Éditions des archives contemporaines, 1993, p. 62-63.

CONCLUSION

Nous avons pu constater, au fil de notre approche des écrits de Nollet, à quel point la technique référentielle interagissait avec la technique expérimentale. Dès les premières leçons sur les propriétés des corps, puis dans celles sur la nature et les propriété du feu, enfin avec l'optique, nous avons ainsi observé la continuité entre la pratique des arts mécaniques, l'instrumentation du physicien, et le modèle théorique sur la structure de la matière ; nous pouvons ainsi comprendre le rôle de la technique dans le déterminisme scientifique qui anime la physique de Nollet et sans doute plus largement la physique expérimentale classique. Par ailleurs, la centralité de la physique du feu dans le Cours de Nollet permet la diffusion d'un imaginaire issu de l'atelier dans l'ensemble de sa doctrine physique. Les arts mécaniques sont convoqués dès les premières leçons pour apporter des preuves expérimentales, mais c'est surtout le modèle théorique de l'eau fondé sur une « mécanique du feu » qui nous a introduits dans un cadre théorique où tout renvoie – du moins en ce qui concerne le feu, la lumière et l'électricité – à une modélisation formée sur la technique référentielle des *Applications*, notamment le travail du verre. Cette mobilisation de la pratique des arts mécaniques dans la formation de la connaissance, depuis la stimulation de schèmes cognitifs élémentaires jusqu'à l'expression métaphorique du support théorique global, nous paraît être l'apport le plus original de Nollet. L'ensemble des leçons sur la mécanique rationnelle (statique et dynamique) et sur la mécanique pratique nous a également permis d'établir le lien puissant qui unit l'objet technique et le raisonnement scientifique, au point de projeter dans le *mécanisme* les modalités de la pensée scientifique, tant sous l'angle de la rationalité que de celui de l'ingéniosité : la machine, partout présente dans l'appareillage expérimental, incarne à la fois la rigueur logique du raisonnement et l'inventivité nécessaire à la production de l'hypothèse scientifique. Lorsque, dans les leçons sur la mécanique rationnelle, l'épaisseur théorique s'accompagne « naturellement » d'une complexification du dispositif expérimental, lorsque la technique, avec les leçons sur l'air, se dévoile comme principe structurant de la connaissance, ou lorsqu'enfin l'optique s'affirme comme une techno-science, c'est à chaque fois la cognition qui se trouve stimulée par une *production technique*. La médiation instrumentale ouvre à elle seule de vastes perspectives dans le champ culturel du XVIIIᵉ siècle. Exposer l'optique comme une techno-science, c'est souligner la dynamique d'entraînement mutuel de la découverte technique et de la découverte scientifique, mais peut-être plus profondément signaler l'identité de nature entre les deux et désigner l'objet technique comme la matérialisation d'un raisonnement. C'est en tout cas ce qui nous est apparu très nettement dès que la machine a été posée, dans les leçons sur la statique et la dynamique, comme un enjeu théorique fondamental. Le dépassement d'un seuil technique, que nous désignent les leçons sur l'air, est de la même manière l'annonce du dépassement scientifique prochain de Lavoisier, et la modélisation du planétaire impose enfin l'incontournable expression technique de la conception de l'univers. L'*Encyclopédie* donne un large écho à cet enseigne-ment de la physique expérimentale qui fait de la machine l'horizon du raisonnement. Théorie de la connaissance en acte, l'*Encyclopédie* a en effet pour objet de questionnement les fondements de la pensée scientifique :

> Le travail de l'entendement humain décrit tout au long de l'*Encyclopédie* à travers la description des sciences, des arts et des métiers éclaire la formation des concepts dont la formulation appartient aux articles du dictionnaire traités par les spécialistes. La priorité est donnée aux processus de leur construction. C'est donc une théorie de la connaissance qui constitue le fondement sur lequel les éditeurs de l'*Encyclopédie* ont construit leur projet[1].

On peut dès la partie initiale du projet encyclopédique, la *Description des arts*, faire état des analogies entre machine et pensée qui ont rendu possible la mise en ordre des futurs articles du *Dictionnaire*. L'article « Bas » énonce l'une de ces analogies. Nous avons également évoqué la bipartition encyclopédique entre la rationalité projetée dans le méca-nisme et la fascination pour l'inventivité que recèle l'*engin*. Les leçons de Nollet sur les propriétés de l'air, à mi-parcours, nous ont montré la technique comme un principe structurant de la connaissance du monde

---

1   Martine Groult, *D'Alembert et la mécanique de la vérité dans l'Encyclopédie*, Paris, Champion, 1999, p. 15-16.

physique. Avant cela, la leçon sur la mécanique nous était déjà apparue comme l'indice d'une phase de maturité dans laquelle se dévoilaient les ressources d'un appareillage scientifique qui restait jusque là à démystifier. L'entrée en possession des moyens techniques d'investigation accompagnait la connaissance du monde physique. Ce rôle d'adjuvant à la *construction* de la connaissance est sans doute celui qui prédomine dans « l'efficacité » du discours technique auprès de l'apprenant. Mais la totalité du corpus des appareils expérimentaux dévoile également son potentiel de *consolidation* unificatrice d'une connaissance qui risque de se morceler dans l'éparpillement des phénomènes physiques : objets isolés, dispositifs et machines réapparaissent dans différentes leçons, favorisant une unification du rapport à la nature sous les auspices de la technique. La machine pneumatique, par exemple, polarise des connaissances sur les propriétés des corps, sur la dynamique, l'air ou l'électricité, et par là cristallise par sa manipulation étendue les souvenirs des expériences menées sur ces champs de la physique. La technique est alors un facteur d'unité permettant la continuité mémorielle dans le parcours pédagogique des phénomènes du monde physique. On peut ici encore rapprocher le Cours de Nollet du contexte encyclopédique pour dégager l'ambition de totalisation de la connaissance physique qui le sous-tend. Car au-delà du vaste « panorama » des phénomènes étudiés, balayage de l'ensemble des connaissances physiques de l'époque d'autant plus précieux qu'il précède un éclatement des savoirs scientifiques, on constate surtout la forte cohérence du Cours, en cela plus proche de la *Méthodique* que de l'*Encyclopédie* de Diderot et d'Alembert. Cette cohérence repose évidemment sur la structuration du parcours dans les champs de la physique, mais aussi sur l'unification que lui confère l'itinéraire sensoriel. La constitution au fil des *Leçons* du *réseau technique* demeure néanmoins la véritable ossature du cours de physique expérimentale, qui ouvre par là même un nouvel horizon à ses objectifs de totalisation, puisque l'arrière-plan de *L'Art des expériences* appelle une mobilisation des savoir-faire des arts mécaniques. Autre caractéristique fondamentale, l'implication du corps dans la démarche expérimentale, qui permet de lier ensemble la corporéité, l'instrumentation scientifique et le phénomène physique. Encore ne faut-il pas voir l'instrumentation comme une simple interface technique : à l'image de l'architecture osseuse et musculaire, intégration corporelle des lois de la mécanique rationnelle sous la forme d'un jeu de leviers, corporéité, technique et phénomène physique se fondent en une même entité. Le mécanisme organiciste se prolonge dans le fil continu de la sensorialité qui traverse les *Leçons* : l'organe est à la fois objet d'observation parmi les phénomènes physiques et instrument de mesure dont la nature technique intrinsèque appelle au développement de l'appareillage scientifique.

Le modèle technique de Nollet pour l'expérience électrique ne se démarque pas, sur bien des points, de celui qui prévaut dans d'autres domaines de sa physique. Ainsi la tendance la plus marquée de la démarche expérimentale de Nollet est-elle sans doute de questionner les ressources encore largement inconnues de l'électricité à l'aide de celles qui sont déjà mieux explorées dans les autres domaines de la physique. Dès le mémoire de 1745, l'électrisation du verre est interprétée – au travers des différentes qualités de verre manipulé – comme une friction qui met différemment en mouvement la matière selon « la figure & l'arrangement des parties[2] ». La connaissance des propriétés des corps sera ensuite mobilisée dans toute réflexion sur l'électrisation. Conçue comme une *matière*, l'électricité s'analyse en elle-même au travers des propriétés générales de la matière : sa capacité à entrer et sortir des corps pose essentiellement la question de son élasticité et de sa compressibilité, tant pour entrer dans les « pores » des corps électrisés que pour déterminer son mouvement par rapport à l'air ambiant (la forme des aigrettes lumineuse est par exemple déterminée par la résistance de l'air). Remarquons encore que les changements d'échelle observables dans l'expérience électrique nous ramènent à ceux que nous avons déjà signalés dans le domaine de la mécanique ; Nollet faisait remarquer que les plus délicats mécanismes d'horlogerie peuvent être ramenés à un agencement de treuils et de cabestans. La « mécanique universelle » qu'il se plaisait à mettre à nu partout dans la nature présente ainsi des analogies avec la continuité qui mène de l'aigrette de laboratoire à la foudre. Aussi, s'il y a eu un « resserrement » des exigences méthodologiques et techniques, l'appareillage expérimental demeure-t-il courant au regard de celui des autres domaines de la physique, ne s'accroissant le plus souvent que sous des influences étrangères (la bouteille de Leyde ou les pointes de Franklin). Les machines qui investissent le cabinet ne déparent pas l'ensemble existant, et en proviennent en partie (comme

---

2   *MARS*, 1745, p. 116.

la machine pneumatique). Enfin la créativité somme toute contenue de l'expérimentation émane surtout de l'application d'un savoir-faire artisanal qui imprègne toute la physique de Nollet. On doit d'ailleurs faire remarquer que l'électricité appartient à une physique marquée par une faible évolution de son cadre expérimental : même s'il en actualisera partiellement l'appareillage en apportant des machines nouvelles pour augmenter le « parc » existant et signalera quelques évolutions de machines anciennes, *L'Art des expériences* explicitera surtout la réalisation d'un matériel utilisé 27 ans auparavant – si l'on considère la publication du premier volume des *Leçons*. Encore ces premières *Leçons*, comme toutes celles qui suivront, ne sont-elles que la consécration d'un cours public donné depuis près de dix ans... Le renouvellement tardif et partiel du matériel expérimental relaté dans les *Lettres* de 1760 ne peut donc nous faire oublier ce que le degré de maîtrise par Nollet dans l'expérience électrique doit, comme le reste de ses expériences de physique, à la reproduction routinière des gestes expérimentaux, bien proches à ce titre des gestes de l'artisan. L'artificialité du laboratoire est donc demeurée très relative, ce qui a facilité les changements d'échelle par lesquels nous avons vu l'expérience électrique s'ouvrir du laboratoire au milieu naturel, du tube de verre aux pointes destinées à attirer l'électricité orageuse. C'est aussi cette technique usuelle, peu imprégnée par la médiation d'une instrumentation complexe, qui a favorisé l'implication du corps dans la conduite expérimentale, comme conducteur ou instrument de mesure. On doit finalement faire observer le rapport complexe de Nollet à la pensée théorique. Lorsque nous avons présenté Nollet au travers de ses préfaces, nous avons signalé sa volonté de garder ses distances avec tout modèle doctrinal, tout en s'imposant de dégager une intelligibilité du monde physique, organisée et cohérente, dont les *Leçons* sont l'expression[3]. L'électricité garde l'empreinte de cette tension : lorsque Nollet livre sa théorie électrique, c'est comme à regret (« C'est un système, je l'avoue[4] »). Une fois formée, elle demeurera pourtant le cadre interprétatif d'où il ne sortira plus. Le sort de sa théorie est également contradictoire. L. Pyenson constate le consensus qui s'est d'abord fait

---

3   « je n'ai point voulu que le Lecteur, ébloui d'un nombre superflu d'opérations, pût perdre de vûe la doctrine qu'il s'agit d'établir ; en lui rapportant des faits dignes d'attention, j'ai compté mettre sous ses yeux des preuves qui affermissent ses connaissances », Préface *LPE*, *op. cit.* p. XXX.

4   Préface *EEC*, *op. cit.* p. IX.

autour de la doctrine électrique de Nollet, validation d'une large partie de la communauté scientifique européenne qui témoigne de la qualité de son modèle explicatif. Barbeu Dubourg, traducteur des œuvres de B. Franklin, établissant en 1773 un « Parallèle des théories de Franklin et de Nollet », jugera pourtant sévèrement ce modèle, précisément au titre des faibles perspectives qu'il offre à la compréhension globale de l'électricité :

> Nollet, en rapportant tout vaguement & indistinctement aux affluences & aux effluences, n'apprend à rien discerner & moins encore à rien prévoir ; il présente un point de ralliement pour tous les faits connus ou à connoître, mais il ne fournit aucun fil pour se tirer du labyrinthe où il faut les chercher. C'est comme si un Botaniste se contentoit de nous apprendre que tous les arbres ont un tronc, des racines, des branches, des feuilles, des fleurs & des fruits, sans nous enseigner à quels traits on peut reconnoître tel ou tel arbre, & ce qui forme leur caractere différentiel, ce qu'il seroit pourtant plus important de nous faire connoître, que de nous répéter fastidieusement à chaque objet ces mêmes généralités[5].

C'est moins la validité que la *qualité* de la théorie de Nollet qui est ici en jeu, en ce qu'elle permet comme intelligibilité des phénomènes électriques. Ses limites sont dévoilées par sa mise en relation avec un horizon théorique plus large, qui est celui de la construction d'une représentation générale de l'électricité. Nous postulons que le modèle théorique de Nollet n'a été admis de manière consensuelle que parce qu'il correspondait parfaitement à un *état* du modèle technique de l'expérience électrique dont l'expérimentateur fut l'un des plus illustres représentants dans les années 1740. En outre, et c'est sans doute là le plus important, Nollet restera inébranlable sur ce modèle théorique parce qu'il cadre avec les données fondamentales du modèle technique de *l'ensemble* de sa physique expérimentale. On pourrait en tout cas retenir de la physique électrique de Nollet ce qu'en exprime le dernier écrit, le mémoire académique de 1766 sur l'« Application curieuse de quelques phénomènes d'électricité ». En guise d'aboutissement de plus de trente années de recherches, Nollet livre un sujet « de récréation & de pure curiosité » : « nous reprochera-t-on d'avoir cueilli quelques fleurs dans un champ que nous avons tant de peine à défricher[6] » ? Le but est de

---

5   M. Barbeu Dubourg, dans *Œuvres de M. Franklin*, Paris, 1773, tome 1, p. 336-337.
6   *MARS*, 1766, p. 323.

produire « l'illumination électrique », en vue de « Former avec des feux électriques tels desseins qu'on voudra, & les faire subsister de manière qu'on ait le temps de les bien distinguer, & de les reconnoître dans toute leur étendue[7]. » L'idée première était de faire jaillir dans l'obscurité une fleur de lys formée d'étincelles. Le dispositif technique commenté par Nollet est un assemblage de feuilles d'étain battu collées sur un carreau de verre, qui donne naissance à un « tableau » luminescent raccordé aux organes traditionnels de l'expérience électrique :

> … [les lumières électriques] ne sont jamais plus belles à voir que quand on présente la partie du tableau qui doit les exciter à l'extrémité & à l'un des angles d'une barre de fer, qu'on électrise avec le globe par un temps favorable : on peut l'y tenir plus d'une minute de suite &, pendant cet intervalle de temps, les étincelles se répètent avec tant de fréquence, que l'œil embrasse aisément tout le dessin & que l'illumination paroît continue[8].

Le dernier mémoire sur l'électricité met ainsi l'accent sur le troisième terme de l'équivalence *feu-électricité-lumière* affirmée dès les premiers écrits théoriques des années 1740. La planche 4 de l'*Essai sur l'électricité des corps*, contenant une représentation géométrique de la théorie des effluences et des affluences mérite ici une attention particulière. Le plan de coupe d'un tube de verre électrisé permet d'exprimer les flux de matière électrique sous la forme d'un orbe rayonnant. La première impression du spectateur face à cette représentation est celle d'un astre éclatant d'une lumière aveuglante. Comment ne pas être tenté de rapprocher cette planche de celle des leçons sur le feu dans laquelle l'émailleur est irradié de la lumière vive qui émane de sa lampe. Nous avons déjà signalé le caractère exceptionnel de cette planche, la seule à introduire de manière « frontale » un art mécanique dans la physique expérimentale. À cet endroit stratégique des leçons, et par les liens avec la métaphore des globules de verre dans la formulation théorique du feu élémentaire, nous avions alors souligné le rôle-clé de la pratique artisanale dans la physique de Nollet. C'est à présent la modélisation du phénomène électrique qui nous paraît directement inspiré de la sensation visuelle de l'émailleur exposé à la lueur intense de la flamme. Le mémoire de 1766, loin de n'être que la parenthèse ludique sous laquelle il se présente, nous

---

7   *Idem* p. 324.
8   *Idem* p. 328.

semble au contraire apporter une conclusion pour le moins « éclairante » à l'œuvre électrique de Nollet. Une puissante cohérence, impliquant à la fois la réflexion du physicien et la pratique de l'artisan, s'en dégage en tout cas, par laquelle on comprend pourquoi Nollet n'a jamais pu se départir de sa doctrine des effluences et des affluences...

L'Art des expériences, enfin, a placé la diffusion de la démarche expérimentale sur le terrain de la transmission d'un patrimoine technique : l'instrumentation. L'exposition de méthodes de fabrication artisanales se fait alors au travers d'une orientation forte : il s'agit de dégager, dans un esprit polytechnique, les procédures techniques permettant la production de cette instrumentation, qui apparaît en outre alimentée par une recherche active d'« aliments » techniques nouveaux, comme le signale l'ouverture sur les pratiques artistiques. L'appareillage expérimental nous paraît dès lors comme le fidèle reflet d'un *état global* des techniques artisanales. C'est donc bien une physique émanant de l'atelier que nous propose Nollet, une physique nourrie tant par l'expertise de l'artisan que par l'erreur à laquelle ce dernier se confronte sans cesse. *L'Art des expériences* nous dévoile toute la portée de cette fusion des profils du physicien et de l'artisan. La méthode expérimentale s'est en effet traditionnellement appuyée sur une rhétorique de la sensorialité plaçant la réception visuelle à la source de la validation des phénomènes naturels et de la formation d'une connaissance physique. Sous l'intitulé « voir et croire », Steven Shapin et Simon Schaffer rappellent ainsi que si l'objectif, chez Hooke ou Boyle, est d'« étendre l'empire des Sens[9] » par l'instrumentation, « l'œil est souverain[10] ». Or le parcours de la sensorialité qui traverse les *Leçons* nous a déjà montré comment se formule chez Nollet l'implication des sens dans la démarche expérimentale, et l'aboutissement de ce parcours dans les leçons sur l'optique confirme cette prééminence de la vision. *L'Art des expériences* « décale » sous cet angle la participation des sens à l'expérience de physique, en rapportant celle-ci à *la main*. En rappelant la méthode expérimentale à sa source du travail manuel, Nollet réhabilite finalement le toucher comme principe premier de la connaissance. Peut-être est-ce l'un des messages essentiels de son œuvre « testamentaire ». *L'Art des expériences* nous est apparu, par

---

9   Hobbes, *De corpore*, 1655, cité par Steven Shapin et Simon Schaffer, *Leviathan et la pompe à air*, Paris, éd. de la découverte, 1993, p. 40.

10   Steven Shapin et Simon Schaffer, *Leviathan et la pompe à air, op. cit.* p. 40.

le biais du seul vocabulaire technique étendu de la troisième partie – qui est à proprement parler celle de la mise en œuvre expérimentale – et par le biais des *machines* omniprésentes, comme un univers spécifiquement mécanique. Dans son analyse du discours technique dans les théâtres de machines, Benjamin Ravier-Mazzocco note que parmi toutes les pratiques de production, il est « un domaine à part, dont il est difficile de bien définir les moments de technologisation et qui n'a d'ailleurs pas connu de corporation de métier à proprement parlé : il s'agit de la mécanique[11]. » Si les machines sont souvent nées au milieu d'un métier (comme le moulin, le four ou le tour), il fait ainsi observer que « certains lieux pourtant nécessitent déjà une personne capable d'inventer des machines extérieures aux métiers et surtout de les coordonner : ces lieux sont la guerre, le chantier et la fête[12] ». À ces « lieux » identifiables aux XVIᵉ et XVIIᵉ siècles, il convient donc d'ajouter celui de la physique expérimentale du XVIIIᵉ siècle. Émergent du socle artisanal de la première partie, la technologie des machines expérimentales s'inscrit néanmoins, comme l'affirme l'expression d'*art des expériences*, comme une « réduction en art[13] », répondant à ce titre à d'autres attentes du discours technique :

> Rédigés par des humanistes ou bien plus souvent par des ingénieurs ou des spécialistes, les ouvrages de réduction en art visent d'abord à rassembler la documentation connue sur un sujet, l'organiser, la classer et produire une œuvre complète qui rende compte d'une pratique et permette de s'y adonner avec une grande précision et sans erreurs. Classer, nommer et mettre en ordre sont donc les premières actions d'un réducteur en art, souvent avec l'aide du dessin. De telles préoccupations semblent en grande partie absentes des théâtres de machines, du moins, des premiers d'entre eux. Ces ouvrages multiplient en effet les nouvelles inventions[14].

L'Art des expériences nous semble ainsi refléter la conjonction de deux intentions technologiques de natures différentes et traditionnellement disjointes. Les orientations majeures du discours technique que nous avons identifiées sont autant de stratégies pour assurer cette conjonction : les liens intra et extratextuels accompagnent le *réseau technique* qui

---

11　B. Ravier-Mazzacco, *Le Discours technique dans les théâtres de machines*, Academia©2016, p. 4, en ligne sur academia.edu, consultation janvier 2016.

12　*Ibid.*

13　Voir H. Vérin et P. Dubourg Glatigny (dir.), *Réduire en art. La technologie de la Renaissance aux Lumières*, éd. de la Maison des sciences de l'homme, 2008.

14　B. Ravier-Mazzacco, *Le Discours technique dans les théâtres de machines, op. cit.* p. 29-30.

traverse tout le corpus artisanal et expérimental, tandis que les mouvements typographiques et syntaxiques unifient l'exposition de gestes, de tâches, et finalement de procédures techniques qui se transposent de l'atelier au laboratoire. Mais c'est bien la synthèse des statuts fabricant/manipulateur/énonciateur/lecteur qui est incontestablement le principal ressort de cette conjonction des technologies de l'ingénierie mécanique et de la réduction en art. La dynamique du discours technique de *L'Art des expériences*, sans cesse injonctif, traduit cette tension d'une pensée opératoire qui n'est jamais extérieure à l'action technique, que ce soit pour fabriquer une pièce de bois, de métal ou de verre, ou pour assembler une machine expérimentale. Mais *L'Art des expériences* ne dégage tout son sens qu'à la lumière de la personnalité de Nollet : « il n'y a rien que je n'aie pratiqué moi-même, ou vû pratiquer par d'habiles ouvriers que j'ai entretenus pendant plus de vingt-cinq ans dans mes laboratoires[15] ». Toute la valeur de l'ouvrage tient à cette expérience de l'auteur. Les règles prescrites par Nollet en fin de préface (simplicité, solidité, polyvalence, transparence) sont ainsi dictées par « la raison & l'expérience[16] ». L'art des expériences, c'est avant tout l'expérience dans l'art, surtout si l'on garde à l'esprit la répétition nécessaire à la validation d'un protocole expérimental : l'habitude, ou pour mieux dire la routine, sont parmi les qualités fondamentales du travail de l'expérimentateur, en cela déjà très proche de l'artisan. Leurs pratiques se mêlent d'ailleurs au point de rendre indistincte la voix des artisans de celle de Nollet dans les recommandations qui émaillent le texte : les risques inhérents à la refonte du laiton[17] ou à la réduction du cuivre au refroidissement[18] sont par exemple aussi bien prévenus par les pratiques d'atelier que par celles auxquelles Nollet aurait pu s'arrêter par sa propre expérience. Certaines pratiques artisanales semblent en tout cas porter nettement son empreinte personnelle, particulièrement le travail du verre : « j'ai appris de bonne heure à manier le verre à la lampe, & je ne puis assez dire combien cela m'a été utile[19] ». Cette initiation précoce a permis à Nollet de faire son propre cheminement dans sa pratique, et de présenter un matériel qu'il a lui-même adapté aux besoins de l'expérimentation : pour la lampe

---

15   *Idem* p. xv.
16   *Ibid.*
17   *Idem* voir p. 107.
18   *Idem* voir p. 115.
19   *Idem* p. 190-191.

d'émaillage, « chacun l'ajuste à sa façon, voici la mienne[20] ». Suit une description indiquant les caractéristiques personnelles du matériel : « Ma lampe est de fer-blanc[21]... », « Ma table a un rebord[22]... », « j'ai fait faire le dessus de la lampe[23]... », etc. La machine pour couper le verre qu'il décrit semble également en partie conçue ou améliorée par lui, puisqu'elle ne porte pas, contrairement aux autres pièces formant l'outillage des ateliers, de dénomination technique : « votre machine, qu'on peut nommer *un touret*[24]... » Le « petit équipage d'Émailleur[25] » dont il se pourvoit paraît aussi de son cru. Dans la *manière de travailler le verre*, Nollet semble par ailleurs avoir acquis une solide maîtrise : « j'ai réussi plusieurs fois à plier ainsi des tuyaux de verre, qui étoient plus gros que le doigt », relate-t-il par exemple. Surtout, il indique avoir étamé lui-même des vaisseaux de verre[26], tâche dont il a peu avant souligné la difficulté[27]. Tout ce savoir-faire artisanal ne prend finalement son sens qu'au travers de l'objet produit, car le technicien Nollet est avant tout celui des machines expérimentales. Nous avons montré l'incidence de cette intimité avec les mécanismes décrits par la résolution dans son discours de la difficulté à représenter les machines : Nollet respecte l'ordre de fabrication des pièces puis de leur assemblage. La manipulation suit immédiatement la phase de construction, ce qui achève la traduction intelligible de la machine par le discours. On remarquera néanmoins qu'une dimension reste implicite alors qu'elle est un apport essentiel de Nollet à son discours technique, celle de l'inventivité. Par les nouvelles machines qu'il introduit dans *L'Art des expériences* par rapport aux *Leçons*, il nous rappelle en effet qu'il est un concepteur d'objets techniques, et nous pourrions attendre qu'il donne des indices sur la genèse des idées qui ont abouti à ces objets. C'est encore cet *ingenium*, occulté dans la neuvième leçon sur les machines comme dans les écrits sur l'électricité, que nous cherchons ici. Soit parce que cet *ingenium* est de l'ordre de l'inspiration du « manouvrier »-expérimentateur et échappe à la pensée consciente, soit parce que Nollet ne juge pas utile de retracer

---

20 *Idem* p. 191.
21 *Idem* p. 194.
22 *Ibid.*
23 *Ibid.*
24 *Idem* p. 189.
25 *Idem* p. 208.
26 *Idem* voir p. 232.
27 *Idem* voir p. 228.

son cheminement, *L'Art des expériences* ne permet pas de remonter aux origines des appareils de démonstrations et aux processus de pensée dont ils sont issus.

Nous espérons par le présent ouvrage avoir participé à la réhabilitation du discours de Nollet, largement occulté par la figure sympathique mais sans relief de l'expérimentateur de salon. Nous nous sommes particulièrement employé à mettre en valeur l'originalité de son apport à l'histoire des idées, dans sa double composante scientifique et technique. Trois pistes nous semblent principalement s'ouvrir en prolongement de notre réflexion. L'approche de certains éléments stylistiques, dans notre dernier chapitre, pourrait en premier lieu appeler un examen plus complet de l'esthétique descriptive de Nollet ainsi qu'au démontage d'une machine discursive posée à la fois comme une expression de la méthode expérimentale et comme un outil de description du monde. Insistons d'ailleurs sur le fait que nous sommes moins attaché au relevé des marqueurs rhétoriques de la preuve scientifique, tels que les a notamment identifiés Christian Licoppe, qu'à la cohérence globale d'un discours technique que nous nous sommes sans cesse efforcé d'isoler à l'intérieur du discours scientifique de Nollet. Il serait également intéressant de confronter le discours technique de celui-ci à ceux de ses précurseurs, de ses contemporains et de ses successeurs, pour mieux faire ressortir ses spécificités. On pourrait enfin envisager de l'éclairer par les outils d'interprétation que nous fournissent les approches récentes de l'anthropologie des sciences et des techniques (dans le sillon de Bruno Latour) et de l'archéologie des media et des technologies culturelles (chez Bernhard Ziegert ou Siegfried Zielinski). Sans doute négligée parce que réduite aux acquis scientifiques dépassés du milieu du XVIIIe siècle, l'œuvre de Nollet est on le voit riche de perspectives, et toujours très actuelle dès lors qu'on l'envisage sous l'angle des orientations originales de la mentalité technique française qu'elle représente.

BIBLIOGRAPHIE

JEAN-ANTOINE NOLLET

OUVRAGES

Programme ou Idée Générale d'un cours de physique expérimentale avec un Catalogue raisonné des instruments qui servent aux expériences, Paris, P. G. Le Mercier, 1738.

Leçons de physique expérimentale, Paris, 6 vol., 1743 (tomes 1 et 2), 1745 (tome 3), 1748 (tome 4), 1755 (tome 5), 1764 (tome 6).

Essai sur l'électricité des corps, Paris, Chez les frères Guérin, 1746.

« Lettres sur les phénomènes de l'électricité », *Mémoires de Trévoux*, juin 1746, p. 1309-1338.

« Lettre de M. L'Abbé Nollet de l'Académie des Sciences, au P. B. F. sur l'électricité », *Mémoires de Trévoux*, octobre 1746, p. 2074-2090.

Recherches sur les causes particulières des phénomènes électriques et sur les effets nuisibles ou avantageux qu'on peut en attendre, Paris, Chez les frères Guérin, 1749.

Discours sur les dispositions et sur les qualités qu'il faut avoir pour faire du progrès dans l'étude de la physique expérimentale, Paris, chez Thiboust, 1753.

Lettres sur l'électricité, Paris, 3 vol., 1753 (tome 1), 1760 (tome 2), 1767 (tome 3).

L'Art de faire les chapeaux, Paris, Saillant & Nyon, 1765.

L'Art des expériences ou avis aux amateurs de la physique sur le choix, la construction et l'usage des instruments ; sur la préparation et l'emploi des drogues qui servent aux expérience, Paris, P. E. G. Durand neveu, 3 vol., 1770.

« Art du chapelier », *Description des arts et métiers*, volume VII, nouvelle édition par J. E. Bertrand, 1777.

MÉMOIRES REMIS À L'ACADÉMIE DES SCIENCES

« Conjectures sur les causes de l'électricité des corps », *MARS*, 1745, p. 107-151.

« Observations sur quelques nouveaux phénomènes d'électricité », *MARS*, 1746, p. 1-23.

« Eclaircissemens sur plusieurs faits concernant l'électricité », *MARS*, 1747, p. 102-131.

« Eclaircissemens sur plusieurs faits concernant l'électricité. Second mémoire : des circonstances favorables ou nuisibles à l'électricité », *MARS*, 1747, p. 149-199.

« Eclaircissemens sur plusieurs faits concernant l'électricité. Troisième mémoire dans lequel on examine : 1° si l'électricité se communique en raison des masses, ou en raison des surfaces ; 2° si une certaine figure, ou certaines dimensions du corps électrifié, peuvent contribuer à rendre sa vertu plus sensible ; 3° si l'électrification qui dure long-tems, ou qui est souvent répétée sur la même quantité de matière, peut en altérer les qualités ou en diminuer la masse », *MARS*, 1747, p. 207-242.

« Eclaircissemens sur plusieurs faits concernant l'électricité. Quatrième mémoire. Des effets de la vertu électrique sur les corps organisés », *MARS*, 1748, p. 164-199.

Avec Sauveur F. Morand, « Expériences de l'électricité appliquée à des paralytiques », *MARS*, 1749, p. 28-39.

« Comparaison raisonnée des plus célèbres phénomènes de l'électricité tendant à faire voir que ceux qui sont connus jusqu'à présent, peuvent se rapporter à un petit nombre de faits qui sont comme les sources de tous les autres », *MARS*, 1753, p. 429-446.

« Examen de deux questions concernant l'électricité, pour servir de suite au mémoire intitulé, "Comparaison raisonnée des plus célèbres phénomènes de l'électricité" », *MARS*, 1753, p. 475-514.

« Suite du mémoire dans lequel j'ai entrepris d'examiner si l'on est fondé à distinguer des électricités en plus & en moins, résineuse & vitrée, comme autant d'espèces différentes », *MARS*, 1755, p. 293-317.

« Nouvelles expériences d'électricité, faites à l'occasion d'un ouvrage publié depuis peu en Angleterre, par M. Robert Symmer, de la Société royale de Londres », *MARS*, 1761, p. 244-258.

« Réflexions sur quelques phénomènes cités en faveur des électricités en plus & en moins », *MARS*, 1762, p. 137-160.

« Mémoire sur les effets du tonnerre comparés à ceux de l'électricité ; avec quelques considérations sur les moyens de se garantir des premiers », *MARS*, 1764, p. 408-451.

« Application curieuse de quelques phénomènes d'électricité », *MARS*, 1766, p. 323-337.

OUVRAGES SUR JEAN-ANTOINE NOLLET

BENGUIGUI, Isaac, *Théories électriques du XVIIIe siècle : correspondance entre l'abbé Nollet (1700-1770) et le physicien genevois Jean Jallabert (1712-1768)*, Genève, 1984.

ECHEVERRIA, Paul Durand, *The Abbé Nollet and the Developpement of Electrical Theories in the Eighteenth Century...*, thèse de doctorat, Université Harvard, 1967.

PYENSON, Lewis et GAUVIN Jean-François (dir.), *L'Art d'enseigner la physique, Les appareils de démonstration de Jean-Antoine Nollet, 1700-1770*, Sillery (Québec), Septentrion, 2002.

LECOT, Victor, *L'Abbé Nollet, de Pimprez*, Noyon, 1856.

MALUF, Ramez Bahige, *Jean Antoine Nollet and Experimental Natural Philosophy in 18e Century France*, thèse de doctorat, Université d'Oklahoma, 1985.

TORLAIS, Jean, *L'Abbé Nollet. Un physicien au Siècle des lumières*, Paris, 1954.

TORLAIS, Jean, « Une grande controverse scientifique au XVIIIe siècle. L'abbé Nollet et Benjamin Franklin », *Revue d'histoire des sciences et de leurs application*, 1956, vol. 9, n° 4.

SOURCES PRIMAIRES

BACHAUMONT, Louis Petit de, *Mémoires secrets pour servir à l'histoire de la République des Lettres en France...*, Tome V, Londres, 1780.

BOERHAAVE, Hermann, *Éléments de chimie*, trad. 1754.

BORELLI, Giovanni, *De motu animalium*, Rome, 1680-1681.

BUFFON, Georges-Louis Leclerc, *De la manière de traiter et d'étudier l'Histoire Naturelle* (1749), *Œuvres complètes*, Paris, éd. J.-L. de Lanessan, 1884-1885.

CLERC, Alexis, *Physique et chimie populaires*, deux tomes, Paris, J. Rouff éd., 1881-1883.

CONDORCET, *Esquisse d'un tableau historique des progrès de l'esprit humain* (1795, posthume), *Œuvres complètes*, 1804.

D'ALEMBERT, Jean le Rond, *Traité de dynamique*, 1758.

DESCARTES, *Discours de la méthode* (1637), Le club français du livre, 1966.

DESCARTES, *Règles pour la direction de l'esprit* (vers 1728), *Œuvres*, Le club français du livre, 1966.

DESCARTES, *Règles utiles et claires pour la direction de l'esprit en la recherche de la vérité*, La Haye, Martinus Nijhoff, 1977.

DIDEROT, *Éléments de physiologie* (manuscrit 1780), Paris, Didier, 1964.

DIDEROT, *Encyclopédie*, article « Art », dans *Œuvres*, Tome I, Philosophie, Paris, Robert Laffont, 1994.

DIDEROT, *Pensées sur l'interprétation de la Nature*, dans *Œuvres complètes*, Paris, éd. Assézat et Tourneux, Garnier, 1875-1877, tome II.

DIDEROT, *Pensées sur l'interprétation de la nature* (1753), dans *Œuvres*, Tome I Philosophie, Paris, Robert Laffont, 1994.

DIDEROT, *Prospectus*, dans *Œuvres*, Tome I, Philosophie, Paris, Robert Laffont, 1994.

DU VERNEY, Joseph-Guichard, *Traité de l'organe de l'ouïe, contenant la structure, les usages et les maladies de toutes les parties de l'oreille*, 1683 (latin), 1718 (français).

Encyclopédie, article « Éléments des sciences », tome V, 1755.

Encyclopédie, article « Corps » [Oeconomie animale], rédigé par Tarin, source ARTFL.

Encyclopédie, Discours préliminaire des éditeurs, source ARTFL.

ENGELS, Friedrich, *Dialectique de la nature* (1883), Paris, Éditions sociales, 1955.

FRANKLIN, Benjamin, *Expériences et observations sur l'électricité faites à Philadelphie par M. Benjamin Franklin et communiquées dans plusieurs lettres à M. P. Collinson, de la société royale de Londres*, trad. de l'anglais, Paris, Durand, 1752.

FRANKLIN, Benjamin, *Œuvres de M. Franklin*, trad. M. Barbeu Dubourg, Paris, 1773.

GALVANI, Luigi, *De viribus electricitatis in motu musculari*, 1792.

HOBBES, *De corpore*, 1655.

LAVOISIER, Antoine, *Mémoire de Pâques (Sur la nature du principe qui se combine avec les métaux pendant leur calcination et augmente leur poids)* soumis à l'Académie des Sciences en 1775.

LE CAT, Claude-Nicolas, *Traité des sens*, 1744.

Mémoires de Trévoux, juin 1746.

Mémoires de Trévoux, juillet 1759.

POIRÉ, Paul, *La France industrielle* (1873), Paris, Hachette, 1875.

RÉAUMUR, *L'Art de convertir le fer forgé en acier et l'art d'adoucir le fer fondu*, Paris, chez Michel Brunet, 1722.

Reglements de la Société des Arts, Paris, 1730.

RESTIF DE LA BRETONNE, *La Découverte australe par un homme-volant ou le Dédale français*, 1781.

ROUSSEAU, *Correspondance générale*, Voltaire Foundation, 1965.

ROUSSEAU, *Émile ou De l'éducation* (1762), Paris, Pléiade, Gallimard, 1969.

ROUSSEAU, *Émile ou De l'éducation*, Paris, Garnier-Flammarion, 1966.

VOLTA, Alessandro, *Lettres sur l'électricité animale*, 1792.

VOLTAIRE, *Lettres anglaises* (1734), J-J Pauvert éditeur, 1964.

WALPOLE, Horace, *The Letters of Horace Walpole*, Fourth Earl of Orford, edited by Peter Cunningham, London, Richard Bentley and Son, vol. 2, 1840.

WOLFF, Christian von, *Logica*, 1728.

ÉTUDES CRITIQUES

ALBERTINI, Jean-Marie, « Les confessions d'un vulgarisateur devenu chercheur », dans S. Aït el Hadj et C. Belisle (éd), *Vulgariser, un défi ou un mythe ?*, Chronique sociale, Lyon, 1985.

BACHELARD, Gaston, *Le Nouvel Esprit scientifique* (1934), Paris, P.U.F. 2009.

BECCHIA, Alain, *Modernités de l'Ancien Régime. 1750-1789*, Rennes, P.U. Rennes, 2012.

BELAVAL, Yvon et Lenoble, Robert, « La révolution scientifique du XVIIe siècle », dans *La Science moderne* (dir. René Taton), Paris, P.U.F., 1958.

BLANCHOT, Maurice, *Sade et Restif de la Bretonne*, Bruxelles, Éditions Complexe, 1986.

BOORSTIN, Daniel J., *Histoire des Américains* (trad. 1958), Paris, Armand Colin, 1981.

BROOKS, Peter, *The Novel of worldliness*, Princeton Univ. Press, 1969.

BROOKS, P., *Reading for the plot : Design and intention in narrative*, Harvard University Press, 1984.

BRUNET, Pierre, *Les Physiciens hollandais et la méthode expérimentale en France au XVIIIe siècle*, Paris, Albert Blanchard, 1926.

CANGUILHEM, Georges, *La Connaissance de la vie*, Paris, Vrin, 1965.

CATELLIN, Sylvie, « Sérendipité et réflexivité », *Alliage*, n° 70 – Juillet 2012, mis en ligne le 26 septembre 2012, URL : http://revel.unice.fr/alliage/index.html?id=4061.

CERNUSCHI, Alain, *Penser la musique dans l'Encyclopédie*, Paris, Champion, 2000.

CHARRAK, André, *Contingence et nécessité des lois de la nature au XVIIIe siècle*, Paris, Vrin, 2006.

CHAUNU, Pierre, *La Civilisation de l'Europe des Lumières*, Paris, Arthaud, 1971.

CORBIN, Alain, Jean-Jacques Courtine, Jean-Jacques et Vigarello Georges (dir.), *Histoire du corps,*, 3 vol., Paris, Éditions du Seuil, 2005.

COSTABEL, Pierre, « La mécanique dans l'*Encyclopédie* », *Revue d'Histoire des sciences et de leurs applications*, Année 1951, vol. 4.

DAINVILLE, François de, *Enseignement et diffusion des sciences en France au XVIIIe siècle* (dir. René Taton), Paris, Hermann, 1966.

DAUMAS, Maurice, « La chimie des principes », dans *La Science moderne* (dir. René Taton), Paris, P.U.F., 1958.

DAUMAS, M. (dir.), *Histoire Générale des Techniques*, 5 vol., Paris, P.U.F., 1962-1979

DAUMAS, M., *Les instruments scientifiques aux XVIIIe et XVIIIe siècles*, Paris, P.U.F., 1953.

DELON, Michel, « Machines gothiques », dans *Europe*, 1984, n° 659.

DELON, M., *L'Idée d'énergie au tournant des Lumières*, Paris, P.U.F., 1988.

DENEYS-TUNNEY, Anne, *Un autre Jean-Jacques Rousseau. Le paradoxe de la technique*, P.U.F., « Fondements de la politique », 2010.

DUBARLE, Dominique, « L'esprit de la physique cartésienne », dans *Revue des Sciences Philosophiques et Théologiques*, 26, 1937.

DUMONT, Jean-Paul, *Les Présocratiques*, Paris, Pléiade, 1988.

ERHARD, Jean, *L'Idée de nature en France dans la première moitié du XVIIIe siècle* (1963), Paris, Albin Michel, 1994.

FURET, François, *Penser la Révolution française*, Paris, Gallimard, 1978.

GAGNON, Maurice et Hébert, Daniel, *En quête de science*, Québec, Fides, 2000.

GILLE, Bertrand (dir.), *Histoire des techniques. Technique et civilisations. Technique et sciences*, Paris, Gallimard, Pléiade, 1978.

GILLE, B., « Histoire des techniques », dans *École pratique des hautes études. 4e section. Sciences historiques et philologiques. Annuaire 1976-1977*. 1977.

GROULT, Martine, *D'Alembert et la mécanique de la vérité dans l'Encyclopédie*, Paris, Champion, 1999.

GUERY, Alain, « L'œuvre royale. Du roi magicien au roi technicien », *Le Débat*, n° 74, mars-avril 1993, p. 123-142.

GUILLERME, Jacques et Sebestik Jan, « Les commencements de la technologie », dans *Thalès*, 1966, édition numérique sur dht.revues.org.

GUITTON, Édouard, *Jacques Delille et le poème de la nature*, Paris, Klincksieck, 1974.

GUSDORF, Georges, *Dieu, la nature, l'homme au siècle des Lumières*, Paris, Payot, 1972.

HAHN, Roger et Taton, René, *Écoles techniques et militaires au XVIIIe siècle*, Paris, Hermann, 1986.

HAHN, R., *L'Anatomie d'une institution scientifique. L'Académie des Sciences de Paris, 1666-1803* (1969), Paris, Éditions des Archives contemporaines, 1993.

HALLYN, Fernand, *Les Structures rhétoriques de la science. De Kepler à Maxwell*, Paris, Seuil, 2004.

HAMOU, Philippe, *La Mutation du visible, Essai sur la portée épistémologique des instruments d'optique au XVIIe siècle*, Villeneuve d'Ascq, Presse universitaires du Septentrion, 1999.

HEISENBERG, Werner, *La Nature dans la physique contemporaine*, Paris, Gallimard, 1962.

HILAIRE-PEREZ, Liliane, *L'Invention technique au siècle des Lumières*, Paris, Albin Michel, 2000.

JACOBI, Daniel, *Textes et images de la vulgarisation scientifique*, Berne, Peter Lang, 1987.

JAUSS HANS, Robert, *Pour une esthétique de la réception* (trad.), Paris Gallimard, 1978.

JEANNERET, Yves, *Écrire la science*, Paris, P.U.F., 1994.

KÖHLER, Erich, « L'unité structurale de *Jacques le Fataliste* », dans *Philologica Pragensia*, 1970, XIII, p. 186-187.

KOYRÉ, Alexandre, *Du monde clos à l'univers infini* (1957), Paris, Gallimard, 1973.

KOYRÉ, A., « L'apport scientifique de la Renaissance », dans *Études d'Histoire de la Pensée scientifique*, Paris, P.U.F., 1973.

KUHN, Thomas S., *La Structure des révolutions scientifiques* (1962), Paris, Flammarion, 2008.

LAFITTE, Jacques, *Réflexions sur la science des machines* (1932), Paris, Vrin, 1972.

LANDES, David S., *L'Europe technicienne. Révolution technique et libre essor industriel en Europe occidentale de 1750 à nos jours* (1969), Paris, Gallimard, 1975.

LEON, Antoine, *La Révolution française et l'enseignement technique*, Paris, Société des Éditions Robespierristes, 1968.

MANGIN, Arthur, *Le Feu du ciel, Histoire de l'électricité et de ses principales applications* (2ᵉ éd.), Tours, A. Mame, 1863.

MANTOUX, Paul, *La Révolution industrielle au XVIIIᵉ siècle*, Paris, 1959.

MARTINE, Jean-Luc, « L'article ART de Diderot : machine et pensée pratique », *Recherches sur Diderot et sur l'Encyclopédie* [En ligne], 39 | 2005.

MAUSS, Marcel, « Les techniques du corps », *Journal de Psychologie*, XXXII, nº 3-4, 15 mars – 15 avril 1936. Communication présentée à la Société de Psychologie le 17 mai 1934. Édition électronique de l'U.Q.A.C.

METZGER, Hélène, *Newton, Stahl, Boerhaave et la doctrine chimique*, Paris, Alcan, 1930.

MORTIER, Roland, *Le XVIIIᵉ siècle français au quotidien*, Paris, Ed. Complexe, 2002.

MORTUREUX, Marie-Françoise, « À propos du vocabulaire scientifique dans la seconde moitié du XVIIᵉ siècle », dans *Langue Française* nº. 17, *Les Vocabulaires techniques et scientifiques* (février 1973), p. 72-80.

MORTUREUX, M.-F., *La Formation et le fonctionnement d'un discours de vulgarisation scientifique au XVIIᵉ siècle à travers l'œuvre de Fontenelle*, Université Lille III, Didier Érudition, 1983.

MOSCOVICI, Serge, *La Psychanalyse, son image et son public*, Paris, P.U.F., 1961.

PICON, Antoine, *L'Art de l'ingénieur*, Paris, Éditions du Centre Georges Pompidou, 1997.

PINAULT-SORENSEN, Madeleine, « La *Description des arts et métiers* et le rôle de

Duhamel du Monceau », dans *Duhamel du Monceau, 1700-2000, un européen du siècle des Lumières*, Académie d'Orléans, 2000.

PLUM, Werner, *Les Sciences de la nature et la technique sur la voie de la « révolution industrielle »*, Cahiers de L'institut de Recherches de La Fondation Friedrich Ebert, 1976.

PROUST, Jacques, *Diderot et l'Encyclopédie*, Paris, Albin Michel, 1995.

PROUST, J., *L'Objet et le Texte*, Genève, Droz, 1980.

QUEMADA, Bernard, « Technique et langage », dans B. Gille (éd.), *Histoire des techniques*, Gallimard, Pléiade, 1978.

RAVIER-MAZZACCO, Benjamin, *Le Discours technique dans les théâtres de machines*, Academia©2016, en ligne sur academia.edu, consultation janvier 2016.

ROQUEPLO, Philippe, *Le Partage du savoir*, Paris, Seuil, 1974.

ROQUEPLO, Ph., *Penser la technique. Pour une démocratie concrète*, Paris, Éditions du Seuil, 1983.

ROSSI, Paolo, *La Naissance de la science moderne en Europe* (trad.), Paris, Seuil, 1999.

ROULIN, Jean-Marie, « Les plantes ont-elles une âme ? La sensitive de Descartes à Delille », dans *Études de Lettres*, Univ. De Lausanne, Janv.-Mars 1992.

ROUSSELLE DE LA PERRIERE, Hugues, *Le Physicien Pierre Polinière, 1671-1734, un Normand initiateur de la physique expérimentale*, Cholet, Ed. Pays & Terroirs, 2002.

RUPERT HALL, Alfred, *The Revolution in Science, 1500-1750*, Longman, 1983.

RUSSO, François, *Histoire des Sciences et des Techniques. Bibliographie*, Paris, Hermann, 1954.

RUSSO, F., *Introduction à l'Histoire des Techniques*, Paris, Albert Blanchard, 1986

SCHÖCH, Christof, *La Description double dans le roman français des Lumières* (1760-1800), Paris, Garnier, 2011.

SÉRIS, Jean-Pierre, *La Technique*, Paris, P.U.F., 1994.

SIMON, Gérard, *Archéologie de la vision*, Paris, Seuil, 2003.

SIMON, G., « les machines au XVIIᵉ siècle », *La Machine dans l'imaginaire (1650-1800), Revue des sciences humaines*, 1982-1983, nº 186-187.

SIMONDON, Gilbert, *Du mode d'existence des objets techniques*, Paris, Aubier, 1958.

SIMONDON, G., *Du mode d'existence des objets techniques* (1958), Aubier, 1989.

SIMONDON, G., « Psychosociologie de la technicité » (1960-1961), dans *Sur la technique (1953-1983)*.

SIMONDON, G., « La mentalité technique », dans *Sur la technique (1953-1983)*, Paris, P.U.F., 2014.

SHAPIN, Steven et SCHAFFER, Simon, *Leviathan et la pompe à air*, Paris, éd. de la découverte, 1993.

STERNE, Laurence, *Vie et opinions de Tristram Shandy* (1759), Paris, Garnier-Flammarion, 1982.

TORLAIS, Jean, « Une grande controverse scientifique au XVIIIe siècle. L'abbé Nollet et Benjamin Franklin », *Revue d'histoire des sciences et de leurs applications*, Année 1956, Volume 9, Numéro 4, p. 339-349.

VAN WYMEERSCH, Brigitte, « L'esthétique musicale de Descartes et le cartésianisme », *Revue philosophique de Louvain*, Année 1996, vol. 94.

VASSAILS, Gérard, « L'*Encyclopédie* et la physique », dans *Revue d'histoire des sciences et de leurs applications*, tome 4, n° 3-4, 1951.

VÉRIN, Hélène et DUBOURG GLATIGNY, Pascal (dir.), *Réduire en art. La technologie de la Renaissance aux Lumières*, éd. de la Maison des sciences de l'homme, 2008.

VÉRIN, H., *La Gloire des ingénieurs. L'intelligence technique du XVIe au XVIIIe siècle*, Paris, Albin Michel, 1993.

VERNIÈRE, Paul, *Spinoza et la pensée française avant la Révolution*, 2 vol., Paris, PUF, 1954.

VERNANT, Jean-Pierre, « Remarques sur les formes et les limites de la pensée technique chez les Grecs », dans *Revue d'histoire des sciences et de leurs applications*, tome 10, n° 3, 1957.

VUILLEMAIN, Nathalie, *Les Beautés de la nature à l'épreuve de l'analyse*, Paris, Presses Sorbonne Nouvelle, 2009.

SITOGRAPHIE

Site artfl-project.uchicago.edu (Dictionnaires anciens de langue française et *Encyclopédie* de Diderot et d'Alembert).

Site clairaut.com/sa.html (ressources sur la Société des Arts).

Site dht.revues.org (Documents pour l'Histoire des Techniques).

Site rde.revues.org (Recherches sur Diderot et sur l'*Encyclopédie*).

Site revel.unice.fr/alliage (Revue scientifique).

INDEX DES AUTEURS

TABLE DES MATIÈRES

DANS LA MÊME COLLECTION

27. Fumie KAWAMURA, *Diderot et la chimie. Science, pensée et écriture*, 2013

28. Charles VINCENT, *Diderot en quête d'éthique (1773-1784)*, 2014

29. Cyril FRANCÈS, *Casanova. La mémoire du désir*, 2014

30. Chiara GAMBACORTI, *Sade : une esthétique de la duplicité. Autour des romans historiques sadiens*, 2014

31. *Philosophie de Rousseau*, sous la direction de Blaise BACHOFEN, Bruno BERNARDI, André CHARRAK et Florent GUÉNARD, 2014

32. Stéphanie GÉHANNE GAVOTY, *L'Affaire clémentine. Une fraude pieuse à l'ère des Lumières*, 2014

33. Jacques GUILHEMBET, *L'Œuvre romanesque de Marivaux. Le parti pris du concret*, 2014

34. Élise PAVY-GUILBERT, *L'Image et la Langue. Diderot à l'épreuve du langage dans les Salons*, 2014

35. Vincenzo DE SANTIS, *Le Théâtre de Louis Lemercier entre Lumières et romantisme*, 2015

36. Martin WÅHLBERG, *La Scène de musique dans le roman du XVIII* siècle*, 2015

37. Jocelyn HUCHETTE, *La gaieté, caractère français ?. Représenter la nation au siècle des Lumières (1715-1789)*, 2015

38. Sophie LEFAY, *L'Éloquence des pierres. Usages littéraires de l'inscription au XVIII* siècle*, 2015

39. Rachel DANON, *Les Voix du marronnage dans la littérature française du XVIII* siècle*, 2015

40. Valentina VESTRONI, *Jardins romanesques au XVIII* siècle*, 2016

41. Alain SANDRIER, *Les Lumières du miracle*, 2015

42. Łukasz SZKOPIŃSKI, *L'Œuvre romanesque de François Guillaume Ducray-Duminil*, 2015

43. Magali FOURGNAUD, *Le Conte à visée morale et philosophique. De Fénelon à Voltaire*, 2016

44. Érik LEBORGNE, *L'Humour noir des Lumières*, 2018

45. Stéphanie FOURNIER, *Rire au théâtre à Paris à la fin du XVIII* siècle*, 2016

46. Catherine CESSAC, *La Duchesse du Maine (1676-1753). Entre rêve politique et réalité poétique*, 2016

47. Antonio TRAMPUS, *La Naissance du langage politique moderne. L'héritage des Lumières de Filangieri à Constant*, 2017

48. Olivier RITZ, *Les Métaphores naturelles dans le débat sur la Révolution*, 2016

49. Guillaume SIMIAND, *Casanova dans l'Europe des aventuriers*, 2016

50. Sadek NEAIMI, *La Superstition raisonnable. La mythologie pharaonique au siècle des Lumières*, 2016

51. David DIOP, *Rhétorique nègre au XVIII* siècle. Des récits de voyage à la littérature abolitionniste*, 2018

52. Jean GOLDZINK et Gérard GENGEMBRE, *Madame de Staël, la femme qui osait penser*, 2017

53. Andrew S. CURRAN, *L'Anatomie de la noirceur. Science et esclavage à l'âge des Lumières*, traduction de Patrick GRAILLE, 2017

54. Fabrice MOULIN, *Embellir, bâtir, demeurer. L'architecture dans la littérature des Lumières*, 2017
55. Philippe SARRASIN ROBICHAUD, *L'Homme-clavecin, une analogie diderotienne*, 2017
56. Shelly CHARLES, *Pamela ou les Vertus du roman. D'une poétique à sa réception*, 2018

Achevé d'imprimer par Corlet Numéric,
Z.A. Charles Tellier, Condé-en-Normandie (Calvados). N° d'impression : 154036
Imprimé en France